跨学科社会科学译丛

主　编：叶　航

副主编：贾拥民
　　　　王志毅

编　委（按姓名拼音为序）：

常　杰（浙江大学生命科学院）

陈叶烽（浙江大学经济学院、浙江大学跨学科社会科学研究中心）

葛　滢（浙江大学生命科学院）

贾拥民（浙江大学经济学院、浙江大学跨学科社会科学研究中心）

罗　俊（浙江财经大学）

叶　航（浙江大学经济学院、浙江大学跨学科社会科学研究中心）

周业安（中国人民大学经济学院）

启真馆 出品

跨学科
社会科学
译丛

Not by Genes Alone:

How Culture Transformed
Human Evolution

［美］
彼得·里克森
罗伯特·博伊德
著
陈姝 吴楠
译

基因之外

文化如何改变人类演化

ZHEJIANG UNIVERSITY PRESS
浙江大学出版社

图书在版编目（CIP）数据

　　基因之外：文化如何改变人类演化 /（美）彼得·
里克森，（美）罗伯特·博伊德著；陈姝，吴楠译 . —
杭州：浙江大学出版社，2017.5
　　书名原文：Not by Genes Alone: How Culture
Transformed Human Evolution
　　ISBN 978-7-308-16838-0

　　Ⅰ.①基… Ⅱ.①彼… ②罗… ③陈… ④吴… Ⅲ.
①文化发展—关系—人类进化—研究 Ⅳ.①Q981.1②GO

　　中国版本图书馆CIP数据核字（2017）第091677号

基因之外：文化如何改变人类演化

[美] 彼得·里克森　　[美] 罗伯特·博伊德 著　　陈姝 吴楠 译

责任编辑	叶　敏
文字编辑	张　颐
装帧设计	罗　洪
出版发行	浙江大学出版社
	（杭州天目山路148号 邮政编码310007）
	（网址：http://www.zjupress.com）
制　作	北京大观世纪文化传媒有限公司
印　刷	北京天宇万达印刷有限公司
开　本	635mm×965mm　1/16
印　张	24
字　数	312千
版印次	2017年5月第1版　2017年5月第1次印刷
书　号	ISBN 978-7-308-16838-0
定　价	69.00元

致　谢

　　这本书的创作之旅始于20世纪70年代早期的一些饭后谈话。这些年来，我们需要向许多人感恩，首先是我们的家人，是他们的包容让我们得以沉醉于对文化演化的探究。Don Campbell，Gerry Edelman，Ralph Burhoe 以及 Harvey Wheeler 是我们强有力的后盾，尤其在创作初期，这份支持意义重大。其他在这些年中为我们提供了大量帮助，带给我们诸多温暖与灵感的人有：Robert Aunger，Howard Bloom，Chris Boehm，Sam Bowles，L.L.Cavalli-Sforza，Tom Dietz，Marc Feldman，Russ Genet，John Gillespie，Herb Gintis，Tatsuya Kameda，Hillard Kaplan，Kevin Laland，John Odling Smee，Alan Alan Rogers，Eric Smith，Michael Turelli，Polly Wiessner，David Sloan Wilson，以及 Bill Wimsatt。

　　我们的研究生们为本书的观点提供了许多灵感与意见反馈，感谢 Alpina Begossi，Mika Cohen，Ed Edsten，Charles Efferson，Francisco Gil-White，Joe Henrich，Jen Mayer，Richard McElreath，Brian Paciotti，Karthik Panchathan，Lore Ruttan，Joseph Soltis，Bryan Vila，以及 Tim Waring。

　　彼得·里克森（Peter J. Richerson）要感谢他曾经以及现在的系所同事们，他们坚定地支持着他另辟蹊径的研究计划。尤其感谢 Francisco Ayala，Charles Goldman，Paul Sabatier，以及 Alan Hastings 主席，感谢他们处处帮忙。其他在戴维斯分校的同事们也提供了大量灵感和其他形式的帮助，他们是：Billy Baum，Bob Bettinger，

Monique Borgerhoff Mulder，Larry Cohen，Bill Davis，Jim Griesemer，Sarah Hrdy，Bob 和 Mary Jackman，Mark Lubell，Richard McElreath，Jim McEvoy，以及 Aram Yengoyan。还要感谢英国埃克塞特大学的 Lesley Newson 和心理学院在本书写作末期对他的款待。

　　罗伯特·博伊德（Robert Boyd）要感谢他在美国埃默里大学和加州大学洛杉矶分校人类学系的同事们，感谢他们给予的灵感和对其研究内容的包容。Bradd Shore，Peter Brown 和 Bruce Knauft 在他刚开始从事人类学研究时给予了慷慨的帮助和建议。同样非常感谢加州大学洛杉矶分校的同事们，尤其是 Clark Barrett，Nick Blurton-Jones，Dan Fessler，Alan Fiske，Allen Johnson，Nancy Levine，Joan Silk，以及 Tom Weisner；还有行为、演化与文化中心的 Martie Haselton，Jack Hirshleifer，Susanne Lohman，Neil Malamuth，Derek Penn，以及 John Schumann。在与加州大学圣塔芭芭拉分校的合作项目中，他和 Leda Cosmides，John Tooby，Donald Symons 及他们的学生们也进行了有益的交流。非常感谢人类学 186P 和 120G 班的同学们，你们在这本书还未完善的时候容忍它作为指定的阅读材料。此外，在柏林高等研究院的一年也让博伊德受益良多，非常感谢那里的研究人员，特别是 John Breuilly，Martin Daly，Orjan Ekeberg，Alex Kacelnik，John McNamara，以及 Margo Wilson。与博伊德在麦克阿瑟偏好研究网络（MacArthur Preferences Network）的同事们之间进行的交流也让他获益匪浅，他们是 Sam Bowles，Colin Camerer，Catherine Eckel，Ernst Fehr，Herb Gintis，David Laibson，以及 Paul Romer。在本书写作的早期，博伊德住在博茨瓦纳马翁的狒狒营（Baboon Camp），感谢那里的 Dorothy Cheney 和 Robert Seyfarth 对他的款待。最后，感谢 Joan，Sam 和 Ruby，他们的爱与支持是一切的基础。

　　有许多人阅读了这本书的全文或部分章节，并帮助我们进行了完善。Sandy Hazel，Christie Henry，Joan Silk，以及 Eric Alden Smith 给出了尤为彻底的修改建议。其他读者包括 Sam Bowles，Peter Corning，Richard McElreath，Russ Genet，Peter Godfrey-

Smith，Ed Hagen，Kim Hill，Robert Hinde，Daniel Fessler，Gary Marcus，Lesley Newson，John Odling Smee，Luke Rendell，Kim Sterelny，Hal Whitehead，以及一些匿名的读者。加州大学戴维斯分校动物行为学 270 班的学生们阅读了这本书的完整手稿并提出了建议，作者与 Monique Borgerhoff Mulder，Tim Caro 和 John Eadie 共同为该班学生授课。

在写作的初期，我们还参与了一项名为"文化的生物基础"的项目，该项目由比勒费尔德大学跨学科研究中心的 Peter Weingart 主持。项目的参与者为我们提供了许多有益的帮助，尤其是 Monique Borgerhoff Mulder，Leda Cosmides，Bill Durham，Bernd Giesen，Peter Hejl，Sabine Maasen，Alexandra Maryanski，Sandra Mitchell，Wulf Schievenhovel，Ullica Segerstråle，Peter Meyer，Nancy Thornhill，John Tooby，Jonathan Turner，以及 Peter Weingart。

芝加哥大学出版社的 Christie Henry 及其团队在编辑方面为我们提供了理想的支持，即使在过程中遇到了一些困难也依然如此。

目录

第一章　文化是至关重要的

美国南部一直以来要比北部更暴力。自 18 世纪起，关于斗殴、世仇、游击、私刑的精彩描述就是游记、传记和报刊文中最显著的特色。统计资料证实了这种印象。例如，在 1865—1915 年间，南部的谋杀率是现在全美的十倍，是那些最为暴力的城市的两倍。现代的统计数据也反映了这个现象。

心理学家 Richard Nisbett 和 Dov Cohen 在其著作《荣誉文化》（*Culture of Honor*）中认为，南部之所以比北部更暴力，是因为南方人从文化中获得的有关个人荣誉的信念与北方人不同。[1] 他们认为，南方人远比北方人更重视声誉，即使付出巨大代价来捍卫声誉也在所不惜。因此，那些在北方的艾摩斯特或安娜堡造成恶言相向或是小冲突的争执和交锋，在南方的阿什维尔和奥斯汀常常会升级为致命的暴力行为。

还有什么因素能解释这种南北差异呢？某些环境特征可以解释为什么南方人更暴力，比如炎热。这些假说貌似有理，Richard Nisbett 和 Dov Cohen 为了检验它们费尽了心思。此外，南方人和北方人也许在遗传上有不同，但以此作为南北差异的原因似乎没什么道理。北方和南方的移民几乎都来自不列颠群岛和附近的欧洲西北地区。[2] 在这个意义上，人口是充分混合的。

---

[1]　Nisbett and Cohen 1996.

[2]　Nisbett and Cohen 的研究仅限于欧裔南方人。

Richard Nisbett 和 Dov Cohen 用了数量可观的证据来支持他们的假说。首先是针对暴力模式的统计。在南方的乡村和小镇中，因朋友和熟人间的争执而导致谋杀的概率更高，但在犯其他重罪的同时杀人的概率却并没有更高。换句话说，与北方人相比，当在酒吧中发生争执时，南方人更有可能杀死与之争吵的熟人，但当在酒店行窃时，他们杀死柜台后面的伙计的可能性并没有增加。因此，仅仅在关乎个人荣誉的场合，南方人才表现得比其他地方的美国人更暴力。其他的一些假说，无论是白人的人均收入、炎热的气候，还是奴隶制历史，都无法解释这种不同场合下杀人行为的差异。

人们对暴力的观念差异也支持了"荣誉文化"的假说。例如，Richard Nisbett 和 Dov Cohen 让人们阅读一些短文，这些短文分别描绘了一位男性的荣誉受到不同挑战的情形，有些挑战是轻微的（如侮辱他的妻子），有些则是严重的（如拐走他的妻子）。与来自北方的回答者相比，南方的回答者更倾向于认为在所有情形中，用暴力来回应都是合理的，并且除非被挑战者对侮辱进行暴力反击，否则他就"不是个男人"。在一些更具冒犯性的情形下，认为朝冒犯者开枪是合理的南方回答者几乎是北方的两倍。

有趣的是，这种行为差异不仅是说说而已，还可以在控制了条件的心理实验中被观察到。在密歇根大学，Richard Nisbett 和 Dov Cohen 招募了来自南方和北方的被试来参加一个看起来是有关知觉的实验。作为实验流程的一部分，一个实验员的同伴故意撞到一些被试并对他们骂道："混蛋！"后面部分的实验显示，这一侮辱对南方和北方的被试有着十分不同的效应。在被撞后一段时间，被试遇到了另一个实验员的同伴，他从一条狭窄的过道中间向他们走来，从而引发了一个懦夫博弈。这个同伴是一个高 6 英尺 3 英寸、重 250 磅 [1] 的校足球队后卫，他比所有被试都要高大强壮得多，并被指示一直往前走，直到被试走到一边给他让路或者两人快撞到了。

---

[1]　编者注：约高 1.9 米，重 113 公斤。

北方人在这个同伴还有 6 英尺远的时候就走到一边，不论他们之前有没有受到侮辱。没有受到侮辱的南方人在这个同伴还有 9 英尺远的时候就走到一边，但之前受到了侮辱的南方人则继续往前走，直到两人只相距 3 英尺 [1] 远。南方人文雅有礼，但也随时准备着使用暴力，他们在未被侮辱时更加谨慎，可能是他们认为足球队员具有荣誉感，因此小心翼翼地不去挑战它。但是，当他们自己的荣誉被挑战时，他们就会去挑战别人，即使个人安危遭受很大风险也在所不惜。这些行为差异和生理是相关的。在一个类似的设计有侮辱的实验中，Richard Nisbett 和 Dov Cohen 测量了被试在被侮辱前后的两种荷尔蒙，即皮质醇和睾丸素的水平。生理学家发现，皮质醇水平会随着压力的增加而增加，而睾丸素水平则在准备使用暴力时增加。受到侮辱后的南方人，他们的这两种荷尔蒙水平比北方人表现出了非常大的提升。

　　Richard Nisbett 和 Dov Cohen 认为，南方人和北方人的信念差异可以从文化和经济史的角度来理解。南方的主要移民是苏格兰和爱尔兰的牧民，而北方则居住着英格兰、德国和荷兰的农民。历史上，国家在一些地区推行法治时曾受到了巨大的阻力，这些稀疏散布的地区以畜牧为主业，牲畜很容易被偷走。因此，在这些畜牧社会中，人们需要设法建立起愿意使用暴力的声誉，以此对偷窃和其他掠夺性行为形成威慑，这往往就会产生荣誉文化。当然，坏人可能也会想建立这种声誉，以便更好地恐吓他们的受害者。当这种"军备竞赛"升级时，如果一方认为他的荣誉受到了威胁，那么一些无关紧要的争执就会迅速失去控制。这种解释是有事实依据的，南方白人的谋杀率在历史上缺乏国家制度约束的穷乡僻壤特别高，而不是在历史上有着种植园奴隶制的富庶地区。在那种环境下，苏格兰—爱尔兰式的荣誉体系到如今仍然适用。

　　上述这项引人入胜的研究证明了我们将在这本书中提出的两个

3

---

[1]　编者注：6 英尺约 1.8 米，9 英尺约 2.7 米，3 英尺约 0.9 米。

主要观点。

文化是理解人类行为的关键。人们会从身边的人那里获得信念和价值观，不考虑这个事实，就无法解释人类行为。如果 Nisbett 和 Cohen 是对的话，那么谋杀在南方比在北方更常见这一现象是无法从经济现状、气候，或者任何其他外在因素的角度来解释的。他们的解释是，南方人拥有一套复杂的、有关个人荣誉的信念和态度，这让他们比北方人更有礼貌，但也更容易动怒。随着信念在代际间的传承，这种复杂性被一直保留下来。这并非孤例，我们还会展示其他几个被研究过的例子，这些例子同样说明了文化在人类行为中扮演着重要的角色。不过，这些也只是冰山一角，如果我们对所有的相关证据进行完整的、学术性的综述，那将使绝大多数读者失去耐心。总之，要解释广泛的人类行为，包括观点、信念、态度、思维习惯、语言、艺术风格、工具和技术，以及社会规范和政治制度，从文化中获得的理念是至关重要的。

文化是生物学的一部分。在北方人那里无关紧要的侮辱，在一位南方男性那里就会引起一连串的心理变化，这些心理变化使他做好准备去伤害侮辱者，以及应对侮辱者可能的暴力回击。这其中的关联使得由文化获得的信息成为人类生物学的一个方面，而南北方暴力程度的差异仅仅是这些关联中的一个例子。大量证据表明，我们的心理机制是演化而来的，它决定了我们学习什么、如何思考，并进而影响到了哪种信念和态度会得到传播和延续。那些忽略了这些关联的学说无法充分解释大量的人类行为。同时，仅仅从先天心理机制的角度也无法解释文化及其变迁。文化影响着个体和群体的成功率以及存活性。正因如此，某些文化变异得以传播，而另外一些则消亡了。与那些决定了基因变异的演化过程相比，决定文化变异的演化过程同样真实而重要。这些文化演化形成的环境还会影响自然选择对基因的偏好。经过漫长的演化引导，文化就塑造了我们先天的心理机制，正如我们先天的心理机制也同样塑造了文化。

某些仔细思考过这个问题的人**原则上**或许会对这些说法有所争

议。人们相互之间学到的信念和惯例无疑是重要的，并且，正如所有的人类行为一样，文化必须以某种方式扎根于人类生物学中。然而，大多数社会科学家**事实上**至少忽略了其中之一。一些学者，包括受演化生物学影响的大多数经济学家、许多心理学家和社会科学家，他们并不重视文化对人类行为的解释作用。其他的一些学者，尤其是人类学家、社会学家和历史学家，则强调文化和制度在塑造人类行为上的重要性，却通常不会考虑到它们和生物学之间的关联。所有这些学科的成功意味着许多问题在忽略文化或其与生物学之间的关联的情况下仍能得到解决。然而，如果一种理论要能够解决那些最基础的，关于人类何以成为我们现在这个样子的问题，它只能是一种合理地考虑了文化的作用，并且和人类生物学的某些方面紧密联系的理论。在本书中，我们就概述了这样一种理论。

没有种群思维就不能理解文化

著名生物学家 Ernst Mayr 认为，"种群思维"是查尔斯·达尔文对生物学最主要的贡献。[1]在达尔文之前，人们把物种看作不会变化的基本类型，就像几何图形和化学元素一样。达尔文意识到，物种是一群携带着"一池"随时间变化的遗传信息的有机体。要认识一个物种的特征，生物学家必须明白在个体生命中日复一日发生的事件是如何塑造这个信息池的：它们使得物种中的某些变异成员存活并扩散开来，而其他的则趋于消亡。达尔文的著名观点是，当个体携带了某些有利于存活或繁殖的变异时，这些变异就会通过自然选择过程扩散开来。另一个次要的观点是，个体生命中获得的那些有利的行为和形态会传递给后代，这个过程同样决定了哪些变异会显现出来，达尔文称之为"用进废退的遗传效应"。现在我们已经知道，后一个过程在有机演化中并不重要，而达尔文未曾设想过的许

---

[1]　Mayr 1982 (45–47).

多过程，包括突变、隔离、重组、遗传漂变、基因转换和减数分裂驱动，则在塑造种群上起到了重要的作用。尽管如此，现代生物学从根本上仍然是达尔文主义的，因为它对演化的解释根植于种群思维。如果借助神奇的克隆技术，可以让达尔文从他在威斯敏斯特大教堂的坟墓中复活，我们觉得他将会对自己开创的这个学科的面貌感到由衷的高兴。

本书中，我们要捍卫的文化理论的核心就是种群思维。首先，让我们弄清楚文化的含义：

> 文化是能够影响个体行为的信息，这些信息通过教学、模仿和其他形式的社会传递从物种中的其他成员那里获得。[1]

这里的信息指的是任何一种心理状态，无论是有意识的还是无意识的。这种心理状态通过社会学习被个体所获得或调整，并影响着个体行为。我们可以用如**理念**、**知识**、**信念**、**价值观**、**技能**和**态度**这样的日常词汇来描述这种信息，但这并不意味着这种从社会中获得的信息总是能够被有意识地运用，也不意味着它必然地与民间心理学的范畴相一致。我们的定义根植于这样一种信念：大多数文化差异是由储存于人类大脑中，并通过学习他人而获得的信息所引起的。[2] 不同文化群体中人们的行为不同，主要是因为他们获得了不

6

---

[1] 人们运用"文化"一词从许多角度和方式来描述各色各样的现象。作为一种社会传递的传统和惯例，文化被普遍认为是重要的。然而，对于如何将文化概念化，或者这一文化概念是否足够解释这种现象，则没有统一的意见。尽管像我们这样强调文化的个体及心理特征的定义在人类学中广为人知，但仍然存在着其他类型的定义（Kroeber and Kluckhohn 1952；Fox and King 2002）。我们认为，争论我们的或者某些别的定义是否是文化的"正确"定义并不值得。像文化这样复杂的自然现象，通过简单的定义就让人能掌握是极为困难的，争论这许多各具智慧的定义中哪个最好对我们而言并无意义。真正的问题应当是：这种定义是否能产生有用的理论？

[2] 如今，文化中的一个重要部分是以书面（以及电子、电影等）的形式储存下来的（Donald 1991），其中一些可能总是依靠各种各样的人工制品来承载。毫无疑问，这一事实在过去的几千年中在很大程度上影响了文化的演化。

同的技能、信念和价值观，每一代人都从他们身边的人那里获得信念和态度，从而使这些差异能延续下去。所以，南方人比北方人更有可能行凶杀人是因为他们对个人荣誉持有不同的态度。文化的许多不同方面也是如此。不同的种群在语言、艺术、社会习俗、道德体系，以及设备和实践的技能上呈现出持久的差异。这些和所有其他维度的文化差异的存在，正是因为人们拥有从社会中获得的不同技能、信念或价值观。

要解释文化演化的原因，关键就在于种群思维。我们在很大程度上是由基因和文化所塑造的。正如进化论解释了为什么某些基因能够留存并扩散开来，一个关于文化演化的合格理论必须要解释为什么某些信念和态度能够扩散并留存下来，而另一些则消亡了。这一文化变迁过程发生于个体的日常生活中，发生于人们获得和使用文化信息的时候。某些关于道德的价值观比其他的更具吸引力，从而更有可能从一个个体传播到另一个个体，这些价值观趋向于留存下来，而其他不那么具有吸引力的价值观则趋向于消亡。某些技能很容易就被准确掌握，而其他的技能则困难许多，并有可能在学习过程中就被改变了。某些信念让人们更有可能被模仿，因为持有这些信念的人更有可能存活下来或是成为社会中的佼佼者。这样的信念就倾向于扩散开来，而那些导致早夭或被社会所唾弃的信念则会消亡。对于一个种群层面的文化理论来说，从短期看，它要能解释上述作用于前辈们的过程对信念和价值观在下一代人中分布的净效应；从长远来看，它要能解释这些一代代重复着的过程如何能够导致我们所观察到的文化差异模式。本书的中心内容正是解释那些模仿和教学工作在种群层面的运作过程和结果是怎样的。

采取种群的视角并不意味着文化演化与基因演化非常类似。例如，种群思维并不需要文化信息以觅母（memes）这种像基因一样离散的、精确复制的信息单位的形式存在。已有的一系列模型都和我们现在所知的文化差异的事实相一致，其中包括那些认为文化信息是非离散的、不会被复制的模型。关于引起文化变迁过程的模型

也是如此。类似于自然选择的过程有时候是很重要，但那些与基因
7 演化并不相似的过程也同样很重要。文化之所以显得重要和令人感
兴趣，就在于它的演化行为与基因有着显著的不同。例如，我们认
为人类文化体系是作为一种可适应物存在的，因为它神奇地使人们
能够迅速地适应变动的环境，而这仅仅依靠基因是做不到的。除非
文化能够完成基因无法完成的使命，否则它就不会演化出来！

种群思维便于将文化和基因的演化联系起来

许多社会科学家将文化看作一种"超机体"的现象。作为现代
人类学的奠基人之一的 A. L. Kroeber 指出：

> 特定的文化表现从其他文化表现中找到了它们的最初意
> 义，并从这些表现的视角中得到了充分的理解。但是，它们无
> 法从那些由基因得来的，有关人类特质的机体禀赋上得到特定
> 的解释，即使文化现象必须总是与这一禀赋结构相一致。[1]

长期以来，遵循 A. L. Kroeber 传统的社会科学家们忽视了将生
物学正式纳入人类行为研究的必要性。人类不可能挥动手臂来飞翔
或者在水下呼吸，但是除了这些明显的约束以外，生物学好像与文
化没有什么关系。从这个观点来看，生物学当然是重要的，因为我
们需要身体和大脑去承载文化。但是，生物学好像只是装饰了这些
要用来书写文化和个人经历的空白石板而已。[2]

超机体主义是错误的，因为它忽略了文化与我们行为、生理结
构的某些方面之间的丰富关联。就像直立行走一样，文化也是人类

---

[1] Kroeber 1948 (62).

[2] 这一理念可以追溯到 20 与 21 世纪之交的社会学和人类学先驱。Ingold 1986
（223）讨论了这些年来社会科学家们所运用的"超机体"的三种不同含义，对此他总
结道："超机体已经变成了一个用来炫耀各种人类学和社会学哲理的简便旗帜。"

生物学的重要部分。文化驱使人们去做许多既不可思议又十分美妙的事情。但是，如果考虑我们是如何学习的，以及为何偏好某些理念胜过其他，就会发现人类大脑的结构、分泌荷尔蒙的腺体和我们身体的先天属性在其中扮演了基础性的角色。文化由人类教师有目的性地教授、由学习者有目的性地习得，并在人类大脑中被储存和操作。文化是群体中所有人的大脑演化而来的产物，这些大脑被自然选择过程塑造成适宜学习和掌控文化。这些能够创造文化的大脑是两百多万年演化的产物，这期间大脑的容量和文化的复杂性都在或多或少地逐渐增长。在这一时期中，文化一定增加了我们祖先繁衍的成功率；否则，我们的大脑就不会演化出有利于文化存在的特质。[1] 这一演化过程的产物就是我们的先天倾向和机体约束，它们影响着我们会认为怎样的理念具有吸引力，我们能学习怎样的技能，我们会经历怎样的情绪，以及我们以怎样的方式看待世界。举个非常简单的例子，为什么在许多文化中，房子的门廊通常比头高一点点？这是因为人类的颅骨布满了痛觉感受器——这显然是为了提高适应性。那些强调机体演化在解释人类行为中扮演着重要角色的人，对这种先天适应性会强烈影响文化演化的强调无疑是正确的，尽管我们仍然对其中的细节缺乏了解。但是，为什么南方人需要荣誉**文化**？也许因为一般来说，在一个以自力救济作为保护自我的主要手段的环境下，男人们**并非**天然地就对冒犯行为足够敏感，**也并非完**全乐于以暴力来回应他们。

　　认为文化可以被获得、储存，并由一群**个体**进行传播的观点，使我们能够探索文化与人类生物学某些方面之间的交互关系。个体心理机制决定了哪些理念更容易被学习和记忆，以及哪些类型的人更有可能被模仿。当然，个体的行为不是孤立的。个体的心理机制可能以某些有趣且复杂的方式交互着，我们要注意确保我们的理论包含了这种结构。个体同样是人类物种中基因变异的主要发生地；

---

[1]　其实，人类学家很早就从适应的角度解释了大部分文化（如 Steward 1955 ）。

粗略地说，长期的选择已经增加了个体的适应度。基于种群的文化变迁理论告诉我们个体的心理机制是如何影响其所获得的技能、信念和价值观的。从概念上说，对那些能够引起社会学习的先天心理机制的演化过程进行建模并不困难——你只需要让个体心理机制在基因上是可变的。具有不同心理机制的个体会获得不同的信念和价值观，并进一步导致不同的适应度。当然还有许多复杂的事情，所以构造这样的理论事实上会非常困难。然而，这又是直接的科学性工作——当你运用种群思维来将文化概念化时，就会发现那些曾经被悖论和混淆所占据的地方会出现一些有趣的问题。

文化从根本上改变了人类演化的性质

尽管我们并不怀疑文化与人类生物学的某些方面深深地交织在一起，但我们也同样认为文化演化导致我们这一物种应对自然选择的方式发生了根本性的改变。在过去的大约 40 年时间里，行为演化论者已经发展出了一套丰富的理论，用来预测在不同的条件下自然选择将如何塑造社会行为。这一理论解释了大量的、不同方面的行为，如交配、抚养、信号传递与合作等，并且已经相当成功地解释了动物王国中不同物种间的那些差异。在 19 世纪 70 年代，一组科学家（后来被称为人类社会生物学家）将同一理论应用于人类，由此引发了巨大的争议。[1] 这导致两种现代研究传统的诞生：人类行为生态学和演化心理学。人类行为生态学家通常使用演化理论来理解现代人类行为。演化心理学家则用它来推出有关演化而来的人类心理机制的假设。尽管两种传统都已取得了很大的成功，但他们将演化理论应用于人类这一做法仍然引起了许多争议。[2]

---

[1]　Alexander 1974, 1979; Wilson 1975; Symons 1979; Chagnon and Irons 1979; Barash 1977. 关于争议的历史见 Segerstråle 2000。

[2]　关于几种研究传统的一个审慎的比较性综述见 Laland and Brown 2002，其中包括我们所继承的这一传统，这一传统同时包含了演化社会科学。

对将演化方法应用于人类行为的某些反对，源自于以先天还是后天的角度来思考问题。生物学与先天有关；文化与后天有关。有些事情，例如你是否患镰刀形红细胞贫血症，是由基因，即先天决定的；其他一些事情，例如你是说英语还是汉语，是由环境，即后天决定的。许多反对用演化来进行解释的人认为，演化生物学能解释由基因决定的行为，但无法解释那些习得的或与环境相互作用而形成的行为。由于大部分的人类行为都是习得的，因此他们断定演化理论对塑造或理解人类行为无所助益。

尽管这种思考方式很常见，但它却犯了很大的错误。判断行为是由基因还是环境决定的并没有意义。地球表面上每一个有机体的**每一个**行为（就这一点而言，还可以是每一种生理机能或形态）都是由储存于这个不断发展的有机体中的基因信息与它所在的环境特征交互作用的结果。认为基因像蓝图一样决定了有机体成年后的特征——例如一种基因决定了你是高个子，另一种决定了你是矮个子——是错误的。基因更像是一份食谱，而食谱中的食材、烹饪温度等都是由环境设定的。不同的特征**确实**在对环境差异的敏感性上有所不同。一些特征不太受正常限度内环境变化的影响，如在几乎所有的环境中人类的两只手都长出了五根手指 [1]；而其他一些则很敏感，如基因相似的人可能会由于幼年时的营养和健康状况不同而最终拥有非常不同的体型。很自然，我们会追问那些观察到的**差异**是由于基因的差异、环境的差异还是两种因素共同作用的结果。然而即使得到了答案，你也无法判断这些特质是否是由自然选择所塑造的适应性。

这是因为，自然选择塑造了有机体发展过程应对环境差异的方

10

[1] 美国大约有 0.05% 的活产婴儿有某种形式的手掌或手臂缺损，这些案例中的一部分可能是因为暴露于环境因子下（疾病控制中心［Center for Disease Control］1993）。大约有 0.2% 的活产婴儿手掌或脚掌上有超过五个指头。许多多指趾畸形的案例貌似是由罕见的等位基因突变引起的。

式。环境只不过产生了**直接的**影响。[1] 环境差异可能引起基因上完全相同的个体表现出不同的行为，在这个意义上，环境差异是行为差异的直接原因。然而，如果我们想要知道为什么有机体在一种环境中这样发展而在另一种不同的环境中那样发展，我们必须弄明白自然选择是如何塑造了有机体的发展过程，以至于它会对环境做出这样的反应。或者，像生物学家指出的，行为的最终决定因素是作用于基因上的自然选择。那些会导致个体对不同环境做出不同反应的学习机制和其他发展过程，它们执行着已构建在基因中的那些构造。[2] 在自然界中，表面原因通常是生理上的。当白昼变短时，鸟类向赤道迁徙，因为它们的大脑会将白昼时长的变化转化为荷尔蒙信号，这些荷尔蒙信号会激活它们的迁移行为。然而根本原因则是演化上的。迁徙是一种演化而来的策略，是为了在温暖的季节开发高纬度地区的资源，同时在更宜人的低纬度栖息地度过严酷的冬天。选择过程塑造了大脑对白昼时长的反应以及所有之后的心理和行为机制，以促使大雁在严寒的冬天到来前从育空河三角洲飞往加利福尼亚中部。

尽管演化社会科学家们否认了基因与环境是两种相互独立的原因这种幼稚的想法，许多人仍然认为文化可以和其他环境影响混为一谈。他们认为，控制获得文化的心理机制仅仅是行为可塑性的另一种表现，这种心理机制的结构可以从自然选择在基因上的作用角度来理解。[3]

---

[1] 我们指的是环境在塑造有机体发展过程时扮演的角色。在自然选择中，环境则扮演了最根本的角色。

[2] 关于直接原因和根本原因的区别见 Ernst Mayr 1961。

[3] Richard Alexander 1979（75–81）清晰地表达了这个观点。演化思想者们不同意这些心理机制的特异性。人类行为生态学家倾向于认为心理机制是引起人类行为的原因，打个恰当的比方，心理机制就像是在最大化通用的基因适应度。正如这里所定义的，文化扮演了完全次要的角色，并且为了大多数的实用目的可以被忽略（Smith, Borgerhoff Mulder, and Hill 2001）。许多演化心理学家是先天论者，他们认为心智中含有一大批细致分工的、以基因为基础的、内容丰富的算法，它们能够解决一系列更新世觅食者所面临的有限问题。当前的环境变化如此之快，以至于现在再期望行为最大化适应度是徒劳的。演化太过缓慢，使得在过去的几千年中无法显著形成人类心智的再次适应（Tooby and Cosmides 1992）。

这样的结果是，演化社会科学研究团体中的许多人都否认文化会从根本上改变将演化思想应用于人类的方式。因为构造了人类文化的心理机制是由自然选择塑造的，所以至少在祖先环境中，这一机制必定能导致提高适应度的行为。如果它在现代环境中出现了偏差，文化不应该是罪魁祸首，而是我们演化出的、以前是适应的心理机制如今失效了。尽管这种内含着适应主义的思想论述受到了许多著名的批评，我们的关注点却和他们不一样。[1]

相反，我们担心的是，将文化和其他环境影响混为一谈会使人们忽略由文化创造出来的不寻常的演化过程。选择过程塑造了个体的学习机制，从而使得其与环境的交互能够产生适应性行为。例如，许多植物含有有毒物质。选择过程使食草动物觉得这些化学物质味苦，所以它们就学会了不去吃这些有毒的植物。文化则给这一情节增加了许多新意和不同。像其他动物一样，人类通常将苦味看作该植物不能食用的信号。然而，一些具有苦味的植物化合物（例如柳树皮中的水杨酸）具有药用价值，所以我们也从其他人那里学到了在需要治疗疾病时克服某种植物令人反感的苦味。使植物尝起来味苦的基因一点儿都没有改变，但是随着关于这种苦味植物具有药用价值的信念的传播，整个种群的行为仍然会发生改变。尽管药品味苦但我们仍然服药，不是因为我们的感官机能已经演化到能够让它不苦一些，而是因为它拥有疗效这一理念在种群内广为人知。在遥远的古代，某个好奇而明察的医者发现了一种苦味植物的治疗功效。那么我们在本书中描述的一系列过程或许就能使该信念广泛传播，尽管这种植物味道很差。你无法通过思考个体如何与他们所在的环境相互作用来理解这一过程。相反，你必须得弄清楚，随着时间的推移，一个由个体所组成的种群是如何与环境相互作用的，以及他

11

---

[1] 最著名的批评是 Gould and Lewontin 1979。与 Campbell 1965；Dawkins 1989；Dennett 1995；Cziko 1995 以及 Sober and Wilson 1998 这样的达尔文主义相比，这些批评所提出的替代理论并没有取得多少成功（如 Carroll 1997）。

们内部成员之间的相互作用。

因此，文化既不是先天的也不是后天的，而是这两者的结合。文化结合了遗传和学习，而这种结合方式无法被分解为基因或是环境。[1]这一事实对人类的演化产生了两个重要的结果，现在我们来看看这两个结果。

设计人类心理机制必须考虑文化

适应主义者在分析人类行为时，关键的步骤之一就是决定自然选择所要解决的设计问题。大多数学习人类演化的学生首先会问，演化过程应当如何塑造那些过着群居和觅食生活的原始人类的心理机制？从这个问题出发，他们接着会问，那些演化而来的心理机制将如何塑造人类文化？潜在的演化过程似乎是，更新世的原始人类只是特别聪明的黑猩猩而已，尽管这种社会性动物很聪明，但他们12 相互之间的学习效应是可以忽略的，直到我们的大脑演化完成，此时这种高端的黑猩猩才能够开始发展文化。**首先**我们通过基因进化拥有了人类的先天属性，**之后**才产生了文化这一进化过程的副产物。

这种思考方式忽略了一个必然存在的反馈机制，这种反馈机制存在于人类心理机制的先天属性与它处理的社会信息种类之中。例如，为了服用苦味的药剂，我们的心理机制必须演化到既能够向别人学习，又能够使这种通过文化获得的信息能克服令人反感的苦味刺激。文化是具有适应性的，因为其他个体的行为蕴含着丰富的信息，这些信息反映了什么行为是具有适应性的而什么行为不是。我们都知道剽窃通常比自己努力写作要容易；同样，模仿他人的行为也是具有适应性的。其中的奥秘在于，一旦文化变得重要，决定我

---

[1] 那些著名的演化论者们已经强调了文化的这两个方面，Richard Dawkins 1976创造了名词"觅母"来强调文化与基因相类似的特征，而 Richard Alexander 1979（75–78）则强调了文化与个体学习有着许多共同点。

们如何向他人学习的那些心理机制就会强烈影响到那些可以被模仿的行为。举个极端的例子，如果每个人都完全依赖于模仿，那么行为就会变得与环境脱节。一旦环境有所改变，模仿就不再具有适应性了。为了理解隐藏在文化背后的心理演化过程，我们必须考虑种群层面的反馈效应。我们想知道不断演化着的心理机制是如何影响那些能从他人那里获得的理念与行为的；我们还想知道，自然选择是如何塑造我们在环境中思考和学习的方式的，而这种环境的特征就是直接从个人经历中获取信息，**并且**潜在地以较低的成本但或许是更大的风险来利用他人的行为。

　　这种推理会得出和其他有关人类行为的演化理论大相径庭的结论。在合适的条件下，有一种心理机制会被自然选择青睐，这种心理机制能使大多数人在大多数时间都采取某些行为，"仅仅"是因为他们周围的人都采取这些行为。在过去的大约 80 万年时间里，世界气候经历了大范围的剧烈波动；世界平均气温有时会在一个世纪内变化超过 10 摄氏度，这些都导致生态系统结构的巨大变化。[1] 一群居住在像现在的马德里这样的地区的原始人可能会在 100 年后发现他们的栖息地变得像斯堪的纳维亚一样。或许你会认为这种剧烈而极端的环境变化会使个体学习相对模仿来说更能获得额外的收益。但其实在许多变化着的环境中，最佳的策略是在大多数情况下依靠模仿，而不是靠自己学习，尽管这看起来有些奇怪。一些个体也许能发现应对新情况的办法，如果那些没那么聪明和幸运的人能模仿他们，那么下一代中的幸运儿或聪明人就能给群体增加新的诀窍。通过这种方式，模仿能力就使得文化演化中新适应性的积累能够以机体演化无法比拟的速度进行。一个由纯粹的个体学习者组成的种群会局限于他们依靠自己所能学习到的少量知识；他们无法引发一种基于不断累积提升的文化传统的全新适应性。人类行为的这种设

13

---

　　[1]　1.15 万年前的气候与 10 万年前的气候显著一致。目前仍不清楚所有的间冰期是否都很相似。

计依赖于，当人们采纳某些信念和技术时，在很大程度上是因为他们群体中的其他人共享这些信念或者使用这些技术。当大量的模仿混杂着一点个体学习，**种群**的适应能力就能够超越任何个体的能力范围，即使是天才也不例外。

考虑文化的种群特性能帮助我们理解社会学习的心理机制。例如，我们会看到选择过程会青睐某种心理机制，这种心理机制会使人们遵循大多数人的行为，即使这种机制有时会阻碍种群对环境变化的适应。演化同样青睐某种心理机制，这种心理使人们更倾向于模仿有威望的个体和与自己相似的个体，即使这一习性很容易导致不良的狂热。这些心理机制反过来会产生某些重要的行为模式，例如社会群体的象征性标志并不会演化，除非他们的文化在种群层面会产生某些结果。

文化是人类行为的根本原因

如果唯一的文化塑造过程产生于我们先天演化而来的心理机制，那么文化完全就是引起人们行为的直接原因。要理解自然选择是如何产生我们的心理机制的，这一点要比理解如何产生其他形式的行为可塑性更复杂，但最终我们至少能在大体上将人类文化简化为在自然选择下演化而来的，为提高遗传适应度的行为。[1]

然而，并不是所有的文化塑造过程都**确实**来自于我们的先天心理机制——文化本身也会受到自然选择的约束。就如同一个孩子像她的父母，那些理念、价值观和技能的学习者也会和被学习者变得相像。文化上习得的理念、价值观和技能会影响人们一生中发生的事情——他们是否会取得成功，会有多少子女，以及会有多长的寿

---

[1] 在认为文化是重要的这件事上，Edward O. Wilson（Lumsden and Wilson 1981；Wilson 1998）与我们所讨论到的大多数其他演化论者不同。然而在最终的分析中他认为，基因的约束使得文化变成最基本的遗传需求是可能的。

命。这些事情反过来又会影响到他们的行为是否会通过文化传递给下一代。如果成功人士更可能被模仿，那么那些导致成功的特征将会被青睐。更显而易见的是，如果活着的人比死去的人更可能被模仿，那么那些有利于存活的理念、价值观和技能将趋向于扩散开来。因此，荣誉文化的产生至少部分是因为在那些缺乏法律管制的社会中，没有血性来保护畜群和家人的男人将会遭到凶残的掠夺。如果荣誉文化的这些优势在现代南方不复存在，那么恪守这一习俗的那些人更高的死亡率将最终使它灭亡。

14

这种选择过程所青睐的行为常常会和基因选择大不相同。例如，现代社会中能够导致获得威望和财富的信念和价值观可能也同样降低了生育率。这种信念之所以能扩散，是因为有威望的人更可能被模仿，即使这会降低基因适应度。抱着开放的心态去对待环境中的各种理念能快速形成适应性，但这也会演化出不符合生物适应性的文化适应不良。我们的心理机制具有一种精妙的平衡机制，这种机制正是为了排除掉环境中那些有害的理念而不会攻击那些有益的理念。

正如作用于基因上的自然选择，作用于文化上的自然选择也是人类行为的根本原因之一。考虑一个我们将在后面重复提到的例子。文化差异大都存在于种群层面。不同的人类群体有着不同的规范和价值观，关于这些特质的文化传承能够导致差异的长期延续。现在看来，在某一群体中占优势的规范和价值观貌似真的影响着该群体是否能成功、存活和扩展。为了说明问题，假定拥有促进群体团结这种规范的群体相比于缺乏这种品质的群体更有可能存活，这就形成了导致团结这一品质扩散开来的选择过程。当然，进化而来的先天心理机制可能会对抗这一过程，这种心理机制会歪曲我们从他人身上学到的东西，使我们更倾向于去模仿和创造那些自私的或者利用裙带关系的信念而不是像爱国主义这样有利于群体团结的信念。长期的演化结果依赖于这两个分别青睐和厌恶爱国主义的过程之间的平衡。为了便于说明，我们再假设这个对抗过程的净效应是爱国主义的信念占优势。在这个例子中，种群表现出爱国主义是因为这种行为促进了群体的存活，这与镰刀形红细胞基因常见于疟疾肆虐的地区是**因为**它能促进个体存活是一样的道理。人类文化是人类行为的根本原因之一。

15 　　我们相信，文化科学家不应该害怕和生物学重新结合。文化作为一种强有力的现象并不会真正地陷于被"简化"为基因的危险中。当然，我们进化而来的心理机制背后的基因要素塑造了文化——不然还能是怎样呢？但是同时，作用于文化变异的自然选择塑造了我们心理机制演化的环境，无论是过去还是现在。这种共同演化的动态过程使得基因容易受到文化的影响，而文化也容易受到基因的影响。我们将论证，上述对文化变异的群体选择现象已经产生了某些制度，这些制度鼓励我们与陌生人有更多的合作，而这种合作并没有那么被我们最初进化而来的心理机制所偏好。这些合作者应该会歧视那些携带好斗基因的人，这些基因使他们过于好斗而不遵守新的合作规范。接下来，文化规范就能够进一步扩大合作，并且筛选出更为温顺的基因。最终，人类社会心理机制中的先天要素变得相当适用于促进群体生活，而不仅仅是家庭生活。

文化使我们变得特殊

　　在种群层面思考文化演化，这将让我们看到一个强有力的适应体系，但也必然伴随着一些副作用。我们的一些演化学家朋友对于这一概念并不乐观，并把它当作对那些否认演化与人类事务有关的人的帮助与安慰。但我们更倾向于认为，基于种群的文化演化理论强化了达尔文主义者对人类物种的理解，因为这些理论描绘了推动人类在过去几十万年中飞速演化的动力。我们的猿类表亲仍然和我们共同的祖先一样，以同样小的社会群体规模居住在同样的热带森林中，吃着同样的水果、坚果和一点点肉。到更新世晚期（也就是2万年前），依靠一系列的生存体系和社会安排，人类这种觅食者已经占据了远比其他物种更宽阔的地理和生态范围。在最近的 1 万年,凭借着采用越来越精密的科学技术和越来越复杂的社会体系,我们已经迅速发展为地球上的统治者。人类物种在演化上是一个惊人的异类,所以我们理应认为这背后的演化体系也一样很与众不同。我们探求的是促使我们从祖先那里产生分化的演化动力,并且我们相信,关注那些文化演化上的异类是探求这种动力的最好方法。这并不意味着基于基因的演化推理就是毫无价值的了。恰恰相反,人类社会生物学家和他们的继承者们已经解释了大量的人类行为,即使他们的大多数工作都忽略了引入文化适应性后会带来的新奇特质。然而,许多东西仍然有待解释,并且我们认为,一个能够令人满意的人类行为理论必须要包含文化的诸多种群性质。

16

被弃置的路径

在 1874 年出版的《人类的由来》(*Descent of Man*)第二版的序言里,达尔文说他抓住了解释的机会:

> 我的批评者们常常假设我将所有物质结构和精神力量的改变都唯一地归功于对这种差异的自然选择,就如同它们常常被称为自发的一样;然而,即使是在《物种起源》(*Origin of Species*)的第一版中,我都明确地阐述了无论是基于身体还是心智的考虑,对用进废退的遗传效应都应该予以足够的重视。[1]

从生物学家的观点看来,达尔文关于获得性差异可以遗传的信念是他最大的错误。达尔文用"遗传习性"这个词来表示某种很接近于人类文化的东西,他认为这种东西在大量不同的物种中都非常重要。在某种意义上他是正确的——简单的社会学习模式在动物王

---

[1] Darwin 1874.

国中广泛存在。[1]然而，达尔文甚至臆测蜜蜂也拥有类似人的模仿能力，但是正如我们所见，现代证据表明，包括和我们最近的猿类亲属在内的其他所有动物，与我们相比也都只具有初步的文化能力。

毫无疑问，达尔文关于"遗传习性"的直觉来源于他观察到人类具有文化，以及他想最小化人类与其他动物之间差距的愿景。有时他被说成把人类文化生物学化了，但更精准的指责是他把生物学文化化了。[2]如果说达尔文是错误的，那么他也是描绘了一幅关于用进废退的遗传效应如何导致各种特质的分布的复杂景象。他认为行为更容易受到获得性差异的遗传影响，而身体结构则没那么容易，所以他能够解释为什么相比于人类的身体，人类的行为在不同的地方有着大得多的差异。正如《人类的由来》第七章"论人的种族"中展示的，达尔文没有误认为他和其他人类学家先驱所观察到的人

17　类中巨大的行为差异可以被保守的——现在我们称为基因的——特征差异所解释。相反，他将这些差异归因于更有可能的特征，即我们现在所说的文化。

这样，我们就看到了一个有趣的历史悖论：相较于研究其他物种，达尔文的理论对于研究人类是一个更好的起点，并且它需要进行重大修改以与遗传学的兴起相一致。然而，《人类的由来》对于20世纪与21世纪之交出现的社会科学并没有持续的影响。[3]达尔文被划为生物学家，而社会学、经济学和历史学最终都将生物学排除在它们的学科范围之外。人类学家将"超机体"当作挡箭牌，把他的理论划到一个学科分支——生物人类学里面。20世纪中期以来，许多社会科学家已经将具有达尔文主义的法案视为被政治所污染了的威胁。甚至随着一些人类学家、社会学家和历史学家采用了那些在自然科学家看来是完全放弃了科学的基本规范的方法和哲学信仰，

---

[1]　Galef 1996.

[2]　Alland 1985; Richerson 1988.

[3]　Hodgson 2004; Richards 1987; Richerson and Boyd 2001a.

社会科学与自然科学间的鸿沟不断变大。

　　在本书中，我们将追随达尔文的这条被弃置的路径。从心理学家 Donald T. Campbell 在 19 世纪 60 年代的工作开始，我们和几位同人[1] 就已经寻求在**不**将文化从生物学中剥离出来的情况下给予文化演化应有的地位了。我们希望说服你相信，这一考虑文化演化的路径会带来新的有力工具，从而让我们能够详细分析人类科学中一些长期困扰我们的问题：基因与文化是如何交互作用从而影响我们的行为的？为什么人类物种能取得非凡的成功？个体过程、制度结构和群体功能是如何相联系的？文化多样性的来源是什么？尽管我们作为一个物种非常成功，但为什么我们的行为常常看起来有些轻微的（有时是剧烈的）失调？为什么我们的行为有时会导致巨大的灾难？为什么我们有时在关心他人福利方面表现出彻底的英雄主义而在其他一些情况下又表现出冷漠、麻木、恶毒或剥削他人的行为？就我们所能看到的，与由于新理论所带来的质疑而放弃某些曾受重视的学科、方法和假设这一成本相比，这个新理论的收益是巨大的。当你读完这本书的时候，我们希望你会同意这一点。

---

　　[1]　Atran 2001；Aunger 1994；Boyer 1998；Cavalli-Sforza and Feldman 1981；Durham 1991；Bowles and Gintis 1998；Gil-White 2001；Henrich and Boyd 1998；Henrich and Gil-White 2001；Henrich 2001；McElreath；Boyd and Richerson 2003；McElreath，出版中；Lumsden and Wilson 1981；Pulliam and Dunford 1980；Sperber 1996。

第二章　文化是存在的

　　如果人类学家、社会学家和历史学家知道那些认真研究人类行为的学生在分析的时候把文化放在次要的位置，他们都会对此表示怀疑。然而，事实上，文化在像经济学和心理学这样的一些学科中扮演了微不足道的角色。沿袭这种传统的学者们通常不会否认文化的真实性和重要性，但仍主张考虑文化是如何起作用或者文化为什么存在不属于他们的工作范畴。[1] 然而我们怀疑对于这些学科来说，某些善意的忽略伴随着大量没有言明的、对文化解释的偏见。面对不同的婚姻体系，继承法则或者经济组织，无论多么牵强附会，许多学者也倾向于基于经济或生态的解释，而非那些基于文化史的解释。

　　在我们研究演化社会科学的同事眼里，这种观点很常见（虽然还不能说很普遍）。从一开始，许多这样的学者就直接否认文化在人类事务中扮演了重要的角色。作为社会生物学的创始人之一的 Richard Alexander 指出："文化上的新生事物不会自我复制或传播，即使是以间接的方式。它们通过基因这个载体的复制行为而得以复制。"[2] 同样，心理学家 David Buss 认为："与'生物'强大的解释能

力相比，'文化'不是一种自发的起因。"[3] 或者，更直接地，人类学

---

　　[1]　某些经济学家已经乐于将种群模型看作一种连接文化与经济理论的机制来加以运用（Bowles 2004; Schotter and Sopher 2003）。

　　[2]　Alexander 1979 (30).

　　[3]　Buss 1999 (407).

家 Laura Betzig 在回应有关文化重要性的言论中说道:"我个人认为文化不是必要的。"[1]

本章的主要目的就是说服那些怀疑者文化是必要的,同时表明一旦缺少对信念、价值观和其他决定行为的社会获得性因素的解释,人类的行为差异就无法被理解。那些否认文化作用的人将解释人类多样性的重担完全压在遗传与环境差异之上——但无论是遗传差异还是环境差异都无法承载这一重任。现实证据与文化人类学家及其他学科同道中人的传统观点更为一致:可遗传的文化差异对于理解人类行为是至关重要的。

不同的文化是人类差异的重要原因

人类物种的多样性是惊人的,尤其是当你想到生活在世界上其他地方的人。例如,想一想因纽特人和特罗布里恩群岛岛民。冬天,因纽特人居住在用结冰的海水筑成的雪屋中。他们在冰上的呼吸孔处用矛刺杀海豹以获得食物,有时需要在严寒的黑暗中一动不动地等待数小时之久。夏天,他们居住在皮屋里,利用制作精巧的海豹皮艇来狩猎。他们以家庭为单位居住,没有酋长或委员会,家庭之间依赖互惠而网联在一起。在特罗布里恩群岛上,许多家庭共用一栋大木屋。他们以院落中种植的甘薯和芋艿为食,清理和种植这些作物需要在闷湿的热带阳光下艰辛劳作好几个小时。他们受世袭的贵族阶级统治,这种统治建立在一个精妙的庞大系统上,其中母系宗族成员拥有着权力和特权。现在我们再加上居住在阿拉伯中部严酷环境中的游牧民、拥有精妙复杂的社会生活的爪哇种稻农民以及洛杉矶繁荣的经济和复杂的种族,你将会确信人类差异是非常巨大的。

这种差异的直接原因有三个。首先,人们有差异可能是因为从

---

[1] Betzig 1997 (17).

父母那里继承了不同的基因；其次，基因上相似的个体也可能会不同，因为他们居住在不同的环境中 [1]；最后，人们有差异还可能是因为他们通过教学和观察学习获得了不同的信念、价值观和技能。由于差异的这三种来源在决定我们行为时充分地相互作用，人们有时就找不到那些重要差异的来源。[2]体重差异是我们许多人关心的一个特质。很明显，环境能够对体重产生有力的影响。在 1918 年和 1945 年，中欧人在平均上绝对要比他们现在更瘦。文化同样通过工作习惯、合理膳食的理念、娱乐偏好、饮食产业的创新和以何种体型为美的理念强烈影响着体重。在某种西非文化中，年轻女孩会被隔离数月并且每天数次被强迫吃下大量食物，这是专门为了让她们变得极度肥胖。在美国，尤其是年轻女孩，她们避免吃甜食并进行有氧运动以达到一个美国文化认为的理想体型。与此同时，竞争激烈的快餐食品产业大力推广了廉价又富含卡路里的食物。有人投身于健身馆，有人沉溺于超营养的食物，因而美国人的体重差异十分巨大。最近的研究还发现即使在相似的膳食下，某些基因组成也会使人更容易变胖。

"同质园实验"

那么，基因、环境和文化哪一个在决定人们的行为上更重要呢？通过下面的假想实验，你可以测定自己在这个问题上的立场。选择两组居住在不同环境中、有着不同行为的人，例如因纽特人和特罗布里恩岛岛民。接下来，假设一群因纽特人迁移到美拉尼西亚

---

[1] Odling-Smee et al. 2003 认为许多有机体事实上建构了它们的环境。人类是一个极端的例子。伦敦人乐于享受一个精巧和有效的城市轨道交通网络，而洛杉矶人乐于享受一个高度发达的高速公路系统，这两者都是由前人所建造的。这种"区域构造"无疑对行为造成了重要的影响。

[2] 例如 J. T. Bonner 在 1980 年写了一本书名叫《文化在动物中的演化》(*The Evolution of Culture in Animals*)，该书主要是关于在表现型上的可变性，而不是行为的社会传递。

的一个空岛上，而一群特罗布里恩岛岛民则移居到北极地区。然后，给每个群体中的个体充分长的时间，让他们尽可能地学习如何在新的环境中进行最优行动。现在进行测试：你认为居住在北极的特罗布里恩人的政治系统、宗教实践和亲属体系是否会更像他们的爱斯基摩邻居，而不是特罗布里恩岛的祖先呢？如果是的话，你就是最不认可文化重要性的那些人中的一员。或者，居住在北极的特罗布里恩人的政治系统、宗教实践和亲属体系会不会更类似他们特罗布里恩岛的祖先而非他们的爱斯基摩邻居呢？如果这是你的立场，那么你就是认为这些特征差异最初不是自然环境造成的——肯定有一些其他东西随着时间而传递着。它可能是文化，但同样可能是基因或者自我复制的社会环境。

　　一个真正的实验会比假想实验好很多。尽管这样的实验是不道德和不实际的，但它的关键要素已经以多种方式被实践了，那就是具有不同文化历史的人来到相同的环境中居住，以及文化上相似的人遭受不同的环境变化。我们认为下面的例子就为文化、基因和环境这些传递行为的要素在塑造人类社会过程中扮演的重要角色提供了强有力的证据。之后，我们会证明无论是基因还是可延续的环境都不可能充分解释人类社会间的差异，于是文化的可能性就最大了。

21

伊利诺伊农民的行为因移民背景而不同

　　来自欧洲许多不同地区的移民在 19 世纪移居到了美国的中西部地区，这些移民带来了他们本土的语言、价值观和习俗。如今，大多数人的种族出身已没有明显的踪迹可寻——你无法凭借人们的语言或服饰猜测他们的出身。但是他们的耕作方式仍然存在着本质不同。乡村社会学家 Sonya Salamon 和她的同事们研究了种族背景对中西部农民的影响，并发现来自不同种族背景的人对于耕种和家庭有着截然不同的信念，对农场管理做出了完全不同的决策，即使他们拥有相似的农场，这些农场仅仅相距几英里且土壤几乎完全相同。

Sonya Salamon 的一项研究聚焦于伊利诺伊南部的两个农场社区，弗莱堡（假名）和利博迪维尔（假名），前者居住着 18 世纪 40 年代到这里的德国天主教移民后裔，后者居住着 18 世纪 70 年代的移民，这些移民来自美国其他地区，主要是肯塔基州、俄亥俄州和印第安纳州。这两个社区仅仅相距约 20 英里远，但是居住在弗莱堡和利博迪维尔的人们对家庭、财产和农场劳作有着不同的价值观，这些价值观与他们的种族出身倒是一致的。弗莱堡的德裔美国农民倾向于将耕作看作一种生活方式，并且他们希望子女中至少有一个人能继续做农民。正如 Sonya Salamon 的一个调查对象所说的：

> 金钱不是根本的。我想让自己过上一种舒适的生活，最主要的是，这种生活是我一手建立起来的，我想看到它保持原样……我想在五百年后回来看看我的子孙后代是否仍然过着这种生活。[1]

22   这种态度使得弗莱堡的人们不愿意卖掉他们的土地。他们的意愿决定了他们的农场将传给愿意继续在土地上劳作并用农场的收入买下其他不务农的兄弟姐妹地产的那个孩子。父母向子女成为农民施加了不小的压力，而相对来说不太重视教育。Sonya Salamon 指出这些"自耕农"的价值观与欧洲和其他地方的农民身上观察到的价值观很相似。与之相对的，那些利博迪维尔的"扬基"农民将他们的农场视为盈利的商业工具。他们根据经济情况购买或者租用土地，并且如果价格适当，他们便会卖掉土地。在一位农民以一个好价格卖出土地后，他的邻居赞扬道："你不必通过卖豆子赚这笔钱了。"许多利博迪维尔的农民也会乐于看到他们的子女继续务农，但他们会把这视为个人决策。部分家庭会帮助他们的子女从事务农，但许多家庭并不这么做，而且他们一般都认为教育很有价值。

---

[1] Sonya Salamon 1985 (329).

　　弗莱堡和利博迪维尔不同的价值观导致不同的耕作行为，尽管两座城镇相互毗邻并且土壤也很相似。利博迪维尔的农场大约有500英亩，几乎是弗莱堡农场的两倍大，因为"扬基"农民租用了更多的土地。弗莱堡的农民较保守，主要在他们拥有的土地上劳作，而扬基农民通过租用的方式积极地扩展了他们的劳作范围。这两个社区在种植的作物上也表现出了惊人的差异。如同大部分伊利诺伊南部地区，利博迪维尔的农民专于谷物生产——那里农民收入的77%来源于它们。在弗莱堡，农民一方面进行谷物生产，一方面又生产奶制品、饲养牲畜，后者在利博迪维尔几乎是看不到的。因为这些是劳动密集型的生产，它们使得德裔美国农民能在更为有限的土地上容纳更大规模的家庭，这与德国式耕作的目标是一致的。扬基农民不生产奶制品也不饲养牲畜，因为"我们不需要那些劳动就可以从土地上获得更多的金钱"[1]。

　　德裔美国农民和扬基农民不同的价值观导致两个社区土地所有权模式的不同。在弗莱堡，土地很少会被出售，而且一旦被出售，价格也要比邻近地区更高。Sonya Salamon 认为那里的农民愿意为土地支付更多的钱是因为他们不仅仅出于利润最大化的考虑——他们想为子女留下土地。结果是，土地事实上从来没有被出售给非德裔人。在1899年，弗莱堡90%的土地都是由德裔人拥有，而到了1982年这一数字攀升到了97%。在利博迪维尔，土地被出售的频率更高而价格更低。"扬基"农民拥有的土地所占的比例在过去的100年里大幅度波动。再者，外人拥有土地所有权在利博迪维尔更为常见——当地人只拥有56%的土地，与弗莱堡78%的数据形成鲜明对比。

　　相似的种族差异模式存在于伊利诺伊州的其他地方。Sonya Salamon 和她的合作者花费了5年的时间研究了伊利诺伊州中东部5个不同种族的社区——德国人、爱尔兰人、瑞典人、美国人和德美

---

[1]　Sonya Salamon 1984 (334).

混血。[1] 如同之前的研究，5 个社区相互毗邻并且拥有类似的土壤。它们的居民拥有不同的信念和价值观，其中的一些反映在耕作活动和土地所有权模式上。例如，德国式和美国式社区就展现出了某些和伊利诺伊州南部一样的信念和行为模式。而其他群体，比如爱尔兰人和瑞典人，则又与它们不一样。

努尔人对丁卡土地的征服没有使得努尔人变得像丁卡人

19 世纪和 20 世纪早期，在苏丹南部的广阔湿地上住着两群人，努尔人和丁卡人。这两群人都过着迁徙的生活，雨季时他们住在村落中，种植小米和玉米，而旱季来临时则在洪水退去的草地上放牧牛群。努尔人和丁卡人的人口都超过了 10 万，并且他们都进一步被分成许多政治和军事上相互独立的部落，这些部落的人数在 3000 到 1 万人之间。人类学家 Raymond Kelly 为努尔人和丁卡人之间超越了半个世纪的复杂关系提供了详细的解释。[2] 在 1820 年左右，一个努尔部落吉坎尼努尔，从他们的故乡向东迁徙了约 190 英里，最终侵入了已经被两个丁卡部落所占据的土地。在接下来的 60 年里，随着部落向南面和西面的扩张，努尔人侵略了丁卡部落并将自己的领地从一小片区域扩展到了大部分苏丹南部的沼泽地。Raymond Kelly 估计有超过 18 万人——其中大部分是丁卡人——住在被努尔人征服的区域里，且许多人被吸收到了努尔人的社会中。我们有充分的理由相信，如果不是英国人在 19 世纪初期从中介入并镇压了冲突，丁卡人最终将会消失。

尽管努尔人和丁卡人住在相同的环境中，使用相同的技术，且或许是从 1000 年前的共同祖先那里繁衍而来，但他们在很多重要

---

[1]　Sonya Salamon 1984, 1980; Sonya Salamon and O'Reilly 1979; Sonya Salamon, Gegenbacher and Penas 1986.

[2]　Kelly 1985.

方面是不同的。努尔人维持着更庞大的牧群数量，大约每头公牛配 24
有两头母牛，而丁卡人保持着较小的牧群数量，大约每头公牛配有
9 头母牛。努尔人很少杀牛，主要以牛奶、玉米和小米为生。相反，
丁卡人经常宰杀并食用他们的牛。结果，努尔人的人口密度大约是
丁卡人的 2/3。努尔人较少的人口和较多的牛导致他们和丁卡人的生
存方式十分不同。其中最重要的是，旱季努尔人的居住地要比丁卡
人大很多。

这两群人的另外一点不同在于他们的政治体系。在丁卡人中，
部落指的是雨季住在同一个营地里的一群人。相反，努尔部落中的
成员则是基于男性谱系的亲属关系。结果，丁卡部落的发展受限于
地理，而理论上努尔部落可以无限地发展。事实上，努尔部落似乎
比丁卡部落大 3—4 倍。Raymond Kelly 估计在扩张的初期，每个努
尔部落平均大约有 1 万人，而丁卡部落平均大约只有 3000 人。

Raymond Kelly 认为生存活动和政治组织的不同来源于"彩礼"
习俗的不同。对努尔人和丁卡人来说，新娘和新郎的家庭都会在婚
礼时交换牲畜。习俗指明了不同层次的亲戚应当给出和接受的母牛
和山羊的数量。无论是努尔人还是丁卡人，牲畜都是新郎家支付得
更多，这被人类学家们定义为彩礼（而不是嫁妆）。从细节上看，这
种支付在努尔人和丁卡人之间有着根本性的差异。对于努尔人来说，
最低支付大约是 20 头牛（具体的数量会变化），且不能赊欠，而理
想支付大约是 36 头。在最低和理想支付之间，新郎家在保留足够生
存的牲畜数量后，必须尽其所能进行支付。相反，丁卡人没有最低
支付数量并且允许赊欠。这意味着在那些艰难时期，例如 18 世纪
80 年代牛瘟流行的时期，即使新娘家在整整一代人的时间里都没有
收到任何母牛，丁卡人的婚礼也照常进行。对丁卡人来说，理想支
付和最低支付都要比努尔人低很多，而且丁卡人的支付里经常包括
山羊。Raymond Kelly 认为努尔人保持较大的畜群数量以满足他们
更高且更没有弹性的彩礼支付。

牲畜的分配同样有差异。丁卡人给新郎的父系和母系亲属牲畜， 25

而努尔人则将彩礼的支付限制在新郎的父系亲属中。这形成了努尔人父系亲属间的联合，而丁卡人建立的联合则更为分散。父系的联合反过来使得努尔人发展出了基于父系宗族的政治体系，而丁卡人则演化出了基于共同居住的政治体系。

努尔人和丁卡人之间的区别不能仅仅归因于环境。两个部落都居住在相似的栖息地，即季节性发洪水的沼泽地中。当然，努尔人最初的故乡和丁卡人最初占据的地方仍然有微小的环境差异，于是致力于严格的环境决定论的人就认为是这些环境差异导致了两群人之间的行为差异。例如，人类学家 Maurice Glickman 认为努尔人的故乡更干燥，从而无论在雨季还是旱季，努尔人的营地都更大，这继而引起了两个群体间的其他不同。[1]但是这种论证总是说不通，因为努尔侵略者最终占据了和被征服的丁卡人完全相同的环境。如果环境决定文化，那么入侵的努尔人应当变得像丁卡人一样，但即使是在 100 年后，努尔人也依然在这片曾属于丁卡人的土地上保持着自己的生活习惯。相反，数以万计留在被征服领地中的丁卡人则采纳了努尔人的习俗。

努尔人和丁卡人之间社会经济的差异影响深远。努尔人的军事优势允许他们以丁卡人为代价不断扩张，且这种军事优势与他们文化中的其他要素紧密连接在一起。无论是努尔人还是丁卡人，部落都是发动战争的基本单位。努尔人没有征服丁卡人，确切地说，是多个努尔部落征服了某些丁卡部落。尽管两个群体的军事技术和谋略很类似，丁卡部落从没有征服过任何努尔部落。努尔人的部落更大，所以他们常常胜利。1500 人的努尔军队能轻松地击败约 600 人的丁卡军队。努尔人能招募到更大规模的军队是因为他们的部落更大，也是因为战争通常发生在旱季，而在旱季努尔人的营地更大。请注意丁卡人既没有在他们被征服和同化之前采用努尔人的做法，也没有发展出新的军事体制来遏制努尔人的扩张。在第六章，我们

---

[1]　Glickman 1972.

会考虑我们观察到的这种文化惯性的原因。

四个东非部落的比较展现了文化差异的重要性

人类学家 Robert Edgerton 进行了一项里程碑式的研究，来探究当文化上相似的人们处在完全不同的环境中时会发生什么。[1]他关注了四个东非部落，赛北、波克、卡姆巴和赫赫。每个部落中都有一些群体住在潮湿的高地，在那里他们主要依靠耕作生活，同时每个部落的其他群体则住在干燥的低地，在那里放牧更为重要。对每个部落来说，高地和低地的群体都已经在那里生活了好几代，但是随着时光流逝他们之间仍然保持着一些联系。

Robert Edgerton 用一组心理测试工具测量了每个群体的态度。例如，他询问人们对一些绘画的反应，绘画中的场景有父亲面对行为不当且无礼的儿子、牛毁坏农民田地中的玉米，以及武装战士抢夺孩子们保护的牛等等。回答者被要求解释图画中正在发生的事情以及假如这些事情在当地村子里出现，接下来会发生什么。Robert Edgerton 根据他们是否会提及避免冲突、尊重权威、牛的价值和自我控制来给每个回答者打分。此外，测量手段还包括一些构造完善的调查问卷。

如果文化对于塑造人类行为没有什么作用，Robert Edgerton 测量的态度就应该与生活方式而不是部落相关。相比于耕作，需要迁徙的放牧生活要求一个更有流动性的社会组织。[2]农民和牧民应该有不同的态度，但是不同部落的农民之间应该是相似的，牧民也应是如此。如果文化很重要，那么部落可能比生活方式更有影响力。在这个案例中，卡姆巴农民和卡姆巴牧民之间的相似性比卡姆巴农民

---

[1]　Edgerton 1971. 这项工作是一个更大项目中的一部分，这个项目由 Walter Goldschmidt 发起和计划。

[2]　Steward 1955.

与塞北农民，或卡姆巴牧民与波克牧民之间的相似性要强。

Robert Edgerton 调查的结果显示了文化的重要性。正如他总结道："我们……毫无疑问地认为，如果我们希望知道这四个部落中的某个人将对这次研究中的采访如何回应，我们最好通过了解这个人所属的部落来预测他的回应。"[1] 在少数几个案例中，Robert Edgerton 确实发现了生态差异要比文化差异重要的证据：无论他属于哪个部落，牧民都会比农民更尊重权威，这可能源于年长的人具有对牛的控制权。然而，人类学家 Richard McElreath 在坦桑尼亚南部企图再现这一发现时却只获得了部分的成功。Richard McElreath 发现，在生活于不同地区，但有着同样生活方式的桑谷人那里，农民和牧民同样有着在尊重权威方面的对比关系。但是在一群非常成功的牧民——苏库玛人中，对于权威的尊重是很低的。[2] 相反，苏库玛人有一套关于集体社会控制和争议解决的传统体系，这一体系受到了很大的尊重。这一体系要求集体的领导者哪怕违反一点点规范都要受到严厉的批评。[3] 毫无疑问，生活在相同环境中的人的文化多样性永远不应当被低估。[4]

这样的例子很常见

许多其他例子也诉说了相同的故事：相同环境中的人们由于文化和制度历史的不同会有不同的行为。下面再举几个例子。

社会学家 Andrew Greeley 通过调查研究了爱尔兰裔和意大利裔

---

[1] Edgerton 1971 (271). 即使是在超部落层面，如将部落分为班图（包括赫赫和卡姆巴）和卡伦津（包括波克和赛北），部落的历史也有着重大的作用。一些差异与某些重要的经济变量有关，根据环境假说，这就反映了环境的影响。相比于班图，卡伦津在军事成功上更为自信，而对土地所有权和辛勤劳作则不太感兴趣。

[2] McElreath，出版中。

[3] Paciotti 2002.

[4] Knauft 1993 是一个很好的例子，这个例子是关于环境和总体文化背景相似的人们在文化上的多样性，这一点经常被人类学家所发现。

美国人的个性、政治参与度、对民主的尊重和对家庭的态度。[1] 基于与祖先文化的相似性将会延续至移民后的数代人这一假设，他提出了一系列假说。例如，相当多的爱尔兰移民来自爱尔兰西部，那里群众参与政治活动的比率一向很高；意大利移民大多数来自意大利南部，那里的政治参与度很低。Andrew Greeley 猜想爱尔兰裔和意大利裔美国人的政治参与度应该会反映这些历史差异。他发现移民们确实倾向于向在美国占统治地位的盎格鲁式规范趋同，但是速度很慢。

　　政治学家 Robert Putnam 的一项研究很好地补充了 Andrew Greeley 的研究。[2] Robert Putnam 比较了意大利在 19 世纪 70 年代广泛的政治改革后地方政府的绩效，这一改革将重要的权力移交给了由选举产生的地方政府，这从 18 世纪 70 年代创立高度集权的意大利国家政府以来尚属首次。这种制度"环境"的改变在不同地区得到了显著不同的反应。简要地描述一下这一复杂而又十分有趣的故事，正如这次改革所希望的，意大利北部地区迅速地建立起强有力且相对受欢迎的地方政府组织，而南部地区的发展则相对缓慢得多。Robert Putnam 提供了历史证据表明这种模式与南方和北方之间的某种古老差异有关。从中世纪晚期以来，意大利北部就充斥着自治的　28
城邦——威尼斯、米兰、热那亚和佛罗伦萨等等，并有一种大规模群体参与政府管理的活跃传统。相反，意大利南部则一直以来被外来的专制皇权以任命精英的方式进行统治。如今，意大利北部比南部拥有多得多的活跃群体组织；一个世纪的共同经历——被全国范围内统一的集权政治组织所统治——并没有抹杀通过数个世纪演化出来的不同政治传统。

　　Geert Hofstede 是一位供职于欧洲某 IBM 培训中心的应用心理

---

[1]　Greeley and McCready 1975.

[2]　Putnam, Leonardi and Nanetti 1993.

学家，他收集了大量有关雇员与职业价值观的问卷数据。[1] 他从 50 个国家及数个跨国地区获得了足够的样本。这些数据测量了与权力、性别关系、不确定性规避和个人主义相关的职业价值观。人们或许会期望对 IBM 雇员的挑选和培训会削弱他们之间的文化差异，但是 Geert Hofstede 发现巨大的差异仍然存在。在他的样本里，文化上相关联的团体容易聚集在一起。英国、美国和澳大利亚的雇员表现出了相似的价值观，而拉丁美洲和东亚的雇员也分别如此。

经济或制度环境中的突然变化通常能引起独特的种族反应。某些群体刚好提前适应了这种改变而其他群体则没有，所以群体的行为就会大相径庭。在尼日利亚，伊博人、豪萨人和约鲁巴人就为这一现象提供了很好的案例。在殖民主义到来前，伊博人的社会结构重视个人成就，而豪萨人和约鲁巴人则重视承袭的地位而不太重视个人抱负。在殖民时代和后殖民时代，市场经济的发展使得传统上更具备企业家精神的伊博人在适应这种变化上领先一步。[2] 相似的论证也适用于解释与相对复杂的波利尼西亚社会相比，同一地区某些非常简单的美拉尼西亚社会中惊人的企业家成就。[3] 一些美拉尼西亚社会很早就充斥着私人企业资本家，以至于他们好像是被米尔顿·弗里德曼所创造出来的一样。

这些事例表明人类群体间的许多重要差异都来源于保守的、可传递的行为决定因素——或者是文化，或者是基因，又或者是持久的制度差异。我们将马上提供证据表明制度不可能完全解释这些差异，而基因的作用也微不足道。不过，首先我们需要简短地论述一下技术问题。

---

[1] Hofstede 1980; Jablonka and LAMB 1995.

[2] LeVine 1966.

[3] Finney 1972; Epstein 1968; Pospisil 1978.

技术属于文化而非环境

要反驳环境差异是人类差异的主要原因这种论点，自然实验并不是唯一的方法。一些用生态和环境来解释行为差异的极端支持者（例如已故的 Marvin Harris）[1] 将各类人使用的工具集合当作是环境的一部分。当技术手段对环境进行了长久性改变时，这种方法尤为吸引人。公路网、宏大的公共建筑、梯田和类似的东西都能深刻地影响人们的行为，相同环境中拥有不同技术的人们行为不同就不成为问题了。例如，钢铁工具的引进可能改变了热带地区原始农业生产者的生态状况。这些农业生产者生活在前人畜力耕作时期，典型的耕作方式是"刀耕火种"。钢铁工具降低了开荒的成本，也反过来增加了人口密度并降低了人们对狩猎的依赖。这样一来，使用钢铁的社会就会在许多方面与还未掌握钢铁技术的社会有所不同。有些人论证说这与环境主宰一切的立场是一致的，因为这些工具被看作环境的一部分，但这种论证无疑是在骗人。从提取铁矿石、将它融成钢水到铸造成有用的器具所需的知识不是环境的一部分，而且人们没有在仅仅一代人的时间里就自己获得了这些知识。相反，这些必需的知识是缓慢积累的，通过教授和模仿从一代人手中传递到下一代人手中。当然，这一技术的发展也离不开环境因素：矿石可以得到吗？花力气去生产工具值得吗？种群规模是否足够支持金属加工所需的专业化分工？然而，如果人们没有必需的知识，那么这些环境因素都是不相干的。

因此，甚至对文化的重要性最最怀疑的人也必须把相同环境中产生技术差异的那些经由文化传递的知识当作例外。技术决定论者承认文化中的技术是差异的重要诱因，这种解释也许让很多人感到舒服。但是，不怕争议地说，这极大地削弱了环境决定主义的论证，因为在技术知识和其他知识之间并没有明显的分界线。想一想公众

---

[1] Harris 1979.

的保健行为，如烧开饮用水。相信细菌致病说的人们通常会烧开从污染的水源处取得的饮用水。他们相信即使有点麻烦，这一行为也是值得的，因为它降低了他们感染霍乱、痢疾和许多其他细菌传播疾病的可能性。然而，如同许多公共健康工作者发现的那样，相信其他疾病理论的人们并不愿意采用烧开饮用水的行为。[1] 对他们来说，这一行为的好处难以被看到，因为人们患病的原因很多，而像为烧火收集额外的燃料、购买烧水用的容器这样的成本则是显而易见的。因此，关于疾病起因的信念必须被看作人类技术知识中的一部分。但是这些信念也同样常常和各种有关人类、自然，以及超自然的信念纠缠在一起。

社会环境中的差异不足以解释人类差异

许多学者，尤其是社会学界和社会人类学界的学者，他们虽然认同人类差异不是自然环境差异引起的，但是仍然否认文化的重要性。相反，他们认为是社会环境而非文化创造并维持了社会间的差异。这其中的观点是人类的行为依赖于其他人的行为。举个熟悉的例子，靠道路右边行驶是有意义的，如果其他人也这么做的话。一旦某种行为成为常见的行为方式，它就会自我维持，从而导致一种始终如一的行为模式，并被我们当作一种制度。这种观点认为，社会生活充满了这样的制度——婚姻、家庭责任、事业等等，并且这些制度使得人类社会变得不同，即使这些社会处于相同的环境中。

区分这种观点的两个版本很重要。在较强的版本中，每天的交互行为都在维持着制度。在许多国家中靠右行驶是一项制度，因为大多数人都这么做。上述制度是社会而非个人的，即使我们每个人每次一踏出汽车都会完全失去记忆，一旦回到驾驶座中我们也立刻就能重新学到适当的规则。当然，我们确实习惯于在所处国家规定

---

[1]　Rogers 1983.

的正确一侧驾驶,但这样说就很浅薄了。美国人和欧洲大陆人在英国很快能适应靠左行驶,而当瑞典人采用欧洲大陆的行驶规范时,他们也能迅速地从靠左转换到靠右。这种"协调博弈"是自我管理的。无论规则是什么,每个人都有直接的,或许不那么明显的原因去遵守这些占优势的规则。

在这种观点的较弱版本中,人们通过观察别人的行为来学习如 31
何行事。美国人没有形成一夫多妻的家庭,因为他们认为这种行为在道德上要受到谴责,并且一夫多妻者会被朋友和邻居所耻笑。他们通过教学获得这些信念,而且当看到某些想要实行一夫多妻的人得到了合理的惩罚时,他们的观念就不时地得到强化。

重要的是,在较弱的版本里,从我们的定义来说,社会环境仅仅是文化差异的一种形式。人们通过观察其他人的行为和被传授当地的习俗来获得和存储有关如何行事的信息。在较强的版本中,恰恰相反,维持历史差异的信息并不储存在人类的记忆里,而是储存在个体每天的行为中,被协调博弈中基于自我管理的动机所驱使着。与文化信息由模仿来进行传递,并由个体大脑来储存相比,这样的制度应当是十分重要的。尽管如此,在本节中我们表明的观点是:制度差异的较强版本仍然无法解释大部分的人类差异。即使过去的行为与现在的行为之间的联系断裂了,文化依然能够存续,况且制度差异也难以解释文化领域的持久差异。

文化能在长期抑制后"重现"

理念是顽固的。即使理念对应的显性行为被社会环境抑制了很长时间,它们也常常会留存下来。通过另一个思想实验,你能够测试自己是不是相信差异是由自我维系的社会交互产生的。选择你最喜爱的文化——比如巴布亚新几内亚西部高地的美恩加文化。现在想象一下所有使美恩加文化与众不同的行为都被中断了。美恩加人被禁止进行他们的宗教实践以及精巧的交换礼仪,并被禁止延续与邻居频繁发生暴力冲突的习惯。取而代之强加于他们身上的，是一种不同的行为模式。然而，他们并没被禁止教给他们的年轻人原来的美恩加模式。进一步，想象这种强迫继续了一代人左右的时间就撤销了。如果你认为美恩加人会继续保持强加给他们的模式，或者演化出了与先前行为没有关联的新模式，那么你和那些坚信制度具有强大作用的人的立场是一样的，即认为文化不重要。反之，如果你认为美恩加人的新行为模式将在重要的方面反映出原来的文化，你就是相信文化的连续性不仅仅是靠它的日常表现来维持的了。事实上，它存在于更持久的记忆里。如果是文化而非自治的制度创造了连续性，那么某种文化的人即使被境遇所强迫从而只能根据别人的规定行事，他们仍然可以将他们一部分、许多或者是所有的文化传递给他们的孩子。如果在文化还不需要重新适应新环境时来自环境的强迫就消失了，那么所有或者大多数的原有文化可能仍然存在着，并且如果强制被撤销了，行为也可能恢复到原有的模式。

苏维埃政府对待少数民族的方式提供了一种实验案例。人类学家 Anatoly Khazanov 描述了这段历史。从 1917 年到 1979 年，苏维埃政府试图将新苏维埃公民身份统一于这一庞大体系中的所有人身上。此外，在几个世纪的时间里，共和国的南部，即乌克兰和许多俄罗斯联邦境内的民族聚居地一直受俄罗斯文化的影响和沙皇政权的控制。根据 Anatoly Khazanov 所述，直到 1985 年，苏联的目标一直是在"合并国家"的口号下完成全面的俄罗斯化。

从表面上看，宪法确实规定了非俄罗斯民族的权利能得到很好的保护，并且共和国仍保留种族的名誉领袖，但现实情况却并非如此。通过教育体系，俄语逐渐成为唯一的通用语，一开始是在高等教育层面，进而随着时间向下渗透。到了 20 世纪 60 年代，俄罗斯联邦几乎不再学习少数民族语言。其他非俄罗斯共和国也在执行相似的政策。到了 20 世纪 70 年代，俄语在大众传媒节目、书籍出版、街道标牌、地图和官方及半官方会议中已经占据了统治地位。此外，从俄罗斯移民到非俄罗斯共和国的行为受到鼓励。爱沙尼亚总人口中的爱沙尼亚人从 1940 年的 92% 降低到了 1988 年的 61%。在哈萨克斯坦和吉尔吉斯斯坦，本土人已经成为少数。到了 1980 年，大多数共和国的人都可以流利地说俄语。对于苏维埃精英中的非俄罗斯成员，明显的俄罗斯化是先决条件。在许多共和国里，精英的俄罗斯化在普通民众中引起了反弹，而且在一些共和国，如阿塞拜疆和亚美尼亚，语言问题引发了不小的争议。

　　当时的苏联政府试图通过一场变革对社会加以改造，使其焕然一新，将种族差异压缩至最小范围。最终，这在 20 世纪 80 年代末期导致一场迅速的、有些令人惊讶的民族主义情绪大爆发。根据 Anatoly Khazanov 所述，沙文主义抵消了建立跨文化统一体的理想，阻碍了创造一种国际苏维埃社会主义文化的努力。苏维埃体系的加盟国家在俄罗斯—苏维埃时期仍强烈拒绝同化。在苏维埃统治的数十年后，民族情感仍然保持着（或重新建立起）强大的力量。在中亚的共和国里，许多居民仍然认为自己是穆斯林，即使是那些无法定期参加伊斯兰宗教生活的人也保持着对穆斯林身份的认同。其他的迹象，比如南部穆斯林的高出生率，也表明许多价值观都被保留下来了。波兰的天主教和国家主义的持久性、巴尔干半岛的种族仇恨都是文化在面临危机时表现出代际连续性的代表，这些例证深深地震撼了我们。

　　在特殊时期，文化依靠什么具体手段被保存下来以及完好到什么样的程度都是不为人知的。新闻工作者 Stephen Handelman 记录了一个非同寻常的类种族群体——传统的俄罗斯"黑手党"——的一部分事情。[1] 这些有组织地进行犯罪，被称为盗贼世界的亚文化深深地扎根于沙皇俄国。革命时期，政府试图对其进行改造并且期望这些人能在 1917 年后拥护革命，但并未获得成功，它一直存续了下来。盗贼世界的危机出现于第二次世界大战之后。在战争期间，大量成员因为抵抗纳粹的爱国热情而成为军人。这引起了盗贼

---

[1]　Handelman 1995.

34 世界一场在返乡士兵与保守者之间的内战，这些保守者坚持认为即使是在如此极端的情况下为政府服务也违背了不参加合法组织的规范。

我们还有许多这种类型的例子。在美国，迄今为止我们的禁毒战争彻底失败了。尽管毒品犯罪有着很高的入狱率，官方也进行了大量禁毒宣传，在面对压制性的社会环境时，毒品亚文化被证实是极度顽强的。另外一个例子是在遍及安纳托利亚和巴尔干半岛的土耳其镇压中留存下来的东正教徒群体。[1]尽管被天主教和新教权威所迫害，中世纪和现代早期欧洲异教思想的存续能力使它们的信念和实践在几个世纪中一直被保持着，并对 19 世纪美国边境的摩门教和共济会运动做出了贡献。[2]

仅靠中断文化的显性表现常常无法消除文化。这并不意味文化是不可变的；当对同化的渴望超过对传统的忠诚时，文化就会变迁。然而，来自父母的社会化和神职人员与爱国者不惜自己涉险来维持地下组织的意愿可以在极度敌对与剧烈变化的社会环境中保持传统文化的精髓部分。即使经历了长时间的压制，通过文化来传递的那些想法似乎也足够重建起功能化的社会体系，这无疑反驳了上文有关制度争议的较强版本。

社会环境难以解释群体内差异

不是所有生活在一起的人就相同，有证据表明文化导致了这些差异。例如，Sonya Salamon 研究的农场社群中种族差异模式就与那些种族间的差异模式类似。[3]Sonya Salamon 研究了"草原明珠"社区，这里混居着扬基移民和德国移民。在 1890 年，德国人拥有大约

---

[1] Boehm 1983.
[2] Brooke 1994.
[3] Salamon 1984.

20% 的土地，到了 1978 年他们拥有大约 60% 的土地。在 1978 年，66% 的外来地主是扬基人，并且只有 43% 的本地地主是扬基人。因此，扬基人虽然紧挨着德国人住在同一社区中，但他们的行为却与住在其他社区时的行为并无二致。一个类似的对比是主要由瑞典人构成的社区"斯维德堡"。这些瑞典人与德国人一样牢牢坚持将他们的农场保留在自己家庭中，并且相较于扬基人，他们更愿意帮助他们的儿子从事耕作。例如，62% 租种土地或者部分拥有土地的瑞典人是在他们父亲的帮助下获得土地的，而只有不到四分之一的扬基人租户得到了父母的帮助。

35

仅仅从社会结构的角度很难解释这种差异。在德国人或扬基人占主导地位的社区中，人们可能会觉得一些制度假设能够解释行为差异。但是"草原明珠"社区的扬基人和德国人每天都在相互影响着，无论是出于商业还是社交的原因。他们使用相同的技术，在相同的经济环境下耕作着相同的土壤。他们之间唯一的不同是他们继承的种族。如果不是他们拥有经由文化传递的不同想法、信念和价值观，"草原明珠"社区中日常的相互影响是如何导致德国人以一种方式耕作而扬基人以另一种方式耕作的呢？

群体间的行为差异很少是遗传的

我们认识的大多数人在人类行为差异是否具有遗传基础这一问题上都相当极端。我们认为这一问题有待解决：一方面，许多学者都认为世上不存在影响行为的重要遗传差异，而且任何声称其存在的人一定有着可憎的动机；另一方面，我们的许多朋友和亲属似乎都是彻底的遗传论者。他们声称他们孩子的优秀品质与机智敏捷来源于他们的父母，并且他们同样声称，尤其是在不留神的时候，其他种族的成员和他们是"生"而不同的。[1] 尽管人们对这个问题很感

---

[1] Gil-White 2001.

兴趣，他们也经常被先天还是后天这种两分法搞糊涂。

我们认为，关于遗传问题的典型学术观点并没有比大众心理更有见地。最近的行为遗传学研究表明，个体间的某些行为差异含有大量的遗传因素和大量的环境因素。然而，这些结果没有提供任何证据表明群体间差异含有什么遗传因素。此外，自然实验有力地表明了其实世界上没有任何我们所能看到的群体行为差异具有遗传基础。

36 行为遗传学表明某些个体差异是部分遗传的

大多数人认为儿童从他们的父母那里获得基本的价值观。小菲利斯从她保守的父母那里学会了谴责堕胎，而小汤姆则从他信奉自由主义的父母那里学会了支持女权。这一常见的观点长期以来就被社会科学所认可；无数研究都表明了父母和子女在观点上的相似性，而且几乎所有人[1]都假定这是因为孩子在家中学到了社会观点。

然而，行为遗传学家的研究对这一常见的观点提出了质疑。父母和子女的社会观点是相关的，这很对，但是这种相关来自于子女继承的基因。[2]调研人员向许多人发放了调查问卷，包括同卵双胞胎、异卵双胞胎、孩童时代住在同一家庭里的亲属和非亲属，以及住在不同家庭里的亲属。虽然以前也有大量其他研究，但在那些研究中，所有的被调查者都是同一个国家的中产阶级白人公民，要么来自澳大利亚，要么来自英国和美国。问卷询问了对现代艺术、死刑和睡衣派对等话题的态度。心理学家运用统计学方法将回答归类到不同的个性维度，这些维度被记为内向—外向、

---

[1] Ruth Benedict 1934 和 Margaret Mead 1935 是这一假说在心理人类学中最著名的代表。Mussen et al. 1969 描述了在某种博厄斯假说特别具有影响力的时期的发展心理学。

[2] Eaves, Martin and Eysenck 1989.

神经质、精神质、宗教狂热和保守主义。[1]心理学的许多研究都表明这些维度反映了人类个性的基本方面。通过统计方法比较拥有相同家庭经历却有着不同遗传相似度的人的社会观点，就可以度量在家庭中遗传传递和文化传递的重要性。例如，如果是从父母处学习占据了优势，那么领养的子女、兄弟姐妹、异卵双胞胎和同卵双胞胎应该具有同等的相似度。如果遗传传递最重要，那么同卵双胞胎应该最为相似。异卵双胞胎和兄弟姐妹应该有些相似，而被收养者和他们的养父母及其亲属则不应该比样本中的任意两个人更为相似。

　　几个相互独立的研究结果表明家庭中的文化传递并不是非常重要的；父母与子女间的相似性主要是由于基因。如果这些结果能够成立并推广到其他类型的特征上，那么这就告诉了我们父母在文化传递上的重要性没有人们认为的那么大。小菲利斯显然厌恶民主党人，部分原因是她从父母那里遗传得来的基因预先使她倾向于采纳保守的观点，而另一部分原因是她从家庭外偶然习得或看到或得到的信息对她产生了影响。尽管这些研究受到了基于许多理由的批评，[2]但是人们之间存在着可遗传的基因差异这一点是十分可信的。演化生物学家都知道，所有连续变化的特征都表现出本质上的遗传差异，包括像啮齿类动物探察它所在的笼子、鸽子回家或猎犬在发现鸟类时做出"指向"动作这样的行为特征。假定人类偏好采纳某种社会观点胜过另一种的属性可能受到大脑中许多成分和结构的影响，同时假定大脑的这些成分和结构可能被许多不同的基因所影响，那么就有理由相信人们回答问卷时的某些差异，或许还有他们行为的差

37

---

[1]　19世纪60年代和70年代对基因和智商的争论使得行为遗传学家对某些早期研究中的瑕疵变得敏感，这些研究关乎遗传因素对人类行为的影响。为了在更原始的调查中更正这些瑕疵，现代研究往往建立在大量的样本和复杂的分析上。研究的关注点从智商转向了更广泛的特征，特别是个性特征，发展心理学认为这些特征是深深地建立在家庭"环境"的基础上的（这也意味着是文化的作用）。

[2]　Feldman and Lewontin 1975; Feldman and Otto 1997.

异是受遗传差异影响的。事实上，如果人类在个体层面没有遗传差异，那么这可是新鲜事了。

然而，存在遗传差异并不意味着文化传递不重要。在大多数研究中，超过半数的儿童性格差异与行为遗传学家称之为非家庭环境的因素有关，这一名词指的是个体生活中特殊事件的影响。在这种情况下，虽然乔的父母很保守，但是乔因为一位好朋友死于非法堕胎而支持堕胎合法化。但这不是唯一可能的解释；非家庭环境也同样可以是向其他个体——朋友、神父、兄弟会或姐妹会成员、同事甚至可能是教授——学习而导致的。因为行为遗传学们只获得了父母的观点，所以他们无法排除掉这种基于非家庭环境的解释。乔可能是从一位具有超凡魅力的老师那里学到了他对堕胎的观点。此外，这一解释符合以下事实，即家庭环境对于某些特征——尤其是智商——的影响在小孩子身上很明显，而随着他们长大成人则逐渐减弱。随着影响孩子观点的人越来越多，父母的影响会一直减弱，直到不能被这些研究中采用的手段分辨出来。

用语差异受到非家庭环境的强烈影响是文化体系中的一个例子。社会语言学家知道许多用语中小范围差异的起源。[1]孩子们几乎总是在家里从父母那里学会了他们本国的语言。然而，当年轻人离开家庭与同龄人交往时，他们几乎总是会将他们的用语从父母说的那种转换成同龄人说的那种。这符合年轻人引导语言演化的规律，年轻人的用语与上一代的用语有着可以观察到的区别。这也同样适用于因迁移而跨越了语言边界或梯度的人。遵守新地区的规范对成年人来说常常很费力气，而年轻的孩子则能够完全适应。就用语**差异**而言，尽管基本的语言社会化看起来似乎绝对是家庭**主导**的，但其实父母对孩子几乎没有什么影响。如果人们恰巧发现了（就我们所知还没有相应研究）先天的声道结构对用语表达有一定的影响，那么用语变量就与性格变量具有了相同的模式：既有来自父母的可遗传

[1]　Labov 1973.

结构特征的遗传效应，又有通过用语学习而产生的非家庭环境效应。在这种情况下，即使大部分早期的语言技巧都来自于父母，父母在社会化中的巨大作用也会逐渐消失。本质上说，父母通常只是将基本的语言特征传递给孩子，但是孩子反过来会从同龄人那里获得构成用语差异的那些细微差别。

群体内的高遗传可能性无法说明群体间的差异

让我们假定在许多细致的研究之后，每个理性的人都已经相信美国中产阶级白种人的社会态度差异，很大程度上是因为基因的差异。对许多人来说，这就暗示了社会态度是由基因传递的。显然，不同种群间的社会态度本质上有差异——斯堪的纳维亚人与美国人有差异，而后者又与德国人不同，诸如此类。如果社会态度在每个社会中是由基因传递的，那么存在于群体间的社会态度差异难道不也是遗传的吗？

我们的回答是一个恼怒的"**不**"！！许多中产阶级弗吉尼亚白种人的社会态度差异是遗传的这一点不意味社会态度是由基因传递的。它意味着存在影响社会态度的基因差异，而且与中产阶级弗吉尼亚白种人中文化和环境差异的影响相比，这些影响非常大。这不是说中产阶级弗吉尼亚白种人和比如说中产阶级丹麦白种人之间的社会态度差异是这两个群体之间基因差异的结果。只有两个十分不同的条件满足时，这才正确：第一，**平均上**弗吉尼亚人和丹麦人之间存在基因上的差异；其次，与两个群体间的平均文化和环境差异相比，平均的基因差异必须足够大。弗吉尼亚人**中**基因的差异没有告诉我们他们是否在**平均上**和丹麦人有差异。弗吉尼亚人中环境或文化差异的相对缺乏也无法告诉我们任何关于弗吉尼亚人和丹麦人之间环境或文化平均差异的信息。

这不是什么尖端的科学，而仅仅是常识。行为遗传学家他们自己通常会很认真地强调种群内与种群间的可遗传差异的区别。[1] 然而，一年又一年的本科生——唉，有时还有应该更明白这一点的学者——都立刻得出群体间的差异是遗传的这一结论，即使他们都非常熟悉那些可以令他们相信相反结论的证据。让我们现在转向这一证据。

群体间的行为差异很少是遗传的

两类证据显示了许多群体间的行为差异都不是遗传的。首先，被跨文化收养的个体，其举止更像收养方文化中的成员，而不是他们亲生父母所在文化中的成员。其次，人类群体经常改变行为，而这比自然选择能对基因频率所做的改变要快得多。虽然要用这些数据来证明人类群体间不存在遗传差异实在是很不充分，但是我们相信，这些证据已经能充分证明群体间的文化差异比可能存在的遗传差异要大得多。

跨文化收养

近年来，跨文化收养已经变得相当常见。日本、韩国和越南小孩被美国家庭所收养，纳瓦霍小孩被摩门教徒家庭收养，还有拉丁美洲小孩被盎格鲁家庭收养。如果两个群体，比如说韩国社会和美国社会，他们之间的差异是由基因差异引起的，那么被收养的孩子长大后会拥有他们亲生父母的信念、价值观和态度。不过这当然没有发生，被收养的孩子长大后拥有了他们成长所在地文化的信念、价值观和态度。

---

[1]　Scarr 1981.

关于跨文化尤其是跨种族收养的高质量研究并没有多少，[1]发展心理学家 Lois Lydens 对 101 位被美国白人家庭收养的韩国小孩的研究是其中之一。她的样本包括 62 个在 1 岁前被收养的孩子和 39 个在 6 岁后被收养的孩子，他们中的大多数都已经完全适应了新文化并成功地成为美国"白人"。被收养者发展出了十分健康的自我概念，比如说在应用于临床的测试里与正常校准样本之间的差异很小。较迟被收养的孩子在反应自我确定性、总体的自我概念和青春期调整的测试分量表中表现出了显著的不足，但是等到成年早期时再重新测试，大部分的不足都已经消失了。甚至在成年时期，较大年龄被收养的人比起更小年龄被收养的孩子对家庭的感觉更弱，这种差异可以被观测到但很轻微。Lois Lydens 的例子清楚地展示了在一个充满显著种族偏见的社会中作为少数种族而成长会产生一些效应。例如，年轻的成年被收养者对他们外表的满意度略低于正常水平。在形式自由的问题中，无论是孩子还是父母都把偏见作为跨种族被收养者生活中的一个重要问题。

最令人惊讶的是，这种偏见对跨文化被收养者总的自我甚至种族概念的影响极其微小。许多父母特别注意支持孩子去了解他们出生的种族，但是很少有被收养者表现出很感兴趣的样子。那些这么做的人绝大多数是年龄较大的被收养者。研究中的被收养孩子大多数生长于有宗教信仰的保守家庭，这些家庭具有很强的能力来承诺收养的有效性。作为年轻的成年人，这些被收养者相当成功，只有四个人没能高中毕业和两个人失业。如果遗传在种群层面对行为有很强的影响，人们就会预期那些像远东和东欧一样关系遥远的种群之间包含了巨大的差异，而且一些可觉察的、对欧美规范的偏离会出现在美国的韩国被收养者身上。然而正相反，除了一些由种族主义引起的微小问题，被收养的韩国人成了

---

[1] Lydens 不幸未能发表的 1988 年博士论文有一个很好的文献综述。也可参见 Andujo 1988 和 Altstein and Simon 1991。

被完美同化的美国人。

理想的跨文化收养"实验"包括相互的收养。被韩国人收养的盎格鲁美国人会成为被很好同化的韩国人吗？事实证明，韩国人造成了被抚养者往美国的单向流动，因为他们反对家庭外的收养。然而，盎格鲁美国人确实在历史上造成了许多由美国印第安父母收养的孩子，这些印第安父母历史上源于亚洲东北部的种族。盎格鲁美国人激进的边境殖民产生了许多冲突，这些冲突被详细记录下来。众所周知，欧洲人经常失踪。在 1776 年前前工业化的漫长阶段中，随着盎格鲁美国人的边界缓慢向西移动，这点尤为严重。胜利的印第安人经常抓捕俘虏；成年俘虏通常被杀掉，但是儿童和未成年人经常被收养。最常见的是，失去孩子的印第安夫妇抓捕大多数年龄在 5 岁到 12 岁之间的俘虏来替代失去的孩子——快速行军的战士们很少能管理好婴幼儿。为了救回或者赎回俘虏，白人们付出了艰辛的努力，甚至在事件发生的许多年后，法国人与英属加拿大人还常常帮助美国家庭从他们的部落盟友处找回俘虏。有时候，一些在年幼时就被收养，并且作为被收养者生活了数十年的人被他们的亲生家庭重新找回后，在面对"入侵者"盎格鲁美国人时会面临一系列的、常常是决定性的挫败。俘虏们的悲情故事导致发展出了成熟而详细的纪实（或虚构）文学作品，从这些作品中可以重新构建出一个详尽的典型案例。[1]

历史学家 Norman Heard 收集了 52 个俘虏的样本，并重点考察了那些发生了抚养行为，且合理可信地记录了关于俘虏的年龄、出生国家、被俘虏时长和最终结果等信息的样本。Cynthia Ann Parker 的故事是其中的典型。在 1936 年她 9 岁的时候，一大群科曼奇人及其盟友夺取了她父亲在得克萨斯的贸易站，她被抓住成了俘虏。有 3 个人和她一起被俘虏，但是其他人很快就被赎回了。最终，Cynthia Ann 被一个科曼奇家庭收养，并与他们共同生活了 24 年。她与一名酋长结了婚并生了 3 个孩子，其中一个孩子，Quanah，凭

---

[1] 我们的讨论主要来源于 Hallowell 1963 和 Norman Heard 1973。

借自身的实力成为一名重要的酋长。据 Norman Heard 估计，Cynthia Ann 已经是百分之百的印第安人了。在 1860 年，她被一名得克萨斯骑警"赎回"并送去和她的一位叔叔生活，但她多次试图逃跑。虽然她重新捡起了英语并适应了盎格鲁人的生活，但她仍然把自己的情感寄托在科曼奇。她的"赎回"等同于第二次绑架，且这一次由于她年纪太大而难以适应。在和她一起被"赎回"的小女儿死去后，Cynthia Ann 陷入抑郁并独自死去。

在 Norman Heard 的例子里，被俘虏时的年龄、俘虏的时长和待遇影响了俘虏是否会被印第安生活同化。受到一段时间友善对待的年轻俘虏会被同化。与印第安人一同生活到成年，尤其是组成了印第安家庭，这通常会导致个体的种族身份永久地定位于他们被收养的群体，就像 Cynthia Ann Parker。年龄大一些的、被粗暴对待的、很快被赎回的孩子一般保持了本质上的白种人身份，尽管一些少年觉得相较于他们出生群体的这种过于正派、勤奋的加尔文主义来说，他们更偏爱印第安人自由简单的生活。"良好的待遇"几乎总是意味着被一个印第安家庭正式收养。被收养的个体像印第安孩子一样得到相同的关爱，且像群体中的其他成员一样获得相同的权利和义务。西部的印第安人有时把儿童俘虏当作家里的仆人而不是收养他们，那么当这些儿童俘虏获救时，他们的同化程度会显著下降。被收养的孩子在有幸被收养前可能经历了一段时间的艰苦生活，他们会将自己真正融入印第安群体的时间追溯到被收养，而不是被俘虏的时候。印第安群体只是轻微的种族主义者，所以被收养者和天生的印第安人之间的形体差异并不是主要的障碍。[1]在被印第安人收养的人的回忆录中，首先是与收养家庭的强烈感情纽带，其次是与收养文化的情感。这与 Lois Lydens 所引用的，她的韩国被收养者对问卷的

42

---

[1]　相比之下，在开拓时期，盎格鲁美国人中的印第安"被收养者"就远远没有那么成功了，因为那时他们要背负种族主义的重担。在这一时期，很少几个，或者可能根本没有印第安人被真正地收养。在寄宿学校长大的印第安人明显地表现出了高度不一致的种族身份认知。

回答十分类似。

简言之，大多数在约 10 岁之前被另一种文化所收养的孩子，即便有一段伤痛的被俘虏经历或是在冷漠的孤儿院中成长的历史，也会在情感上完全地被另一种文化同化并成为其中有用的一员。对大多数人来说，这一结果并不令人吃惊。然而，这是对现下所考虑的理论的一个有力测试。如果群体间的行为差异本质上是源于基因差异，被收养者就应该表现出明显偏离抚养他们的文化中的行为规范。

文化的迅速变迁

许多人错误地认为自然选择总是要花费数百万年才能发挥作用，但是好些证据表明它能更快地发挥作用。首先，生物学家确实已经观察到了短时间内的快速演化。例如，加拉帕戈斯群岛的一场干旱使得某一种达尔文雀喜爱的柔软小种子更难获得。生物学家 Peter 和 Rosemary Grant 细致的研究 [1] 表明了那些厚喙的鸟能更好地处理那些容易找到的、更大更硬的种子，从而更容易存活下来，而喙的厚度是可以遗传的。喙的厚度在两年里变化了 4%，这一速度足够在不到 40 年的时间里创造出一个新的物种。[2] 人工选择表明，这种变化持续足够长的时间就能产生行为和形态上的重大改变。例如，所有品种的狗可能都是在过去的 1.5 万年里由狼遗传而来。这意味着人工选择能在几百代的时间里将狼变成哈巴狗。最后，化石记录表明，有时本质的形态变化在数千代的时间尺度上就会出现。在上个间冰期的开始阶段，大约是 12 万年前，不断上升的海平面使得泽西岛与欧洲大陆相隔绝。化石证据表明，在 6000 年里，岛上红鹿（在

43

---

[1] Gibbs and Grant 1987.

[2] 问题中所提到的这一物种——勇地雀（Geospizafortis），它的喙大约比它的同类大嘴地雀（Geospizamagnirostris）要小 20%。勇地雀大约要比后者轻 75%。Grant 计算得出，基于在 1976 年干旱时期所观测到的速度，大约需要 36 至 40 年勇地雀才能够达到大嘴地雀喙的大小。

美国的术语里称为麋鹿）的体型减小了一半——即在大约 1000 代的时间里，自然选择使红鹿的体型缩小到了一只大狗的体型。

即使是由自然选择所造成的最快的基因演化例子，人类文化也能够变化得更快。我们都熟知这一个世纪里文化变化的疯狂速度，尽管这种速度非同寻常，但却不是唯一的。例如，与大草原印第安人相关联的复杂手工艺品、制度和行为是在约 1650 年墨西哥北部的西班牙边境居民将马引入大草原南部后才产生的。[1] 在那之前，大草原上的居民分布得很稀疏，因为捕野牛需要游猎，这对步行的狩猎者而言不是一个非常高效的生存策略。骑马的狩猎者能够赶得上野牛的移动速度，并且确实能大量屠杀它们。伴随着马匹的引进，人们大量涌入草原。来自东部的克劳族、夏安族和苏族放弃了在河谷里从事耕作，在那里他们曾有着具备基于亲属关系的宗族和复杂的大规模政治组织的大村庄。来自西部的有像科曼奇人这样游猎的狩猎采集者，来自北部的有像克里族这样的森林觅食者。这些狩猎采集者曾经居住在小型的家庭群体中，没有永久性的村庄、复杂的亲属体系或实质性的政治组织。在 18 世纪晚期和 19 世纪早期，从东部、西部和北部来到大草原的部落们演化出了一种十分不同的新生活方式。夏天，在小型家庭群体中度过了冬天的人们会聚集成一个大型的群体来打猎并举行典礼。那里的大多数部落都由"警察社会"所管理，这是一种既不与东方农民又不与西方劫掠者相同的政治制度。

诚然，不同的部落承载着不同的历史轨迹——克劳族像他们的祖先一样是母系社会，而科曼奇人具有他们祖先的弹性亲属体系，但是一个全新的经济和社会体系在少于 12 代人的时间里就显著产生了。自然选择不可能这么快起作用，所以最初的差异不可能是遗传的。跨越种群边界的文化创新的扩散意味着在有利的环境下，整个社会都能够很快地习得创新。一旦被引入一个群体中，明显有用

44

---

[1] Roe 1955; Oliver 1962.

的创新将会在一代人的时间里被每个人或多或少地模仿。马匹和骑马在西班牙人的疆域外迅速传播，而各种各样的骑马部落在社会组织里反复地交换着各自的创新。我们可以用许多其他事例来揭示这一点。人类种群中的行为变化常常太快以至于难以被自然选择所解释，而且创新传播的跨社会模式在任何情况下都与相应的遗传解释不一致。

许多文化不是被唤起的

演化心理学家 Leda Cosmides 和 John Tooby 批评了他们称之为文化饱和的"标准社会科学模型"，[1] 其中说明了"流行的"和"被唤起的"文化之间的区别。流行的文化是指被我们简单地称为文化的东西——人们之间的差异是由从他们身边的人那里获得不同的理念与价值观所造成的。被唤起的文化指的是根本不会传递，而是由当地环境引起的差异。Leda Cosmides 和 John Tooby 认为，许多被社会科学家称为文化的东西反而是被唤起的。他们让读者想象一个有着大量唱片的自动唱片机，它具有一个在特定的当地条件下播放某一唱片的程序。因此，所有巴西的自动唱片机都播放同一曲调，而所有英国的自动唱片机则播放另一种曲调，因为相同的程序在不同的地方会点播不同的曲调。John Tooby 和 Leda Cosmides 认为人类学家和历史学家高估了流行文化的重要性，并强调许多人类差异是由可遗传的、由环境线索引发的信息所造成的。

他们基于学习机制要求具备模块化的、充满信息的心理机制这一信念得出了相应的结论。Leda Cosmides、John Tooby 和其他一些演化心理学家 [2] 认为，通用的学习机制（如经典条件反射）是不充分的。当环境面临一代又一代个体同样的适应性问题时，选择将会

---

[1] Tooby and Cosmides 1992 (115–116).

[2] Gallistel 1990.

倾向于具有特定目标的认知模块，这些模块关注特定的环境线索，且将这些线索映射到一系列的适应性行为上。来自发展认知心理学的证据为这一学习模式提供了支持——小孩子似乎天生就具备关于物理、生物和社会世界如何运行的各种各样的先入之见，且这些先入之见决定了他们如何利用经验来了解他们的环境。[1]演化心理学家认为同样的模块化心理机制决定了社会学习。他们指出文化不是被"传递"的——儿童通过观察别人的行为做出推断，而他们做出的推断则受到他们演化而来的心理机制的强烈约束。其中最广为人知的是语言学家 Noam Chomsky 关于人类语言是由先天且通用的语法塑造的这一论证，但演化心理学家认为所有的文化领域基本上都具有相似的结构。

例如，认知人类学家 Pascal Boyer 论证了许多宗教信念是源自于人类的心理机制而非文化传递。[2]Pascal Boyer 研究的一个喀麦隆种族——芳族——对鬼魂有着复杂的信念。对芳族人来说，鬼魂是想要伤害生灵的恶毒存在；他们无法被看到，能够穿过固体等等。Pascal Boyer 认为大多数芳族人相信的关于鬼魂的东西不是通过传递得到的；相反，这些想法基于先天的认识论假设，这些假设也是所有认知的基础。一旦年轻的芳族孩子了解到鬼魂是有感觉的存在，他们就不需要了解鬼魂能够看见东西或者鬼魂有想法和欲望——这些内容会由有感觉的存在这一认知模块所提供，而这些模块在任何环境中都会稳定地发展起来。像 Leda Cosmides 和 John Tooby 一样，Pascal Boyer 认为许多被认为是文化的宗教信念，它们的产生是因为不同的环境线索会唤起不同的先天信息。你的邻居相信天使而不相信鬼魂，因为他成长于一个人们都谈论天使的环境中。然而，他对天使的了解大多数来源于和引起芳族人关于鬼魂的信念同样的、对有感觉的存在的认知模块，且控制这一机制发展的信息储存在染色

---

[1] Hirschfeld and Gelman 1994.

[2] Boyer 1994.

体——某种有机体的遗传材料——中。认知人类学家 Scott Atran 基于生态学知识提出了一个类似的论证。[1]

这一文化图景对文化是从一个人的脑袋里简单地灌输到另一个人的脑袋里这种过分简单的观点来说是一剂有用的解药。这些学者声称每种形式的学习，包括社会学习，都要求有一个富含信息的先天心理机制，且我们看到的世界上许多文化中的复杂适应性就源于这些信息。这种论断无疑是正确的，然而，完全忽略文化传递却是一个大错误。正如我们将在第四章中看到的，文化最为重要的、单一的适应性特征就是它允许很多代人的逐渐累积，这些适应性不是某一个个体能够靠他或她自己引发的。累积的文化适应性不可能直接或具体地基于先天的、在遗传上编码的信息。

46 演化心理学家论证说我们的心理机制是由复杂而富含信息的、演化而来的模块所构建的，这些模块适应了数千年前几乎所有人类所追求的狩猎采集生活。在这种论证下，人类可以轻易而自然地做我们已经适应了的事情，比如学习一门语言。学习像微积分这样的学科就要难很多，且演化心理学家可能很愿意把现代社会作为例外，并承认累积的、演化而来的文化在现代社会很重要。但狩猎采集社会又是怎么样的呢？我们能否像学习语言一样轻松地学会这些东西？难道我们的大脑中没有包含学习狩猎和采集方法的必要信息吗？我们的祖先已经作为这种或那种类型的狩猎采集者生活了两百万或三百万年了。如果我们现在不得不过上狩猎采集的生活，难道我们就不能重新发明那些狩猎采集者赖以生存的东西，就如同生长在多语言移民社区中的儿童在一代人的时间里会产生一种新的语言一样吗？[2]

---

[1] Atran et al. 1999; Atran 1990.

[2] Bickerton 1990认为，被称作克里奥耳语的新语言之所以能产生，是因为奴隶社区的孩子们所接触到的最主要语言几乎都是没有语法的洋泾浜语。根据 Bickerton，克里奥耳语的复杂语法产生于孩子们演化而来的语言学习机制。其他语言学家认为语法主要来自于孩子们的父母所说的其他语言。其案例参见 Thomason and Kaufman 1988。

这是个好问题，但我们认为答案几乎肯定是："你疯了吗？！"考虑另一个思想实验。假设我们被困在了某个环境不是非常极端的沙漠中（不是撒哈拉中部或阿拉伯的空白之地）。我们的任务是存活下来并抚养我们的孩子。沙漠是相当严酷的环境，但严酷的环境正是更新世的法则，而且我们知道狩猎采集社会已经能很好地适应除了最为严酷的环境之外的其他所有环境。我们已经花费了相当可观的时间在沙漠里。正如成功的狩猎采集者一样，与普通人相比我们知道许多有关沙漠的自然历史，而且具备很多狩猎采集者是如何开发沙漠的通用知识。我们习惯了露营而且相当健康（考虑到中年人的虚弱身体，请允许我们在 25 岁之前开始这一实验）。然而，我们肯定没有掌握任何狩猎采集者所拥有的熟练技能。如果这种技能对于狩猎采集者在沙漠中生存下去是必需的，那它们最好是安静地（也因此很少被使用）躺在我们脑中的先天模块里。在你拿走我们最后一样铁器和最后一罐豆子之前，在我们的新环境中给我们生存几个月所需要的资源，也就是给一点时间来看看会自然而然地发生什么事。

我们能够做到吗？考虑一个典型的沙漠生存任务——从一个水资源耗尽的地方跨越一段漫长而干旱的沙漠抵达另一处水资源更充沛的地方。我们的脑子里有一条极其艰苦的路线，从墨西哥西北部的索诺伊塔到科罗拉多河畔亚利桑那州的尤马。全程大约一百英里，且在路线上有几个相当确凿的"水箱"，那里通常可以得到饮用水。我们非常清楚这些"水箱"在哪里，但是在以前的旅途中，我们实际上并没有费力地确定它们在路途上的精确位置。沙漠里的人们有许多诀窍来找到储存的水，所以他们能够在这些长途跋涉中存活下来。在美国西南部，这些诀窍包括使用桶形仙人掌作为应急水源、在沙层底部找到小块的临时蓄水层、杀死动物来喝它们的血以及吃它们湿润的肉等等。明白这些后，我们出发了。

我们活着抵达尤马的概率有多少呢？我们认为只有一点。沙漠中的小池塘很难找到，除非你精确地知道去哪里寻找。适应当地环

47

境的狩猎采集者知道何种鸟类需要开阔的水面，并利用它们作为水源方向和距离的线索。那些以水源为中心留下了网状活动痕迹的哺乳动物们也是如此。如果我们拥有解读这些迹象的技能，我们就可以使用这些信息。一些近水生长的植物在很远的距离就能被看到，但是你得知道它们长什么样子。根据我们的经验，要在一年的时间内靠个人观察了解哪怕只有一种动物的大部分习性也是远远来不及的，更何况许多动物。我们已经阅读了在这里描述的所有事情，但这仅仅是书本上的知识——它告诉我们可以做某些事情，但是并没有真的提供许多帮助让我们能够获得完成这些事情所需的技能。我们可能发现了用于在水塘间运水的水壶或水囊的某种制作方法，但实际操作起来会花费一些时间，而且在我们被恩赐的这几个月中有许多事情需要学习。著名的桶形仙人掌听起来很靠谱而且很充足。但是其中所有的品种都能用吗？在所有的季节吗？在低于正常降水的一年之后呢？今年是否会正常降水呢？缺少铁器，你如何处理那些讨厌的刺？或者，利用桶形仙人掌的想法其实是没什么实际用处的传说？即使我们知道从哪里出发且已经读了很多书并实践了好几个月，这一旅途至少仍然是一次冒险。

事实上，我们描述的这一旅途就是 Camino Del Diablo，即"魔鬼之路"——这是从旧墨西哥到加利福尼亚主干道的一段糟糕路程，在铁路开通以前被人们所使用。在超过一个世纪的时间里，西班牙、墨西哥和美国的旅行者经常使用魔鬼之路。为了到达远方，每个旅行者都不得不成为经验丰富的拓荒者，且毫无疑问大多数人都吃苦耐劳，具备沙漠生存的知识并熟练掌握了相应的技术。这条路是几条糟糕的路线中最好的一条，比较有名并被标记得较好。但这仍然是整个旅程中声名狼藉的一段，它的沿途有着多于寻常的草草堆就的坟墓。

魔鬼之路所在的区域同样是托哈诺奥德姆印第安人的家乡，这些人不仅穿行过这一地区，还在这一地区生活着。如果我们也这么做的话，我们就不得不面临一系列的挑战，这些挑战中的每一项都

和长途跋涉一样艰难。即便一开始就具备很多相关理论和一些沙漠 48
经验，掌握所有这些对我们来说也是完全不可能的事情。民族志学
者评论了沙漠狩猎的精妙性和狩猎知识的复杂性，这弥补了沙漠猎
人所使用工具的相对简单与缺乏。一些木头、石头和骨头工具就是
你所需要的全部，但你得具备令人极其震惊的大量有关自然历史的
实践知识，以及一套相应的支持性的社会制度来使之成功，而这些
都是来之不易的。我们从考古学中得知，面对北极的严酷环境，因
纽特人和他们的祖先花费了大约八千年的时间才改进了狩猎和采集
的技术。相同的时间长度发生在像加利福尼亚这样较为富饶的环境
中，在那里，以鲑鱼和橡子为基础的高效经济体系也花费了大约相
同的时间才演化出来。[1]我们认为要习得狩猎和采集所要求的技能比
学习微积分可能更容易，那么这就表明我们可能具有针对这种生活
方式的某种先天倾向。民族志的解释（和一点点的自我反省）使我
们相信大多数孩子更愿意把时间花在摆弄弓箭上而不是练习乘法表
或者掌握长除法。但是如果我们的任务是通过魔鬼之路到达尤马，
我们宁愿拿自己花无数个月尝试唤起对沙漠的先天知识来换取传统
托哈诺奥德姆印第安人几个小时的教导。（当然如果你有一辆多功能
车、五加仑水、一整箱汽油和巴里·高华德导弹靶场的许可证，即
使没有教导这也将是一次有趣的野游。）

文化适应性通过微小变化的累积来演化

但是，一些演化心理学家还是有其他的方式来忽视文化的作用。
例如，语言心理学家 Steven Pinker 写道：

> 一种复杂觅母的产生不会是复制错误的留存。它产生的原
> 因是一些人筋疲力尽，绞尽脑汁，发挥才智创作或写作或绘画

---

[1] Richerson, Boyd and Bettinger 2001.

或发明出了一些东西。诚然，这些创造者会被突然产生的理念所影响，并且一次又一次地完善自己的草稿，但是这两种推测都与自然选择不同。[1]

49　　　其中的理念是，复杂的文化适应性并不是像基因演化一样逐渐地或盲目地产生的。新的交响曲并不是由于旋律的差异化传播和改进而逐渐产生的。相反，它们产生于人们的思维中，而它们功能上的复杂性来源于这些思维的活动。小说、绘画和发明也是如此，或者说 Pinker 也是这么认为的。文化有用且具有适应性，因为人类这一种群的所有思维中储存着先前各代人类思维的最大努力。[2]

　　从这一观点看，文化就像是一个图书馆。图书馆保存着过去创造的知识。当图书馆管理员决定购买哪些书、丢弃哪些书时，他就塑造了图书馆中的内容。但是知道图书馆和图书馆管理员并不能帮助我们理解是哪些情节上、特征上和风格上的复杂细节将那些伟大著作从糟粕作品中区分了出来。为了理解这些东西，你必须要了解写这些作品的作者。普遍存在的人类心理机制是如何塑造了他们讲故事的性质的？而某一特定作者的心理又是如何受到他所在环境的影响的？同样，文化存储了理念和发明，人们关于采纳或拒绝哪种理念的"决定"（常常是无意识的）则塑造了文化的内容。然而，为了理解一种新的复杂的适应性文化实践，或者是一项新的工具或制度，你必须理解我们演化而来的，产生这一复杂性的思维心理，以及它如何与它所处的环境相互作用。

　　生物史的学生会发现这种文化演化的图景与一种非常流行但是错误的基因演化理论很相似。很少有达尔文的同代人能接受（甚至理解）他的想法——适应性通过微小变化的逐渐积累而产生。他的一些狂热支持者，如赫胥黎（T. H. Huxley），认为新的适应性产生

---

[1]　Pinker 1997 (209).

[2]　类似的观点见 John Tooby and Leda Cosmides 1992 (119–120)。

于巨大的跳跃，而之后的自然选择则接受或拒绝这些"被寄予希望的怪物"。在 21 世纪中，生物学家 Richard Goldschmidt 和古生物学家 Stephen Jay Gould 尤其拥护这一演化理论。[1] 这一理论是错误的，因为一项复杂的适应性能够偶然产生的可能性小到趋于零。当然，这一反对意见对文化演化不具有相同的约束，因为创新并不是随机的；因此文化演化能够大体包含从复杂的创新中进行遴选这一点是令人信服的，而这些创新必须从人类心理机制的角度来进行理解。

如果文化上可传递的复杂适应性主要都是那些带有意图的怪物，那么对种群思维的动态研究就变得有趣了，因为它能帮助我们理解为什么一些怪物能传播开来而另一些则失败了。然而，如果大多数复杂的文化适应性像机体的适应性一样，是由微小变化逐渐积累起来的，那么基于种群的理论就重要多了。而且，已有的证据让我们相信这恰恰就是绝大多数文化变迁出现的方式。

文化常常凭借微小变化的积累来演化

50

艾萨克·牛顿（Isaac Newton）有句著名的评论说他是站在了巨人的肩膀上。对于人类历史上大多数时间大多数地方的创新者来说，另一个不同的比喻会更接近事实。即使是人类最伟大的发明家，他们在创新的伟大历程中也仅仅只是站在由其他侏儒叠成的巨大金字塔上的侏儒。语言、工艺和制度的演化都能够被分成许多小步，而且在每一步中，改进都是相对温和的。没有一位创新者的贡献超过了整体中的一小部分，正如任何单个基因对一个复杂的有机体的适应性都只有边际上的贡献。其他动物有限的模仿能力似乎阻挡了以复杂文化为特征的累积演化过程。在最好的情况下，黑猩猩的一些创新——诸如使用锤子和铁砧来砸开坚果——可能代表了一种两步

---

[1]　Gould 1977.

式的积累。[1]

语言的例子展示了一项普遍的原则，即许多微小变化的累积效应可以成为文化变迁的有力源泉。在一些案例中，相互关联的方言之间的区别很少是音韵、语法和词汇上的差异。19世纪30年代美国完成的一项细致的方言综述让当代语言学家能够相当详细地描述出代际间的语言变化。[2]在一代人的时间里，一些方言的变化速度已经快到足够让那些受过训练的耳朵分辨出来。例如，纽约人逐渐地倾向于对 car 这样的单词末尾的 r 进行发音。这些微小变化会随着时间积累起来。如果没有专家注释的帮助，我们中的大多数人都会错过莎士比亚戏剧中的许多微妙之处，而要读懂乔叟更是几乎不可能的。然而，对于一位比较语言学者而言，中世纪英语和现代英语有着密切的联系。现代英语甚至与古代的印欧语系有相当大的关联，这是通过一系列词汇实现的，如古印欧语系中的 agras 意思是土地，而英语的 agrarian（土地）就是由这一词汇衍生出来的，欧亚大陆的中部和西部还有许多这一词汇的同根词。

我们相信，大多数读者在读这本书时带有一种直觉，即人类个体非常聪明，且这是我们社会中大多数辉煌成就的主要原因。然而，许多证据都表明这种观点是错误的。[3]对于人类决策的心理学研究指出，人类的理性是十分有限的。人类的决策和这些决策背后的心理学原因是文化演化的基本方面。[4]我们一点儿都不想诋毁人类的个人动因，而仅仅是想将它与文化适应的复杂性相比较，这种适应性经由时间漫长而范围广阔的文化演化过程所达到。

51

---

[1] Boyd and Richerson 1996.

[2] Labov 1994, 2001.

[3] Nisbett and Ross 1980; Tversky and Kahneman 1974; Tooby and Cosmides 1992; Simon 1979; Gigerenzer and Goldstein 1996. 这些作者并不同意关于人类认知局限的意义和解释，但他们都同意人类个体决策是十分有限的这一说法是准确并且可以理解的。

[4] 一些读者，比如 Sperber 1996 并没有理解从心理学家 Donald Campbell 的先驱性贡献（1960，1965，1975）开始的达尔文主义文化演化论者对于种群环境下心理机制力量的强调。

科技史 [1] 表明，像手表这样的复杂工艺品不是由单个发明人所创造的、被寄予希望的怪物。制表匠的技巧是由许多创新者技术上的进步零零散散不断累积所构成的，每个创新者都对最终这个令人惊异的产品做出了微小的贡献。那些在每个阶段与之相竞争的创新都被尝试过，除了科技史外已经没有人会记得它们。我们认为，科技史学家把发明比作突变有些轻率，尽管两者都创造了变化，且将成功的科技凸显出来的过程与自然选择的行为相比较也是轻率的。[2]先把手表的事情放在一边。科技史学家 Henry Petroski 记录了非常简单的现代制品，例如餐叉、大头针、别针和拉链是如何通过许多次尝试慢慢演化出来的，某些变体吸引了市场的关注，而另一些则无人理睬。没有人知道有多少失败的设计湮灭在发明家的工作台上。[3]这本书剩下的大部分内容都是关于文化为什么比那些极简单的随机突变和选择性保留更加复杂。提前表明一下我们的结论，在种群层面上，个体的决定、选择和偏好与其他像自然选择这样的过程一起，成为塑造文化演化的力量。我们呼吁，要对文化、突变和选择的轻率类比尤为慎重，因为正是那些根植于人类决策中的不同过程导致有益文化变异的积累，每种过程都有着它自身明显的特征，没有一种完全像自然选择。

尽管人类创新和随机突变并不相似，但它们都一直有着微小的进步。手表的设计并不是一位发明家的杰作，而是制表传统的产物，一位制表匠的设计中的绝大多数，但不是全部都来源于此。这并不会令制表这个创新中真正的英雄，例如 John Harrison 褪去光辉。John Harrison 在 1759 年制造了一块航海经线仪，它可以足够精确地为英国经度委员会在海上计算经度。他使用了当时制表匠的所有工艺，同时借鉴了许多当时的其他技术诀窍，诸如使用双金属片（你

---

[1]　Basalla 1988.

[2]　Keller 1931，这位事实上是 20 世纪中叶唯一一从严格意义上来说是达尔文主义者的社会科学家，他是如此轻视个体创新者的作用以至于完全忽略了他们。

[3]　Petroski 1992.

可以在烤箱的温度计或恒温加热炉的指针后面看到绕成圈的双金属片）来抵消经线仪中对温度十分敏感的关键计时部件。他的成就非常卓著，因为他创造了数量众多的巧妙创新——双金属温度补偿器、一种超凡的棘轮装置和无须润滑的宝石轴承——来替代钟摆装置。

52　他个人对这一事业的超凡奉献也是卓著的。凭借着 37 年不间断的努力和一流的机械思维，以及他所获得的日益丰厚的英国海军奖金支持，John Harrison 完成了一系列更小、更优良和更耐用的航海钟表。最终，他发明了"四号"，其精度达到了每天的误差小于 1/40 秒，这对当时最好的、每天误差仍然超过一分钟的手表是一个巨大的改进。[1] 只有极少数的发明家能够作到如此巨大的个人贡献。但是，像每个伟大的发明家发明的机器一样，四号是对 John Harrison 的前辈和同事们的工艺，以及他本人天赋的出色致敬。没有成百上千的、大多数默默无名的发明家先辈们，他甚至不会想到要建造航海经线仪，更不太可能成功地把它造出来。18 世纪神学家 William Paley 著名的设计论最好还是支持多神论而不是他的一神论吧，因为制造一只手表需要许多的设计者。

再比如一个简单得多的航海创新，即海员使用的磁罗盘。它默默无名的发明者一定像瓦特、爱迪生、特斯拉和其他我们熟知的工业革命象征性人物一样聪明。[2] 首先，得有人注意到在没有摩擦的环境中，小型磁性物体在地球微弱的磁场中有指向的特征。已知的对这一效应的最早应用来自于中国的风水先生，他们将打磨光滑的磁勺放在光滑的物体表面上来进行占卜。之后，中国的水手制造出了能漂浮在水面上，用来在大海中指向的小型磁性物体或磁针。最终，中国海员进一步发展出了一种磁针固定在垂直轴承上的干罗盘，这有点像现代的玩具指南针。在中世纪晚期，欧洲人习得了这种样式的指南针。欧洲海员进一步发展出了标度

---

[1]　Sobel 1955.

[2]　Needham 1979.

板罗盘，这种罗盘上有一块大型的圆盘，上面附着一对磁铁并标记着 32 个点。这种罗盘不仅被用来指向，还被牢固地挂在舵手台上，罗盘盒上有一个标记指示着船头的方向。如今的舵手可以通过调整盒子上的标记与相应指南针上的点，从而在 1/64 圆的精度上操控前进的方向。指南针的制造者懂得将指南针附近的钢球调整到零以摆脱船只的磁力影响，这一项创新在钢铁船体应用之后至关重要。其中的第一步仅仅是一小步：用青铜的螺丝来替换罗盘盒上的钢铁钉子。之后，人们将罗盘充满黏性的液体且用万向架固定来抵消船只的晃动，使舵手对正确前进方向的把握更为准确。因此，甚至像船员的罗盘这样一项相对简单的工具，都是数个世纪和跨越欧亚的无数创新的结果。[1]

文化的其他方面也是相似的，例如教堂。现代的美国教堂是向它的教区居民提供社会服务的复杂组织。[2] 成功的那一批教堂得益于吸收好理念、摈弃坏理念的长期传统。令人惊讶的是，那些坏理念中的一条就是雇用受过教育的神职人员。受过大学教育的神职人员是优秀的知识分子，但常常是极度枯燥无味的牧师，他们的精力被消耗在对传统基督教信仰的诸多怀疑上。在美国，由于某些新教制度具有自由市场的特征，成功的宗教创新能得到相当大的回报。许多有抱负的宗教企业家将小教派组织起来，其中大多数采用了一套被称作原教旨主义的通行模式。只有很小一部分的教派能够在最初征募的那些支持者之外扩展开来。著名的提倡独身的震教徒就是一个没有成功征募到追随者的例子，但是还有许多其他例子。极少数的教派取得了成功并已发展为主要的宗教机构，它们在很大程度上取代了传统的教派。卫理公会派和摩门教派就是成功成为主要教派的例子。

宗教创新者也是一步一步积累起来的。摩门教的神学与大多数

[1] Needham 1987.

[2] Iannaccone 1994; Finke and Stark 1992; Marty and Appleby 1991.

的美国新教教义都不同。然而，历史学家 John Brooke 展示了其奠基人 Joseph Smith 的宇宙学是如何将前沿的新教教义和炼金术理念、共济会、寻宝的占卜术和圣妻（一夫多妻）混合起来的。[1] 他追踪了这些理念如何从欧洲传播到了佛蒙特和纽约的某些家庭，而 Joseph Smith 及其家庭就住在那里。Joseph Smith 创造很少而借鉴很多，尽管我们把伟大的宗教创新者这一荣誉恰如其分地授予他。像 John Harrison 的创新一样，他的创新相较于大多数野心勃勃的牧师所提出的理念来说是巨大的。

个体是聪明的，但是我们所使用的大多数文化制品、塑造我们生活的社会制度、我们说的语言等等，即使对最有天赋的创新来说都是过于复杂而无法靠误打误撞创造出来的。宗教创新很像是突变，成功的宗教以个体创新者所无法理解的复杂方式获得了适应性。创新只有一小部分是成功的，这表明大多数的创新都降低了宗教传统的适应性，而只有少数几个幸运的创新增加了其适应性。我们并不是说复杂的文化制度永远不可能通过运用理性思维而有所改进。人类创新并不是完全盲目的，且如果我们能更好地理解文化的演化过程，盲目性就会更少一些。但是人类文化制度是非常复杂的，极少会由个体创新者做出大幅度的改进。

分析一个由少量文化要素复合而成的事物——如一艘 15 世纪的船——是有所助益的，包括估计在它们的制造过程中至少涉及的创新数量和这些创新的时空分布。在大多数情况下，创新的数量肯定非常大，且这些创新之间有着巨大的时间和空间差异。相同的技术可以被应用于宗教、艺术创造和社会制度。关注过大范围文化演化模式的那些历史学家告诉我们，指南针就是一个很好的例子。分布于漫长时间中和广阔地域上的许多人都为人类的适应性做出了贡献。一段给定的音乐作曲、一艘船或手表确实有一个设计者，但是如果一项工作具有很强的复合性，那么设计者除了他或她所能够

54

---

[1] Brooke 1994.

聚集起来的所有创意元素之外，都会触及这项设计所具有的悠久传统。

生物学家 Jared Diamond 描述了一种重要的大进化模式，这种模式与文化是一小步一小步逐渐演化而来的假说是一致的。[1]在航海大发现之后，欧洲人在侵略和统治美洲、澳大利亚、新西兰和许多其他小岛上取得了惊人的成功。相反，尽管欧洲人也曾在亚洲统治和殖民，但是统治的程度更不完全也更不持久。中国成功地抵制了殖民，而印度和中亚地区也摆脱了欧洲人的控制。另一方面，欧洲人对美洲、新西兰和澳大利亚的占有却是永久性的。那么，欧洲人成功的秘诀是什么呢？ Jared Diamond 认为，欧洲大陆更大的面积加上它的东西走向意味着它比小一些的陆地在单位时间内能产生更多的创新总量，而且这些创新能够轻易地在长长的、东西向的、生态上相似的地形带上传播。美洲不仅仅在面积上更小，而且是南北走向的，这就使得优良栽培品种的扩散变得困难，比如玉米从北美洲的温带传播到南美洲的温带，又比如美洲驼等驯养动物的反方向传播。结果就是，一整套支撑复杂的城市化社会所必需的适应性在美洲这片土地上产生得更为缓慢。

文化解释了人类的差异程度

55

在本章中，我们把注意力集中在生物学家称之为人类差异的近因上，也就是说，我们讨论了它的直接原因而不是它的长期演化原因。如果你是抱着对文化在人类行为中扮演着直接角色的怀疑来读这一章的，希望我们已经说服你，人类的许多差异都是文化上的——人们的差异至少在部分上是因为他们从他人那里习得了不同的信念、态度和价值观。

对于那些已经意识到了文化重要性的读者来说，我们给出的信

_____

[1]　Diamond 1978, 1997．同时见 Henrich 2004。

息几乎是相反的。希望我们已经动摇了你对于文化的角色已经被很好地认识到了的信心。很少有优秀的研究能够批判性地讨论关于人类行为差异来源的不同假说。Robert Edgerton 关于环境和文化史相关关系的首创性研究是独一无二的。那些关于移民社区的变化及其持久性的优秀研究数量稀少。我们知道这里引用的一些——或者说所有——研究都被人怀疑和批评过。最后，使文化角色怀疑论者三缄其口的唯一方法就是增加优秀研究的数量，直到我们能够按照真实的数量精度描绘出在解释人类行为差异中基因、文化和环境的直接作用。坦率地说，我们认为文化的辩护者已经变得自满和懒惰。他们安全地站在道德制高点上，认为只有图谋不轨的人才会认可诸如人类的行为差异具有遗传原因这样的种族主义观点，或者诸如理性选择这样的资本主义观点。人类学家、社会学家和历史学家已经忽略了这些因素之间的交互作用。

　　事实上，我们认为即使是最谨慎公平的读者也会充分地被这些证据所说服，至少会承认大多数人类群体间的行为差异是文化的产物这一假说是有说服力和值得进一步探索的。不需要我们点名，这些读者应该能够或多或少地认可那些涉及细节的怀疑和某些研究的意义所在。作为文化假说的支持者，我们坚信这些证据是正当的，并同样坚定地推进着它们。学习文化的学生如果不是对这个学科提出批评的话，就需要在他们的课题中付出辛勤努力以保证它的正确性。

　　理解人类差异的根本原因也同样重要，尤其是因为人类比其他动物物种有着更大的差异性。其他动物确实也有差异。以狒狒为例，许多生物学家将大多数狒狒划分为同一物种，即**草原狒狒**。这些动物占据的范围包括了许多不同的栖息地：炎热的低地森林、凉爽的高地森林、热带草原、矮树林和真正的沙漠。在这一范围里，狒狒在外表上，尤其是在体型和颜色上存在着差异。所有的狒狒都主要以植物为食，并且捕食昆虫、鸡蛋和小型动物作为补充。然而，从整个区域来看，它们饮食的确切构成并不相同。安博塞利和肯尼亚的狒狒通过挖掘草的球茎和打开金合欢豆荚来获得食物，而奥卡万戈三角洲的狒狒则食用无花果和睡莲的球茎。大多数的热带草原狒狒居住在大约有 30—70 个个体的，有许多雄性和雌性的群体中，雌性狒狒会终生留在其中。然而，在非洲南部的高地，狒狒组成了小得多的、只有一个雄性的群体，且雌性有时会在种群间流动；在西非的森林里，狒狒聚集在多达几百个个体的巨大群落中。狒狒的社会行为同样存在着某种程度的差异。在东非，雄性狒狒会与其他雄性形成联合来竞争接近可育雌性的权利；而这种联合在非洲南部从来没有被发现过。

现在我们来比较非洲相同区域的人们之间的差异大小。像狒狒一样，人们在外表上存在着差异，并且主要表现在体型和肤色上。与狒狒不同的是，这些区域的人们获得日常食物和组织社会生活的方式十分不同。直到大约一千年前，所有人都还是以采集植物和狩猎哺乳动物为生的觅食者。然而，即使在狩猎采集者中也仍然存在着巨大的差异。例如龚布希曼族有一种简单的亲属体系，在该体系中男人和女人的待遇相同，而居住在他们南部几百英里远的邻居艾克索族就具有一种复杂的宗族体系，这一体系建立在男性谱系上。龚布希曼族和艾克索族都在喀拉哈里沙漠中使用小型弓箭狩猎，而科爱索布希曼族则主要以在附近的奥卡瓦戈沼泽中打鱼为生。中非森林中的一些卑格米人通过使用绳网进行大规模的合作狩猎，而东非大草原上的哈扎人则使用弓箭进行大型狩猎。

当然，时至今日非洲的大多数人已经不再是狩猎采集者了。如今那里的牧民，比如东非的马塞族人，他们以养牛为生，从一个地方迁移到另一个地方去寻找优良的牧草。马塞族人的政治组织以年龄组内的忠诚和合作为基础，同一年龄组的男性在同一时间完成割礼。在其他牧民中，忠诚以亲属关系为基础——在索马里人那里是男性亲属关系，而在纳米比亚的辛巴族那里则是女性亲属关系。那

57　　些以农耕为生的人们也种植了不同的庄稼：在季节性干燥的萨赫勒地区种植小米和高粱，在刚果森林中则种植花生、玉米和木薯。他们同样展现了多元的社会组织和政治组织：如没有机关和等级的小家庭群体，基于亲属关系的复杂宗族，以及拥有全职士兵、牧师和管理者的大型城市。

　　人类群体内的行为差异同样要比其他动物群体内的行为差异大得多。让我们再次比较一下人类和狒狒。生活在同一群体中的狒狒在它们的行为上的确表现出了差异。雄性狒狒相较于雌性狒狒更有可能去捕猎；占支配地位的雌性享用更多的美味食物，拥有最安全的休息场所，比其他次级的雌性更少受到骚扰；年幼的狒狒比成年的狒狒玩耍得更多；一些雌性比其他狒狒更善于社交等等。但是所有的狒狒都必须为自己寻找食物，防备捕食者，以及照顾它们自己的孩子。对比来看，即使是狩猎采集社会也存在着从事工具制造、仪式活动和食品采集的兼职专家。在复杂的农耕社会中，这种差异的数量呈爆炸式增长——有屠夫、面包师、烛台制作师，农奴、士兵、治安官、国王和神职人员，这些人都具有不同的知识、行为、责任和生活任务。

　　与其他动物如狒狒比较起来，人类的差异范围如此之大，这需要从演化上进行解释。一千万年前左右，我们的祖先只是生活在非洲森林或是热带草原中的一个类猿物种，它们的差异范围与今天狒狒的差异范围还是相差不大的。在之后的一千万年时间里，达尔文的演化过程将这一血统转变成了现代人类。任何试图解释当代人类行为的理论都必须告诉我们是什么导致人类比其他物种具有更多的差异，以及为什么这种独特的变异能力被自然选择所偏爱。对于试图解释人类行为却又仅仅引入同样适用于其他动物的个体学习机制的那些模型来说，这一任务尤为艰巨。

　　我们认为，人类差异范围问题的根本答案与引起它的近因是相同的，也就是文化。我们计划在以后的章节里假定文化是存在的，并试图使用这一假设来解释人类的独特性。在第三章中，我们会解释为什么文化引起了人类的诸多差异，而在第四章中则会解释为什么文化会被自然选择所偏爱。

第三章　文化会演化

  "当一只狗咬了人，这不是新闻，"新闻行业的格言如是说，"但是当一个人咬了狗，这就是新闻了。"[1] 对于许多人类学家而言，文化会演化这一论断更像是"狗咬人"而非"人咬狗"——这可能是真的也可能是假的，但这肯定不是新闻。事实上，文化会演化的想法与人类学这一学科本身一样久远。19 世纪的人类学奠基人 Lewis Henry Morgan 和 Edward Tylor [2] 认为所有社会都是从不太复杂的状态演化到复杂的状态，从声名狼藉的原始状态和野蛮状态演化到文明状态。这种渐进的演化理论在 20 世纪众多著名人类学家，如 Leslie White，Marshall Sahlins，Julian Steward 和 Marvin Harris 的工作中仍然非常重要。在这一时期，演化理论少了一些民族中心主义，多了一些现实性。演化的阶段被赋予了更加中性的名称，如**游群**、**部落**、**酋长领地**和**国家**，[3] 并且发展出了考虑区域生态对文化演化轨迹影响的模型。[4] 尽管这些演化理论在现代人类学中不再占据统治地位，但它们仍然拥有像 Robert Carneiro，Allen Johnson 和 Timothy Earle 这样重要的支持者。[5] 这些渐进演化理论的吸引力显而易见。

---

  [1] 这句话来源于 Charles Anderson Dana（1819—1897），《纽约太阳报》的长期编辑和现代美国报纸的创始人之一。Charles Anderson Dana 还有另一句我们所推崇的名言："为你的观点而战，但别以为它们就是全部的事实或唯一的真相。"

  [2] Burrow 1966 提供了一种经典解释，另外见 Richerson and Boyd 2001a。

  [3] White 1949; Sahlins, Harding and Service 1960; Harris 1979.

  [4] Steward 1955; Sahlins, Harding and Service 1960; Harris 1979.

  [5] ohnson and Earle 2000; Carneiro 2003.

考古学和历史学记录毫无疑问地表明，在过去的一万年里，人类社会在平均上变得更庞大、更有生产力，以及更复杂。尽管有关人类进步的单线理论已经不再受追捧，但是由简单向复杂发展的总体趋势是毋庸置疑的。[1]

然而，当我们说到文化演化时，指的其实是一些十分不同的东西。请记住达尔文进化论的关键特征是种群思维。物种就是由个体所构成的群体，这些个体携带着累积而成的遗传信息池。所有生命的宏观特征——无论是它美妙的适应性还是它错综复杂的历史模式——都能由个体生命中那些可以使一些基因变异扩散开来却使另一些基因变异消亡的事件所解释。饱受几代人类学家争议的渐进演化理论与达尔文的这种演化观念几乎没有任何共同之处。很少有研究将注意力放在塑造文化差异的过程上，而主要都是叙述这些差异。它们对文化演化确实提供了相关解释机制，这些机制尤其关注于引起差异的外部原因。人们的选择改变了他们的环境，而这些改变又导致了不同的选择。例如，一个常见的论证是，政治和社会复杂性的演化是由人口增长所驱动的——更高密度的人口要求经济的密集化，并促进了政治的复杂性、劳动力的分工等等。[2]相较于演化，这些过程与生态演替更相似。这就好比冰碛上的地衣改变了相应的环境，使土壤适合草的生长，这反过来又改变了土壤，并给灌木创造了生长条件，较简单的社会也改变了相应的环境，使得有必要建立更为复杂的社会。

这种连续的过程在人类历史上无疑扮演了重要的角色，然而它们却远远没有反映全貌，[3]文化是在演化着的。人类种群携带了由文

---

[1]　Sahlins, Harding and Service 1960，以及 Steward 1955 描述了两种同时处理某种特定传统的演化复杂性以及演化总体趋势的方法。对这种进化论的现代权威性观点见 Johnson and Earle 2000。

[2]　例如 Cohen 1977 对于农业起源的论述。Harris 1977, 1979 及 Johnson and Earle 2000 认为种群压力是文化演化的动因。

[3]　Richerson, Boyd and Bettinger 2001; Richerson and Boyd 2001c.

化获得的信息池，为了解释为什么特定的文化会是那个样子，我们需要追踪那些引起某些文化变异扩散和存续，而让另一些消失的过程。问题的关键在于将注意力放在个体生活的细节上。孩子会模仿其他孩子、他们的父母和其他成人，且无论是孩子还是成人都要经受他人的教导。当孩子长大，他们获得了文化上的影响力、技能、信念和价值观，这些影响了他们生活的方式，以及别人反过来模仿他们的程度。有些人可能会结婚并养育很多孩子，而另外一些人虽然没有子女，却获得了崇高的社会地位。随着这些事情年复一年世世代代的发生，某些文化变异就会繁衍开来而另一些却不会。某些

60 想法更容易被学习或记忆，某些价值观更可能催生有影响力的社会角色。有关文化演化的达尔文主义理论正是用来解释这种过程如何使得种群获得了他们现在所拥有的文化。

本书中呈现的达尔文主义文化理论强调了不同过程的一般属性。例如，一些文化变异比其他文化变异更容易学习和记忆，当其他条件相同时，变异就会传播开来，我们将这一过程称为有偏传递。这些基本过程是文化演化的**动力**，就好像基因演化、筛选、突变和漂变的动力一样。在任意一种特定的情形中，人们在真实生活中发生的具体事件才是事情本身。然而，通过将相似的过程收集在一起并找到它们的一般属性，我们建立了一套方便的概念工具，这套工具可以让跨案例的比较和概括变得更为简单。尽管我们并没有夸耀说我们的方案是一个完善的、最终的解释，但我们确实认为手头上的这套工具对于理解文化是如何演化的很有助益。

达尔文主义对文化的解释并不意味着文化必须被分割成相互独立的，并且像基因那样被忠实复制的微小片段。相反，最可靠的证据表明文化变异仅仅与基因大体相似。文化传递常常并不涉及高保真度的复制；文化变异也不总是微小的信息片段。尽管如此，文化演化在它的基本结构上仍然是达尔文主义的。将它与普通的生物演化相类比是有好处的，但这仅仅是因为它们为我们提供了一个便利的、已经开发出来的工具，用来构造一种扎根于社会科学的理论。

达尔文主义的怀疑者很常见，尤其是在社会科学领域。但是达尔文主义并不天生是一个个人主义的、善于适应的拦路贼，会偷偷溜进社会科学中，用遗传简化论来解释所有的事情。它也并不标志着回到过去的、渐进的欧洲中心论思想。当所有重要的细节确定之后，大量实质性的理论就得以产生。一些模型最终看起来很像理性选择模型；而在其他的理论中，随机的文化差异能够从文化因素相互作用的动态过程中产生。一些模型产生了长期的方向性改变，其中人工制品或制度变得更有效率，而其他的则缺乏这种趋势。

文化（主要）是大脑中的信息

61

将种群思维应用于人类文化的第一步在于明确被传递信息的性质。文化（主要）是储存在人脑中的信息，通过各式各样的社会学习过程从一个头脑传递到另一个头脑。

每种人类文化都包含了海量的信息，你想想仅仅为了维持一种语言就需要传递多少信息。一本词典需要大约六万条词汇及其含义之间关联的信息，语法则包含了一套复杂的规则来规定词汇是如何组合成句子的；尽管其中的一些规则可能来源于固有的结构，但很明显，那些能够区分不同语言的语法差异，其背后所隐藏的规则是经由文化传递的。生存技术同样需要大量的信息，例如，非洲南部的昆申人就对喀拉哈里沙漠的自然史有着非常丰富的知识——事实上这些知识是如此丰富，以至于研究昆申人的学者们无法判断许多知识是否正确，因为这些知识超出了西方生物学专业的知识范畴。[1]任何试图制作一件像样的石质工具的人都能证实，即使是制造最简单的工具也需要大量的知识；更复杂的技术则要求更多的知识，想象一下有一本介绍如何利用阿拉斯加北部坡地的材料来建造一艘航海皮艇的手册。那些规范了社会交互关系的制度则包含着更多的知识，产权、宗教习俗、社会

---

[1] Blurton-Jones and Konner 1976.

角色和义务都需要相当多的具体知识来使之生效。

　　储存于各种文化中的庞大信息必然要依赖于某些实物才能被记录下来。在不具有广泛读写能力的社会里，环境中能够用来储存这些信息的材料主要是人类的大脑和基因。当然，某些文化信息会储存在人工制品中。用来装饰陶器的那些设计被储存在陶器上面，当年轻的制陶工人学习如何捏制陶器时，他们是以旧的陶器为范本，而非向老一辈制陶工人请教的。同样，教堂建筑可能有助于存储有关其中进行的仪式的信息。尽管如此，在没有文字的情况下，人工制品无法储存很多信息。年轻的制陶工人无法仅仅通过研究现存的陶器就学会如何烧制它们。在没有文字的情况下，人工制品如何能够存储喀拉哈里豪猪是单配的这一信息，或是规范新娘彩礼交换的规则呢？伴随着读写能力的出现，一些重要的文化信息可以被记录在书页上。[1]然而，即使是现在，文化中最重要的部分仍然是储存在我们脑海里的那些。

62

行为依赖于技能、信念、价值观和态度

　　不幸的是，关于信息是如何储存在人类大脑中的，学界很少能够达成一致。某些社会科学，尤其是历史学，常常从人们的价值观、欲望和信念的角度来理解人们的行为。在其他一些社会科学中，价值观和信念的概念被规范化并加入到"理性行为"的模型中，在这个模型里，价值观被"效用函数"所代表，这是一种将个人可能经历的世界上的每一种状态都赋予一个数字的数学规则。信念由贝叶斯概率分布所代表，这一概率分布确定了个人对于世界上每种状态

---

　　[1] Merlin Donald 1991 将读写能力的产生及类似的信息技术看作创造现代心智的主要革命之一，它们极大地增强了个体可运用的信息的准确性和容量。我们并不打算忽视信息技术！演化经济学先驱 Richard Nelson and Sidney Winter 1982 把公司作为他们分析的单元，把公司的惯例作为文化的单元。在他们著作的第 5 章，给出了我们目前所知的，关于文化能够以何种方式从个体头脑中提取出来的最好论证。

发生概率的主观判断。个人通过选择来最大化他们的期望效用。由于理论的精美性，许多人发现用理性行为来解释人类心理非常有说服力；数学家已经证明了只有通过最大化期望效用，人们才能避免非常不理性的行为——例如喜欢冰激凌超过泡菜，喜欢泡菜超过比萨，而又喜欢比萨超过冰激凌。

各类心理学家都警告我们价值观和信念属于民间心理学，而且是受文化所限的民间心理学，[1]他们中的大多数毫不关心理论的精美性而只关心一切经验上的真实性。心理学家同样相信大脑对于理解所有人类行为都是至关重要的，无论是处理视觉信息这样"较低层面"的功能还是逻辑推理或进行演讲这样"较高层面"的功能。由于真实世界中的人类思维十分复杂且难以理解，在心理学中，关于信息是如何储存并且如何塑造行为这一点存在着深深的分歧。行为学家专注于可观测的行为，而认知科学家讨论的则是心理规则和表征，[2]尽管某些人否认这种实体间的联系并声称只有神经生理学家的描述才是有用的。[3]这些有关人类思维的理论能否被整合在一起还并不清楚，引用杰出的心理语言学家 Ray Jackendoff 的话来说就是：

> 语言的规则和表征如何在神经上被实现——也就是说，大脑的物理结构如何实现了语言学研究所发现的那些组合规律——此时此刻仍然是一个谜。事实上，除了低水平视觉的某些特定方面外，我不知道任何能够将心理表征的系统性与具体神经构造联系起来的成功案例。[4]

63

---

[1] 关于文化妨碍了对情感的科学研究的案例见 Griffiths 1997 and Wierzbicka 1992。Richard Nisbett 2003 展现了大量的证据来证明亚洲人的思维方式与美洲人十分不同。

[2] 关于从演化视角来看待行为主义的精细论述见 Baum 1994，从认知角度的论述见 Pinker 1997。

[3] 关于心理表征见 Gallistel 1990，反对观点见 Churchland 1989。

[4] Jackendoff 1990，这是一篇针对 Pinker and Bloom 1990 的评论文章。

即使这些问题没有解决，我们也仍然可以取得许多进展。然而为了方便，我们需要就如何称呼储存在人类大脑中的信息达成统一。这并不是一个小问题，因为心理学家在关于认知和社会学习的性质方面存在着深刻的分歧。采用某一种术语可能意味着在这些争议中有所偏向，而这既不必要也不是我们想看到的。但是，我们不能再继续说"储存在人脑中的信息"，这太拗口了。一些作者使用觅母这个由演化生物学家 Richard Dawkins 所创造的术语，但这意味着一种离散的、像基因一样忠实传递的实体，而我们有充分的理由相信许多文化上传递的信息既不是离散的，也不是忠实传递的。所以我们将使用**文化变异**这一术语。有时我们也会使用如**想法**、**技能**、**信念**、**态度**和**价值观**这样的普通英语词汇，而这并不暗示着内省必然是引领你通往储存在你自己大脑中的信息的可靠向导，或者说人们告诉你的东西必然是引领你通往他们大脑中储存的东西的可靠向导。总有一天，心理学家会把民间心理学这个术语转变为有着明确定义和科学可信度的概念；在这里，我们为了文章的易读性而暂用上述术语。

文化变异通过社会学习而获得

许多影响人们行为的信念、想法和价值观是通过社会学习从他人处获得的。[1]我们可以宽泛地说人们在模仿其他人，但事实上，想法从一个人的头脑传递到另一个人的头脑是经过了一系列复杂过程的。想一想你是如何学会打结的，比如说一个单套结。尽管它很简单，但几乎没有人能发明这样一种聪明的结；他们是通过各种各样不同的方式才从别人那里学会了这个结。一些人是通过言语指导学会的，比如说某个人告诉你单套结是一种牢固却很容易解开的结。

---

[1] 更准确地说，社会学习本身就是一个有着一些子概念的总概念，其中只有部分子概念支持建立在模仿基础上的人类文化（更不用说人们有时并不采用更简单的社会学习方式）。对于这些复杂问题的介绍见 Galef 1988。

64

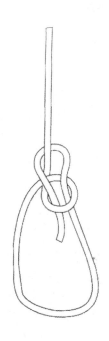

图 3.1　尽管单套结牢固而易解，它有时候也会散开

别人会教给你这样的顺口溜："兔子钻出洞，爬上树，绕树跑，最后钻回洞。"你也可以通过观察别人系单套结来学习，或者是偶然翻到书里单套结的例子，然后自己学会如何打这个结。你还可以通过学习图 3.1 从我们这里学会打单套结。（尝试一下！这种结在日常中比单结好用很多。）这些社会学习形式的相同点在于，某个人大脑中的信息产生了一些行为——比如词汇、打结的动作或者结本身，这些行为会在第二个人的大脑中形成能够产生类似行为的信息。如果我们可以深入大脑的内部，我们可能会发现不同的人有着对单套结的不同心理表征，尽管他们打这个结的方式完全相同。

文化演化是一种达尔文主义

现在，试看我们如何通过种群思维将个体存储和传递文化的属性与文化变异的两个关键事实——传统的固有性及其可变性——联系起来。

列举一个简单的虚构案例，该案例的灵感来源于 Sonya Salamon 对德国农民与扬基农民的记叙。这并不是一个有关伊利诺伊州文化演化的真实模型；相反，这是展现达尔文主义逻辑的一种方式。[1] 对演化问题进行模块化的标准方法是考虑个体生命周期中的主体事件，并将生命周期划分为单独运行的许多阶段，具体说明这些阶段中所运行的过程，开发出统计工具将个体数据扩展到种群，然后以代际为单位，运用该工具来追踪种群的文化变异在历史变迁过程中的分布。

首先，我们必须定义所讨论的问题。种群的边界在何处，以及种群中现存着哪些文化变异？假定关于农场和家庭的基本价值观仅能从当地社区的成员处获得，这就意味着我们可以将社区看作一个种群。如果我们感兴趣的是某些其他特性的演化，例如对音乐的偏好，那么种群就会有所不同，因为这些偏好受到社区之外的人的强烈影响。我们进一步假定只存在两种变异：人们要么拥有自耕农的价值观，要么拥有企业家的价值观。当然，现实比这复杂得多，我们将在后面考虑如何处理这种复杂性，而眼下做此简化则是有益的。我们还需确定如何描述任一时刻种群中文化变异的分布。由于仅存在两种变异，要追踪种群中不同信念的持有比例是十分方便的。在其他情形中，我们将使用其他统计方法来描述信念的分布。

接下来，我们考虑在文化"生命周期"的每个阶段都发生了什么（图3.2）。此处我们假设儿童从他们的亲生父母那里获得最初的信念。成长于父母为"自耕农式"的家庭中的儿童获得了自耕农的价值观；成长于父母为"企业家式"的家庭中的儿童获得了企业家的价值观；而父母价值观不同的儿童则以同等的可能性获得自耕农的价值观或企业家的价值观。这意味着从父母到子女的传递使得种

---

[1]　用这种玩具式的模型来达到教学目的在某些学科（如经济学、演化生物学）中很常见，但在另一些学科（如人类学、历史学）中则并非如此。

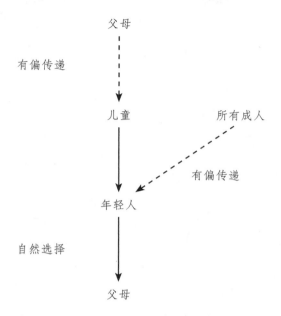

66

图 3.2　如图所示为文中所描述的生命周期。儿童从其父母那里获得关于务农的信念和价值观，随着他们的成长，他们的信念和价值观可能会受到其他成人的影响。长大成人后，他们将会结婚并选择一份事业。那些摒弃务农、离开社区的人将不再会影响到社区的价值观。

群在代际更替中保持不变。该模型假设文化变异被精确地复制，尽管实际上社会学习可能时常会引入一些偏误。[1]我们可以轻易地调整其基本框架来容纳这种可能性。

随着儿童的成长，他们会接触到除父母之外的其他人，其中的某些人可能会让他们调整信念。假定年轻人能够获得操作农场的体验（也许是通过参加诸如 4-H 这样的青年农民小组）。他们观察到，与具有企业家价值观的人相比，具有自耕农价值观的农民工作时间

[1]　Atran 2001; Boyer 1998; Sperber 1996.

更长而赚钱更少，尽管他们拥有更为亲密的家庭关系。这种观察结果使得某些年轻人采取新的价值观——某些人从自耕农的价值观转向了企业家的价值观，而另一些人则相反。对于大多数年轻人来说，亲密的家庭关系无法弥补长时间的工作和低廉的工资，因此更多的人从自耕农的价值观转向了企业家的价值观，而不是反过来。这是**有偏**文化传递的一个案例，其触发条件为人们倾向于获得某些文化变异而不是其他。这种偏倚可能是先天的倾向，也可能是由早期的某次社会学习所获得的文化倾向。

年轻人终究会长大。一些人继承了农场并留在社区中，而其他一些人则摒弃了务农而成为技术人员、销售人员、律师或学者。Sonya Salamon 的数据表明，具有自耕农价值观的人更有可能留在社区中。由于只有留在社区中的成年人才会影响下一代社区成员的价值观，选择性迁移作为一种对文化变异的自然选择就增加了社区中具有自耕农价值观的人群比例。

最终，人们会结婚生子。根据 Sonya Salamon 的研究，每个德国移民后裔的家庭平均拥有 3.3 个孩子，而扬基人的后裔则为 2.6 个。[1] 假定家庭规模的差异与农场管理和继承模式的差异源于相同的信念体系，那么由于儿童从其父母处获得最初的价值观，繁衍数量的差异同样会导致自耕农价值观在社区中扩散开来。该过程是另一种自然选择的模式，且强度十分可观。

现在，让我们运用该模型来解释文化差异为什么会存续。迄今为止，我们已经看到了各种过程是如何在某一代中导致了文化的延续和改变。为了解释文化的长期存续性，我们在代际更替中反复运用该模型来看看将会发生什么事情。

在 Sonya Salamon 的研究中，扬基人和德国人的祖先在来到伊利诺伊州时就具备不同的价值观，即使他们在相似的土地上耕作并面临相同的技术和经济约束，不同的价值观也导致行为的显著差异。

---

[1] Salamon 1992 (172).

在我们的简化模型中，这意味着作用于每个种群中的所有社会学习过程的净效应会使得每个种群或多或少地保持不变。如果在某一代中自耕农的价值观普遍存在，则在下一代人中也是如此。如果企业家的价值观普遍存在，则其普遍性也将得以保持。

"文化惯性"能够以两种方式产生。它可以源于遵循大众信念的倾向，但在我们目前的模型中，最为自然的解释则是源于无偏抽样与忠实复制的结合。你可以将儿童看作置身于上一代两种文化变异的持有者的抽样样本中，有时父母双方都持有企业家的价值观，有时都持有自耕农的价值观，有时父母双方的价值观并不一致。只要持有自耕农的价值观不会对家庭规模产生过大的影响，这些样本将代表他们所从属的种群，这意味着一位家长持有自耕农价值观的概率将约等于种群中自耕农价值观出现的频率。那么只要文化的学习过程是准确无偏的，一个儿童获得自耕农价值观的可能性就约等于其在父辈中出现的频率——从父母到子女的传递并不会改变种群的文化构成。年轻人的社会学习过程也是如此，他们同样置身于上一代成人的样本中。如果样本能够代表种群，且年轻人没有获得企业家价值观的强烈倾向，那么文化传递将不会引起什么变化。

我们还想解释文化是如何变化的。在当前的案例中存在着三种可能性。第一种可能性是有偏传递的效应十分强大——几乎每个一开始持有自耕农价值观的人都会转向企业家的价值观，而几乎每个一开始持有企业家价值观的人都会保有该价值观。那么企业家的价值观将在社区中扩散，因为人们具有选择该价值观的先验倾向。第二，有偏传递可能相对较弱——某些人从一种价值观转向另一种，但大多数人保留了他们从父母那里学到的价值观。那么自耕农的价值观就会传播开来，不仅是因为持有该价值观的人们更可能留在社区中，还因为他们拥有更大的家庭。这似乎就是 Sonya Salamon 所研究的社区中真实发生的事情。第三，该社区可能会稳定在这两种情况的某种混合状态上。

文化演化的动力

我们将引起文化变化的过程称为文化演化的动力，并将这一演化系统分为两部分。其一是"惯性"部分，即倾向于使种群在时代更替中保持不变的过程。在此模型中，文化惯性来源于无偏抽样和忠实复制。其二则包含了动力，即引起种群中不同文化变异数量变化的过程，这些过程克服了惯性并产生了演化中的变化。[1]

我们单独来看有关德国农民和扬基农民的生活，有两种动力在其中发挥了作用。有偏传递引起了企业家价值观的扩散，而自然选择则导致了自耕农价值观的扩散。这两个过程例示了两种不同范畴的动力。有偏传递这一动力来源于人们的心理机制，这使得人们更可能采纳某些信念而非其他。自然选择这一动力则来源于持有不同文化变异的人们所面临的演化趋势。此处我们重点关注有偏传递和

---

[1] 对传递和动力进行区分并非是本质性的，只是为了便于分析。通常做这样一个假设会比较便利：在生命史中先有变异的完美传递阶段，紧接着就是心理机制在被完美学到的文化变异中进行有偏选择。这种分期的生命史简化了从演化生物学借鉴而来的演化模型的结构与分析过程。现实也许很不一样，也许偏倚在学习过程中已经出现并扭曲了所学习的文化变异。在大多数情况下，结构上的微小差异并不会影响模型结果，因此我们认为这种分阶段的结构通常是无害的简化。在理论中，有时必须要有更真实的有关传递的心理机制，在现实中偶尔也是如此。如果不能区分策略上的简化分析和现实判断，就会使得很多对该理论的轻率批评得出毫无根据的结论。例如，从两种变异和两种动力的角度来分析发生于美国中西部农场社区的复杂事件似乎是一种简化主义。我们仅仅表明这一高度简化的图景是对复杂现象可容忍的初步近似，即使是解释 Salamon 的数据也需要另外的变异和动力——姑且假设它们可以被放到台面上来讨论，尽管这并不现实。事实上，没有经验或者理论研究能够掌控所有正在进行的过程的全貌，尤其是涉及演化。人们要么对不同的简单模型（或简单实验设计）进行选择，要么选择对研究采取神秘主义。至少在某些良好的情况下，有些东西的确主导了演化过程，因而我们的分析能够得出很好的洞见。赶紧说明一下我们并没有反对神秘主义的意思。许多"严厉"的科学家在两瓶啤酒过后就变成了神秘主义者，达尔文《物种起源》的最后一段就是绝好的案例。在并不良好的情况下，我们除了敬畏"树木交错的河岸"的复杂性以外别无他法。在 Richerson and Boyd 1987 中我们概述了演化生物学家、经济学家、工程师等人所采用的用简单模型来描述复杂现象的方法，并为其作了辩护。

自然选择，并将其作为阐述我们文化演化模型背后逻辑的一种工具。在后面的章节中，我们将分析表 3.1 中所述的其他动力。

随机动力

　　文化突变：由随机的个体层面过程所引发的效应，例如对文化中某一子项的错误记忆。

　　文化漂变：由小型种群中的统计异象所引发的效应。例如在某个简单的社会中，诸如建造船只这样的技能也许仅由一小部分专业人员所掌握。一旦某一代的所有专业人员碰巧都英年早逝或者难以收徒，建造船只的技能将会失传。

决策动力

　　引致变异：由个体造成的文化变异的非随机变化，并在随后得到传递。该动力源于社会学习或教学、发明，以及文化变异的适应性调整等过程中的变化。

有偏传递

　　基于内容的（或直接的）偏倚：个体基于文化变异的内容倾向于学习或记忆其中的某一些。基于内容的偏倚源于对替代性变异的成本收益计算，或是源于认知结构使得某些变异更容易被学习或记忆。

　　基于频率的偏倚：将文化变异的普遍性或罕见性作为选择的基础。例如，最具优势的变异通常是最普遍的。若确实如此，遵从偏倚就是获得正确变异的简易方法。

　　基于模型的偏倚：对特质的选择以该特质持有者所显现的个体属性为基础。基于模型的偏倚可能是模仿成功者或有威望者的倾向，或是模仿与自己相似的个体的倾向。

自然选择

　　种群文化构成的变化由持有某种文化变异而非其他所造成。对文化变异的自然选择可发生于个体或种群层面。

表3.1　本书所论及的文化演化动力一览

有偏传递

有偏文化传递的产生源于人们偏好于采纳某些文化变异而非其他。就像购物时的货比三家，人们置身于可供选择的想法或价值观中，并从中进行选择（尽管这种选择可能是无意识的）。[1] 创新的扩散提供了大量可用以研究有偏传递作用机制的案例。这一研究主题的引领者是社会学家 Bryce Ryan 和 Neal Gross 的里程碑式研究，该研究关注于杂交玉米在 19 世纪 40 年代早期的两家爱荷华农场社区中的扩散模式。循着他们的脚步，数以千计有关创新扩散的案例研究报告纷纷发表。[2] 这些研究表明，无论是在传统社会还是现代社会，创新的扩散常常是个体接触的结果。人们在观察到朋友与邻居采用了某种创新——如杂交玉米——之后也会采用该创新。一旦他们率先观察到了某种创新，是否采用该创新的决策就受到该新作物的先验优势的强烈影响。这种杂交种子是否更抗病？该新作物是否具有现成的市场？若确实如此，人们将倾向于采用新农作物，而该创新将会扩散。[3] 采用新的想法、作物或任何其他文化变异的决策还可能受到已采用者的数量或威望的影响，这导致了多种类型的有偏传递，我们将在第四章中详细考察这一点。

由于有偏传递源自与其他替代性变异的比较（不一定是有意识的），文化变化的速率就依赖于种群的变异性。最初由于没有什么人实践，创新扩散缓慢，因此没有多少人能观察到这种创新并将其与现有行为进行比较。随着创新变得普遍，更多人能接触到它并将它和其他行为进行比较，采用创新的速率就增加了。当过去的行为变

---

[1] 更为专业的讨论见 Boyd and Richerson 1985，第 5 章。

[2] Ryan and Gross 1943. Rogers 1983 梳理了这些文献，统计出截至那时共有来自 10 个不同学科的 3085 份研究。

[3] Rogers and Shoemaker 1971 表明可感知的优势是有关创新扩散研究中最常见的效应之一。该书对约 1500 份创新扩散研究进行了简单的荟萃分析。Henrich 2001 表明对这种引用数据的量化分析可用以估算多种演化动力的影响。

得罕见，守旧的人就会越来越少，从而进行比较的机会也越来越少，新行为扩散的速率就放缓了。该过程构成了一个 S 型轨迹，许多不同的案例都记载了这种轨迹。

种群因有偏传递而改变的速率同样依赖于评估替代行为的难度。若一种新的作物变种产量比现存作物高很多，农民将很容易发现该差异。杂交玉米比传统品种的产量要高 20% 左右，因此它能够迅速地扩散。类似地，当甘薯在 17 世纪的某一时期从新大陆传入新几内亚沿海地区后，它们迅速在这个凉爽的高地上取代了其他作物，因为其表现比典型的热带植物好太多了。虽然将甘薯带到新几内亚的欧洲人从未深入到沿海以内，且他们直到 19 世纪 30 年代才知道高地有人居住，这种变化仍然发生了。[1]然而，要发现许多其他变异的好处就难多了。烧开饮用水的做法能显著减少婴儿腹泻致死的发生，但这种做法可能无法扩散，因为烧开水的效应很难识别。多种情况都会导致腹泻，且人们无法看到水中的微生物。相信疾病是由法力所导致的人可能很难相信烧开饮用水会有所帮助。要指出变异中的最优者通常是十分困难的，即使它们有着非常不同的回报。其好处只能随着时间而显现出来的那些变异尤其难以估量。

有偏传递的产生并不总是因为人们会根据文化标准或规范来评估替代性文化变异。偏倚常常由人类认知或感知的普遍性特征所引起。例如，许多语言学家认为某些语言特征是"显著的"，这意味着它们相比于替代性的非显著特征而言更难以产生和被感知到。用词汇顺序来表示句子主宾的语言相比于用改变名词形式来表示主宾的语言更缺乏显著性。这种非显著性特征更为简单，因而在学习母语中更早出现。许多语言学家还认为典型语言的"内部"变化（与语言间碰撞所导致的变化相反）是由显著到非显著的。这种变化使得语言更容易产生和被理解。因此，当学习者面临两种有着细微语法

71

---

[1] Wiessner and Tumu 1998; Yen 1974. 对哥伦布远航之后许多新世界作物在旧世界，以及旧世界动植物在新世界迅速扩散的讨论见 Crosby 1972，1986。

差异的语言时将倾向于采用二者中更不显著的那个，有偏传递就以这种方式驱动了语言的变化。[1] 尽管该假说有些争议，但如果属实，它将成为人类心理机制何以会产生偏倚的良好案例。

有偏传递取决于学习规则

有偏传递的强度和方向总是取决于模仿者的内心所想。伊利诺伊乡村中企业家价值观频率增加的原因就在于年轻人的价值观。为什么相较于家庭，他们更看重金钱和舒适度？某些情况下，该价值观可能源于普遍的人类习性，即人们心中可能存在着对财富、舒适和掌控自己生活的渴望。在别的情况下，该价值观可能来源于其他文化变异——金钱和舒适可能征服了现在的伊利诺伊州，而对家庭的忠诚却能在中国乡村取胜。

人类学家 William Durham 区分了由遗传获得的学习规则和由文化获得的学习规则，他将前者称为"初级价值观选择"，将后者称为"次级价值观选择"。[2] 隐藏在词汇发音（语言学术语称为音韵）变化之下的规则为这一区别提供了良好的案例。元音的发音可以大致地用一个标示了舌头在水平和垂直方向上的位置的二维空间表示。来自许多不同语言的大量证据表明，发音的演化使得该空间中元音间的差异被最大化。据推测，人们潜意识里偏好于明确区分的元音，因为这样既有利于发音又有利于理解。[3] 年轻人听到别人的发音并倾向于采用那些元音的发音区隔最为均匀的语音变异，从而形成自己的方言。这一过程在大范围内的不同语言中均有记述，这表明对均匀区隔的元音的偏好就是 William Durham 所说的初级价值观。

语言变化同样提供了次级价值观的案例。当说不同语言的人们

---

[1] Labov 1994 讨论了促进音韵演化的语言结构的内在原则。

[2] Durham 1991.

[3] Lindblom 1986, 1996.

相互接触时，所有类型的语言变异都能从一种语言扩散至另一种。其发生的速率取决于这些语言的相似程度。当语言较为相似时，人们听到一种新的且可理解的语言形式，就能够将其纳入他们自己的语言。如果语言差异很大，学习外语词汇或语法形式就会难很多，语言的借用就被抑制了。因此，新语言形式的吸引力取决于你和你的社区固有的语言，该案例就体现了 William Durham 所说的次级价值观。

初级价值观选择与次级价值观选择的相对重要性饱受争议。某些演化生物学家，例如 Richard Alexander，Charles Lumsden 和 Edward Wilson，他们认为初级价值观起到了主导作用。[1]William Durham 就次级价值观的重要性举过一个案例，虽然他所用的术语暗含着次级价值观是由初级价值观衍生而来的意味。我们在直觉上认为，初级和次级价值观事实上总是相互作用的。以由人际接触所催生的语言变化为例，新语言形式的实用性和可理解性由相互接触的两种语言的相似性所决定。然而，为什么人们要有效地交流？而他们为什么不选择那些简易的形式而要选择晦涩的形式？有时他们确实如此，想想律师、政治家，唉，有时还有科学家。[2]人们偏爱过于复杂的语言形式也许是为了标榜他们占据着特定的社会角色，或是其他类似的文化原因。人们常常偏好更不显著的形式的原因必然是人类心理的基本性质——人们（常常）想要被理解。说服人们烧开饮用水很艰难这一事例同样说明了这一点，避免诸如收集额外燃料来烧开水这样不必要的工作的意愿，以及让儿童茁壮成长的意愿可能就是已深深扎根于为基因所操控的心理机制中的初级价值观。以微生物理

---

[1]　Alexander 1979; Lumsden and Wilson 1981.

[2]　正如《春城花满天》(*The Best Little Whorehouse in Texas*) 中虚拟的得州长官 Melvin Thorpe 所唱的："哦……我喜爱小小地回避一下。有时他们看见我有时看不见，我过来又过去。哦还有……我喜爱绕个大大的弯，炫耀一下好领导大家。"来自歌曲《回避》(*The Side Step*)，由 Carol Hall 作词。Labov 1994 描述了因心理学因素降低了沟通效率从而导致语言变化的许多案例。

论来解释疾病的信念则创造了一种次级价值观。是否烧开饮用水的决策既依赖于初级价值观也依赖于次级价值观。

73 文化变异如何竞争

迄今为止，我们默认假设文化变异之间在相互竞争[1]：农民要么持有自耕农的价值观要么持有企业家的价值观，人们使用某种方言或另一种，他们要么采用创新要么维持原状。这种非此即彼的二分法适用于基因而不一定适用于文化。某一基因的不同版本间的竞争源于基因复制的机制。每个基因都在特定的染色体上享有其特定的位置。例如，在一个个体数量为一千的种群中有两千个可供携带给定基因的染色体。如果在代际交替中携带某一版本基因的染色体数量增加了，则携带相同基因的替代性版本的染色体其数量必然减少了。文化复制并不需要具备同样的二分特征，人们可学习并记忆不止一种变异。例如，他们会说两种不同的方言，所以一种新方言可以在不使其他方言消亡的前提下在种群中得以传播。

我们认为，文化变异以两种相关的方式来竞争。首先，在社会学习过程中它们需要为学习者的认知资源而竞争，如果学习者必须花费精力以保持对变异的记忆，那么在学习过程之后也是如此。学习花费了原本可投入到其他有价值活动中的时间和精力，并且可能会与对原有变异的记忆相互冲突。这一约束也许对容易获得的知识而言并不十分重要，例如单套结、渔夫结和八字结（图3.3）都能被用于绳尾打结，且你能够轻松地把它们都学会。学会单套结所花费的时间不会阻碍你学习其他结，学习一个新的结仅需要几分钟。

但是，对于更不易掌握的知识而言，学习成本导致变异间的激烈竞争。掌握一门新学科或学习一门新语言需要投入大量的时间和

---

[1] 想法是在相互竞争的，且其竞争结果推进了人类的历史，这一观点由社会学家 Gabriel Tarde 在 1903 年提出。

图 3.3 八字结牢固、不易散开，且在负重时容易系紧，只是系起来有点慢

精力，这可能就需要我们在不同的备选项中进行选择。几年前，我们曾在德国一所大学待了一年，虽然都认为学习德语是件很棒的事，但我们都选择将时间花在这本书而不是德语上。相较于基因对位置的竞争，文化变异对时间和精力的竞争是弥散的。竞争并不一定发生在影响同一行为的变异之间；相反，竞争发生在一个人有生之年可能获得的所有变异之间。德语并没有与法语竞争我们十分有限的时间和注意力，德语是与学习历史语言学和研究科技史相互竞争的。对我们时间和精力的弥散竞争似乎限制了我们建立起强大技能储备的意愿，即使这些技能仅仅如同打结一样简单实用。

我们认为文化变异间第二种更为激烈的竞争模式是对行为的控制。人们通过观察他人学到了很多，如果文化变异无法影响行为，就无法被传递。不同于基因，文化是传承所获变异的体系。它不具备类似于隐性基因或沉默基因这样不影响表现型——指有机体由遗传物质与环境交互而产生的可观测属性——但仍被传递的特征。如果你相信八字结是在绳尾打结的最优选择并且你总是使用这个结，

74

那么即使你知道如何打其他结，人们也无法从你这里学会那些结。文化变异间的竞争在它们影响个人生活的许多方面时尤为激烈。一位持有自耕农价值观的伊利诺伊农民与持有企业家价值观的农民在生活中的每一天几乎都有不同的表现。皈依了天主教或佛教的新教徒可能记得他们学到的所有新教教义，但他们将不再按其行事。

　　长期未被使用的变异可能会被遗忘。我们都曾经为忘记了某些费力学会的技能而感到难过，例如微分法、竖笛演奏或平行转弯。不用就会忘掉。

　　人们还通过公开教学来学习想法和价值观。[1] 该效应则更为微妙，使得文化变异被使用的原因同样是使其被教授并被学习者所使用的原因。如果你相信八字结是最好的，因为它牢固，不易散开，又在负重时容易系紧，那么你很可能会教别人系这个结。即使你教了人们如何打其他结，只要他们接受了你关于八字结为什么是最优的论证，他们仍倾向于使用八字结。

　　对行为控制权的竞争相较于对注意力的竞争不太容易扩散。若两种变异在相同情境中指定了不同的行为，则通常只有其中一种能够操纵行为。我们可以向右行驶亦可向左行驶，但只有醉汉和愚蠢的少年才会同时既向左行驶又向右行驶。在双语环境下，即使是在一句话中间人们也可以迅速地从一种语言转换到另一种语言，但是逐字或至少是逐词来看，他们只能说一种语言。该案例同样表明了两种竞争形式之间的相互作用。如果某种特质很容易掌握，则即使它不常影响行为也无关紧要——偶尔的展示就令其得以存续。我们俩中的一人多年前在一次示范中学会了一种罕见但十分有用的结，即车夫结（图 3.4），那是他第一次也是唯一一次看到别人打这种结。相反，需要长期观摩才能获得的技能和知识则会受到观摩时长的强烈影响。

---

　　[1]　Castro and Toro 1998 讨论了在某些人类文化的重要特征的演化中，教学相对于简单模仿的潜在重要性。

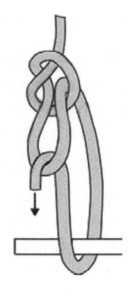

图 3.4 车夫结因其力学优势而便于稳固负重

文化变异的自然选择

将自然选择应用于由文化传递的变异与将其应用于基因变异的逻辑完全相同。文化的自然选择出现的条件是：

· 人们必须有差异，因为他们通过社会学习获得了不同的信念或价值观；

· 这一差异必定影响人们的行为，从而影响人们将自身信念传递给他人的概率；

· 存在于种群中的文化变异总量必定在某种程度上受限。

换言之，文化变异必定会引起竞争。

用合适的遗传术语来替换该表单中的对应词汇，你就能发现这就是标准教科书对自然选择何以导致基因演化的解释，其基本逻辑是相同的。同等情况下，若某信念所引发的行为使得持有者的信念更有可能被传递，则其频率就会增加。若通过模仿获得的信念所引发的行为很重要，那么信念就可能影响个体生活的各个方面：他们遇到谁，寿命多长，拥有多少子女或能否获得教职。凡此种种因素均可影响个体成为他人模仿的榜样或者启迪蒙昧的教师的可能性。

　　如果人们从父母那里获得信念，那么自然选择对文化的作用就与其对基因的作用几乎完全相同。例如，宗教信念会影响践行者的生存和繁衍。社会学家 Susan Janssen 和 Robert Hauser 比较了大量威斯康星州人的生育率。[1]天主教徒（无论男女）平均比非天主教徒多拥有 20% 的子女。类似地，流行病学家 L. McEvoy 和 G. Land 的报告中说明密苏里后期圣徒改革教会成员的校正死亡率比其他宗教的群体低 20%。[2]行为遗传学研究表明宗教从属（无论你是摩门教徒还是天主教徒）是由文化传递的。[3]在 Susan Janssen 和 Robert Hauser 的案例中，人们的宗教信念与其父母的信念是强相关的。如此一来，导致高生育率和低死亡率的信念将增加，因为持有该信念的人更可能活到成年并继而拥有更大的家庭，且这些家庭中的儿童将倾向于拥有其父母的信念。

　　若个体在文化上受到老师、同龄人、名人等等的影响，则作用于文化变异的自然选择就会让容易获得这种非双亲角色的行为有所增加。在这种情况下，如果让人们最有可能成为家长的特征不同于最有可能成为老师、神父或名人的特征，作用于文化变异的自然选择就会导致遗传上适应不良的特征扩散开来。

　　试想一下所有民族志记录中最为奇特的传统之一：隶属于亚文化的人们愿意花费更多的时间在出版更多作品而非生育更多子女上，并为其作品的数量而自豪。该现象也许可以用文化变异的选择效应来解释。我们自然是这种古怪群体中的成员，能够以亲身经验来验

---

[1]　Janssen and Hauser 1981.

[2]　McEvoy and Land 1981.

[3]　Eaves, Martin and Eysenck 1989.

证演化的压力。部分已近距离接触到大学教师的读者可能与我们有相同的经验。为了明白偏好丰满简历的选择过程是如何压倒了对生育子女的渴求——该渴求为初级与次级意愿的强烈杂糅，以一位事业刚起步的年轻助理教授为例：进入一所新的大学之后，她需要获得许多新信念或修正研究生时获得的旧信念；她需要知道工作所需的努力程度，委员会工作的评价标准，以及在研究生身上需要投入的时间；还有最重要的，她在研究上应当投入的精力。如果她还要将时间投入到家庭和娱乐中，她的事业是否还有进步的可能？

　　在作决策时，许多助理教授决定以年长而更有经验的教师为榜样。这些资深教师代表了原有受雇助理教授群体的一个有偏样本，因为那些不努力工作而没有发表大量论文的人不会被推荐授予终身教职，从而无法传授其经验。对获得终身教职的教师的模仿使得我们的新助理教授在研究方面追求高标准且很有可能推迟成家的时间并限制子女的数量。在长达数代的时间里，作用于大量助理教授的这一力量已经产生了一个群体，该群体对于出版物非常看重并显著地减少了生育。注意我们这里已经简化了整个故事。在这位有抱负的教授整个教育生涯里，她已然置身于那些面临类似事业和家庭两难的教师中，而其中最为成功和最具影响力的主要是那些投身事业的人。她很有可能与她雄心勃勃的研究生同学相爱，他们之间有着相同的社会背景和对事业的抱负。我们的一位熟人——某位处于事业中期的优秀人类学家——描述了她的非洲朋友们对她的同情，她的朋友们为其庞大的家庭而如此自豪以至于无法理解一位健康的女性竟然会"自愿地"选择只生一个孩子。[1]

78

---

[1]　某些社会科学家指出像这样从信念、欲求、目的等概念出发的案例解释是充分的，我们并不同意这一点。助理教授辛勤工作是因为他们想要得到终身教职，已经得到教职的教员投票反对那些懈怠之人是因为他们想要保持部门的质量，这种解释对我们的心理机制来说具有先天的吸引力。那么，我们该如何解释教授们倾向于写文章而非生育，而非洲村民却有着一套完全不同的目标？事实上，信念、欲求和目的本身最多是对终极演化根源的近似解释。对民间心理学角度的科学解释的批评见 Rosenberg 1988。

对优秀研究人员的选择驱使着行为朝与基因选择极为不同的方向发展。具有终身教职的教员所扮演的角色是一种由文化上的父母和社会选择的代理人合二为一的角色。文化变异的自然选择可以潜在地挑选出任意活跃于文化传递过程中的角色——亲生父母、朋友、领导、老师、（外）祖父母等等——中的成功个体。在这点上，只要我们仍是传统的有机体，生物系统就简单得多，只需考虑两种角色，雄性和雌性，且父母双方对后代具有同等的基因贡献。许多基因传递模式会像文化一样导致某些复杂性，如 Y 染色体（由父亲传递给儿子）和线粒体 DNA（只由母亲传递），[1] 但仍与人类文化不十分相似。

当然，我们年轻的助理教授在决策时也会考虑自己的偏好。如果她对生育犹豫不决，也许就会接受那些最有雄心壮志的同事"不发表就完蛋"的想法。如果她渴望拥有子女，则会期望教职委员会能更看重文章的质量而非数量，且会早日成家。偏好对决策的偏倚将导致有偏传递。如果偏倚强烈，则对榜样的选择效应就很微弱。然而，在该案例中这种偏倚似乎很弱。在决定投入多少时间到家庭中时，年轻的专业人才们不仅需要估计这对他们事业和家庭生活的直接影响，还要估计对他们子女发展的长期影响。拥有一两个孩子也许就能满足养育子女的生物渴望，而获得职业成功的渴望则会产生深深的偏倚。在该案例中，个体可得的信息也许会十分匮乏，各类观点相互冲突。可以想见，有抱负的学者几乎将完全服从于传统信念，若确实如此，则筛选出终身教员的选择过程将对教员的行为有重要影响。

为何要区别选择和有偏传递？

有偏传递的发生源于人们偏好采用某些文化变异而非其他，而

---

[1]　Hamilton 1967; Dawkins 1982; Jablonka and Lamb 1995; Rice 1996.

选择的发生源于某些文化变异影响了其持有者的生活以使之更容易被模仿。该议题的几乎所有作者，包括生物学家 Luigi Cavalli-Sforza，Marcus Feldman 和 Richard Dawkins，以及人类学家 William William Durham，[1] 他们经常使用"文化选择"这一术语来将有偏传递描述为一种选择模式。这并非不合情理，有偏传递确实是一个选择性保留的过程。人类种群在文化上是多变的。某些变异较其他更易被模仿，因而其具有相对更高的"文化适应度"。

　　尽管如此，我们认为区别有偏传递与自然选择十分重要。有偏传递依赖于模仿者的所思所想，而在大多数自然选择中，不同基因的适应度依赖于其对生存与繁衍的影响而与人类的欲望、选择和偏好无关。我们可以通过不同大小及形状的喙是如何影响鸟类获得食物的能力来理解鸟喙的形态演化。事实上，我们需要了解鸟类的其他表现型，因为影响鸟喙大小的基因适应度依赖于其他基因，但这种依赖相较于有偏传递则过于微弱。有偏传递更类似于一种被称作减数分裂驱动的遗传演化过程，在该过程中"驱动"基因诱导携带它们的染色体以不对等的概率被纳入到卵子和精子中。减数分裂驱动显然是一种选择形式，但大多数生物学家认为将其从简单的自然选择中分离出来会有所助益。

　　我们认为有必要在文化传递中也进行同样的区分。以对成瘾性毒品的厌恶感为例，若该偏倚很常见，则它将倾向于抑制毒瘾的扩散，然而即使是不待见毒品的人有时也可能受到诱惑并屈服于毒瘾，从而导致他们锒铛入狱或至少是使他们不再对别人具有强大的文化影响力。这两种效应对保持低毒瘾率十分重要。对成瘾物的厌恶是有偏传递的例证之一，而影响成为榜样的瘾君子数量的过程则是选择的例证。虽然在特定的经验案例中辨别有偏传递与选择的效应有时并不容易，但该区别却十分重要，因为二者经常导致极为不同的演化结果。

80

---

[1]　Cavalli-Sforza and Feldman 1981; Dawkins 1976; Durham 1991.

根据我们的经验，大多数人的直觉是文化演化中诸如有偏传递这样的心理学动因比自然选择重要得多。他们觉得可以控制自己偏好的文化且认为自己通过选择获得了其中的绝大部分。而事实上，我们总是过多地估计了所能拥有的选择。正如马克·吐温所说：

> 我们知道天主教徒何以为天主教徒；长老会教徒何以为长老会教徒；浸礼会教徒何以为浸礼会教徒；摩门教徒何以为摩门教徒；盗贼何以为盗贼；君主主义者何以为君主主义者；共和党人何以为共和党人而民主党人何以为民主党人。我们知道这关乎联想与同情，而非逻辑与检验；除非通过他的联想与同情，世界上很难有人能获得对道德、政治和宗教的观点。[1]

有偏传递与自然选择的相对重要性还面临着一些关键性问题。如果心理学动因重要得多，则文化演化的原因将最终追溯到先天的初级价值观——所有复杂的适应性行为将最终由自然选择如何塑造先天的心理机制所解释，而文化仅仅是表象。然而，如果作用于文化变异的自然选择具有重要性，则其同样是根本动因。或许 William Durham 所说的经由文化传递的次级价值观并非总是次级的。我们将要论证这一点！

即使文化变异不太像基因，种群思维依然有用

将达尔文主义方法应用于文化并不意味着你必须同意文化是由在传递时忠实复制的类基因微粒组成这样的观点。有证据表明文化变异有时**确实**有点类似于基因，而其他时候则显然不是这样。然而——这是一个重要的转折——无论何种情形达尔文主义方法仍然有效。

81 　　如果你对这个论断感到惊讶，我们完全理解。在过去的约十年

---

[1] 《玉米面包主张》(*Cornpone Opinions*)，Twain 1962（24）。

中，人们花费了大量笔墨来讨论文化变异是否为类似基因的微粒。争论的一方是诸如演化生物学家 Richard Dawkins、哲学家 Diniel Dennett 和心理学家 Susan Blackmore 这样的"普适达尔文主义者"。这些人似乎认为适应性演化必然要存在类似基因的复制体，且认为他们称之为觅母的文化变异就是离散且被忠实复制的类基因微粒。由于文化变异类似于基因，那么达尔文主义理论就能或多或少地应用于文化演化而无须改变。[1] 争论的另一方则是各种各样的批评者，如人类学家 Dan Sperber 和 Christopher Hallpike，他们认为文化变异并非微粒且并非忠实复制，因此以达尔文主义思维来看待变异和选择性保留无法解释文化演化。

我们不同意争论的任何一方。我们由衷地认可文化演化是依照达尔文主义原则而运作的，但同时认为文化演化可能是基于与基因十分不同的"单位"。我们提倡将文化变异视为与基因完全不同的实体，而遗憾的是我们对其知之甚少。或许在携带实现文化延续性所必须的文化信息这一方面它们确实类似于基因，但你将看到大多数并不类似于基因的过程同样可以完成这一使命。

我们并不需要对文化变异的特征了解太多，这是对那些认为只有确切地知道文化变异为何物才能将文化演化理论化的人的有力反驳。如果适应性演化确实主要依赖于传递因子，那么达尔文及其追随者将仍然在原地踏步，等待着能够揭示基因如何导致有机体特性的关键性进展。探究基因是如何进行复杂的交互从而创造出可供选择的特性，即便这不是生物学一直以来的热门议题，也是当前的热门议题之一。尽管达尔文对机体遗传与获得性变异是如何运作的认识完全不同，这项工作仍十分出色，因为基本的达尔文主义过程包含了可遗传变异如何能够维持下去。同理，通过使用基于我们已经

---

[1]　运用了觅母概念的研究概览见 Blackmore 1999。此书中 Richard Dawkins 所写的序言尤为清晰地表明了至少他本人是多么重视传递的高保真度。关于文化遗传单位的其他讨论见 Durham and Weingart 1997。Dennett 1995 在《达尔文的危险思想》(*Darwin's Dangerous Idea*) 中提供了累积的适应性必然需要复制因子的扩展性论证。

理解的可观察特征的合理模型，可以将文化如何储存于大脑看作一个黑箱测试并继续推进。

82 文化变异并非复制因子

在《延伸的表现型》（*Extended Phenotype*）一书中，Richard Dawkins 雄辩地论证了累积的适应性演化依赖于他称之为"复制因子"的东西，这是一些能够忠实复制并不断增加，同时其存在时长足以对世界构成影响的实体。复制因子作为自然选择的目标从而能够引发累积的适应性演化。基因是复制因子，它们以令人震惊的精确度进行复制，可以迅速扩散，留存于有机体的一生中并指引其生存发展。道金斯认为信念和想法同样是复制因子，并创造了觅母这一术语来描述文化复制因子。道金斯认为觅母能被复制，从一个人的思维中复制到另一个人的思维中，从而在种群中扩散并控制着持有者的行为。[1]

我们对信念和技能是否为复制因子表示怀疑——至少是与基因相同意义上的复制因子。认知人类学家 Dan Sperber 已经强有力地证明了想法并非原封不动地从一个人的头脑中传递到另一个人的头脑中。[2]相反，某个人头脑中的文化变异会产生某种行为，他人观察到该行为并（出于某种原因）形成能够产生或多或少相似的行为的文化变异。问题在于第二个头脑中的文化变异很有可能与第一个头脑不同，对任意表现型而言，有无数种潜在规则能够产生该表象。仅当大多数人从给定表现型中推断出唯一规则时，信息才会随着其在头脑间的传递而被**复制**。尽管事实常常如此，但人们的遗传、文化或发展差异仍可能导致他们从相同的观测中推断出不同的文化变异。语言无疑提高了人们传递想法的准确性，但词语也受限于它的多重

---

[1] 详细阐述和对该观点的批评见 Aunger 2002。

[2] Sperber 1996.

含义。作为老师我们努力地想要让学生能够准确理解，然而却常常失败。这些差异塑造了未来的文化变迁，因而从这个角度上看复制因子模型仅仅体现了文化演化的一部分。

　　音韵变化的生成语言学模型表明了这一问题。根据生成语言学派，发音由一套复杂的规则所控制，以所需要的一连串词语为输入内容而产生一连串发音作为输出内容。[1]生成语言学还认为成年人只有添加新的规则——新规则作用于现存的一连串规则之后——才能调整其发音。相反儿童则不会受这个限制，且可以产生能够解释他们所听到的一切的最简语法规则集。尽管儿童的规则产生了同样的表现，但他们却拥有不同的结构，因而允许通过增添旧规则下无法实现的新规则来进行变化。[2]

　　下面的例子 [3]将说明该现象如何运作。在某些英语方言中，人们将 wh 开头的词汇（如 whether）发成语言学家所说的清音，而将 w 开头的词汇（如 weather）发成浊音。（清音源于声门开放导致产生气息音，而浊音源于声门闭合引起共振音质。）讲这些方言的人必定有这两种发音的心理表征和确定它们适用于何种词汇的规则。现在假定该种群中的人与其他只发浊音 w 的人相互接触。进一步假定第二个群体中的人更有权势，则第一个群体中的人会将他们的发音修正为同样只发浊音 w。根据生成语言学，他们将通过增加"将清音 w 都发成浊音"这一新规则来实现该转变。所以当 Larry 想说"Whether

――――――――

[1]　Bynon 1977，代表性的学者如 Chomsky and Halle 1968。

[2]　注意到该现象也许能部分地削弱 Chomsky 关于刺激贫乏论的论述。也许就语法而言，所有以美式英语为母语的人，其头脑中并没有相同的规则。也许学习者采用了他们偶然发现且能在大多数时间中产生语法上可行的句子的第一条规则。也许符合条件的规则不止一条，所以事实上没有人在说完全相同的语言。个体的语言必然在群体的语言中有着些许不同，这被称为个人习语。根据社会语言学家的研究结果可知，个人习语变异是产生语言演化的原材料，这是十分达尔文主义的观点（Labov 2001；Wardhaugh 1992）。个人习语是否包含了语法规则这一点并不清楚，但如果确实如此，社会语言学家关于语音体系的演化理论也许会扩展到语法方面。

[3]　Bynon 1977.

it is better to endure…"时，其头脑中的相关部分就会查找句子中每个词汇的心理表征，包括发清音 w 的 whether（因为这是 Larry 孩提时就学会的说话方式）。接着在对重读和语调进行处理之后，新规则将 whether 中的 w 变成了浊音 w。在下一代中，孩子们听不到清音 w 从而对 whether 和 weather 采用了相同的潜在表征。因此，即使在父母和子女的对话中没有可感知的差异，其文化变异仍然不同。该差异或许会很重要，因为它影响了未来的发音变化。例如，如果语言规则被忠实复制，则后人有可能恢复对 wh 开头的词语发清音，如果仅仅是行为被复制则 wh 和 w 之间的所有差异都将消失。

累积演化不一定需要复制因子

　　Dan Sperber 及其同事，认知人类学家 Pascal Boyer 与 Scott Atran 论证了由于文化变异不会复制，因此累积文化演化不可能是源于对文化变异的选择性保留。他们认为在文化传递中产生的变化通常是如此巨大以至于湮没了相对较弱的诸如有偏传递及选择等演化力量。

　　这个论断会产生两种结果：Dan Sperber 及其同事认为社会学习

84　有时会导致系统性转变，即观察到一系列不同行为的人倾向于推断出相同的潜在文化变异。Dan Sperber 将这种被偏好的变异称为"吸引因子"，系统性转变导致了新的非选择性力量驱动着种群向附近的吸引因子靠拢。他认为该过程通常如此强大以至于选择过程可以被忽略。[1] 在其他情形中，Dan Sperber 认为社会学习中的转变是非系统性的，因此观察到相同行为的人会推断出十分不同的文化变异；其结果就导致了文化复制充斥着大量噪声干扰因而变得不准确，以至于较弱的选择力量将被淹没于其中。[2] 我们依次来考虑这些情况。

---

[1]　Sperber 1996，第 5 章。

[2]　Sperber 1996; Boyer 1998, 1994; Atran 2001.

引致变异很强大时弱偏倚及选择仍然重要

在世界上许多地方，农业地主都以其土地上生长的一部分庄稼来替代租金，该行为被称作分粮。经济理论预测地主得到的份额将依赖于土地质量。高质量土地的所有者得到的份额更大，因为他提供了更有价值的投入。由于土地间的质量差异具有连续性，各种类型的分粮契约都应当存在——如62.3%归地主，36.8%归地主等等。然而，典型的分粮契约只存在几种简单的比例。例如在伊利诺伊州，海量的契约大多数只有两种类型：农民和地主1：1或2：1分成。[1]现在假定某种文化变异是农民心中最优分粮契约的心理表征。这可以是0到1之间的任意比例。进一步假定简单的整数比例因其容易学习和记忆而成为吸引因子。在某个特定国家中，最优比例可能是1.16：1，使用这一契约的农民因其赚钱更多而在模型中更具吸引力，因此有偏传递就会偏好于1.16：1的契约。然而，吸引因子将倾向于增加1：1契约的频率，如果这一动力相比于偏倚更强大，则大多数农民最终会相信1：1的契约是最优的，即使他们能够通过要求更大份额来增加收益。

该案例同样表明如果存在着多个吸引因子，即使它们具有强大的优势，较弱的选择力量仍具有重要性。假定对于分粮契约有两个同等强大的吸引因子，1：1和2：1，且群体中的农民一开始有着各种各样的契约。一段时间之后，每个人都会认为这两个简单比率中的一个是最优契约——有些人认为是1：1有些人认为是2：1。强吸引因子的传递是极为忠实的，因此1：1契约的观察者将准确推断出人们认为平分是最优契约。类似地，2：1契约的观察者将准确推断出相应的潜在信念。如果2：1的契约对地主来说更有利可图，则

85

---

[1] Burke and Young 2001. 除了1：1和2：1的契约，他们还观察到了少数3：2的契约，但即使是具有高度市场导向的伊利诺伊农民中，事实上也没有别的分成类型。Burke and Young 还表明农民并不会调整如化肥或杀虫剂之类的投入来与所得的份额相适应。

它将逐渐取代 1 : 1 的契约，因为其他地主更倾向于模仿赚钱多的地主。事实上，多个强吸引因子导致了离散的类基因文化变异。除非某个吸引因子比其他所有吸引因子的力量之和更强，这个吸引因子才能够完全决定演化结果。

当传递受到干扰时适应性演化仍会出现

　　当文化传递受到许多噪声干扰时，它就无法像基因传递那样产生文化惯性。假定在某一领域中只存在两种文化变异，记为 A 和 B，这两种变异产生的各种可观测行为的分布虽然不同却有所重叠。当人们进行文化学习时，蒙昧的个体——或许是儿童——会从这些分布中观测到一个个体样本并进行推断，进而养成他们自己的心理表征。这个过程十分草率——蒙昧的个体如果观察到 A 则有 80% 的可能性推断出 A 而有 20% 的可能性推断出 B。类似地，蒙昧的个体如果观察到 B 则有 80% 的可能性推断出 B 而有 20% 的可能性推断出 A。很明显，这种社会学习并不会导致种群层面的复制。假定 100% 的人最初都具有文化变异 A，一代人后则有 80% 的人是 A，两代人后这一比例将变成 68%，而到第五代人左右，该种群将收敛到这两个文化变异的随机分布上。只有很强的选择或偏倚才能产生累积的适应性。

　　然而，尽管文化传递并不精确，这并不意味着不存在文化惯性或累积的演化适应性。即使个体的社会学习充满错误，传递过程仍然能导致种群层面的精确复制。再一次假定每个蒙昧的个体观察到大量榜样的行为并就引起行为的信念做出推断，且推断错误的概率为 20%。现在假定个体采取他们认为是其榜样中**最常见**的文化变异。这就是一种有偏传递形式，因为某些变异较其他变异更容易被采纳。然而，与之前所讨论的偏倚不同，该偏倚的性质是独立于内容的。它仅仅取决于哪种变异更为常见，这代表了社会学习中的"遵奉"偏好。在下一章中你将看到，有力的证据表明了人们确实存在着遵

86

奉偏好，并且这一点有着充分的演化原因。即使个体对于潜在心理表征的推断并不准确，个体层面的遵奉偏好也会导致种群层面相当精确的复制。例如，若每个人都是 A，而有 20% 的 A 被误当作 B，但是只要大多数蒙昧的人所观测到的样本量足够大，其中 A 是最常见的变异的可能性就很高。遵奉偏好校正了由推断错误所引起的效应，因为它增大了个体获得两种变异中更常见的一种的可能性。

尽管如此，高错误率和遵奉偏好的杂糅并不会导致如同基因复制一般的"无摩擦"适应性。高精度、无偏倚的基因复制允许微小的选择动力产生适应性并维持数百万年，而易出错的文化复制即使被遵奉偏好所校正，也存在着其他强度适中但仍然显著的动力作用于种群的文化构成上。这意味着只有相似量级的选择动力才能导致累积的适应性。我们并不认为这是个问题：作用于文化变异之上的偏倚动力与自然选择的力量很可能比那些塑造了基因变异的力量强得多，因为它们见效更快，且常常被心理过程而非人口学事件所左右。经验证据多少支持了这一点，例如创新仅在数十年而非上千年中就能扩散开来。

文化复制可以十分精确

文化传递并不一定**非得**是有偏倚且不精确的，事实上，某些文化变异在传递时的忠实度有时非常可观。以词汇学习为例，高中毕业生平均掌握六万个单词，这一数量令人震惊。学习词汇是一项困难的推理问题，其原因我们已经有所提及。试想一下，托儿所地板上的孩子听到**球**这个词汇并开始观察周围，也许成人指的正是地板上滚来滚去的红球，但许多其他推断也是有可能的。成人可能是指移动的红色物体，是指红色令人温暖，或是球正向北面滚动。尽管似乎有无数种引起困惑的可能，儿童每天都会获得大约十种一定范围内声音与意义的新关联。

发展语言学家 Paul Bloom 的研究表明，儿童能利用多种策略

87

来获得庞大的词汇量。[1] 他们的行为表明他们似乎一开始就假设词汇指的是某些物体，即使是非常幼小的儿童也有关于物体是什么的先天推测。我们假设儿童将红色的球理解为一个物体，因为它是连通的、有界的，并且作为一个整体而移动，除非进一步证据证明不是如此。[2]"共同注意力"提供了另一种学习语言的重要机制。[3] 儿童会跟随成人的目光，而成人常常会将注意力放在儿童注意的东西上。在这些游戏过程中，成人常常会叫出共同注意的物体，将其作为更复杂表达的一部分，如："一个红色的球！我要把这个红色的球滚给你！"将**球**和**红色**从这样一连串语流中抽取出来作为某种圆形物体的名字和可应用于许多物体的颜色是十分了不起的成就，但是潜在的不确定性已经被成人的话语仅和共同注意的物体——红色的球——这一有关假设极大地限制住了。儿童使用的另一种策略被心理学家称为"快速映射"。假设呈现给一个三岁的儿童两个球，一个红色，另一个松绿色。一个实验员会要求："抛给我那个铬球，不是红色的，是铬的！"这个儿童清楚地知道颜色术语**红色**，但不知道**铬**或者**松绿色**。一般情况下儿童会简单地假设**铬**意味着"松绿色"，并且许多儿童会保持着这一错误假设至少超过一星期之久。许多案例进一步证实了快速映射所形成的假设，且它们会持久存在于词汇量中。语法线索在语言学习中同样重要。例如，儿童从**红色的球**在句子中的成分就知道这不是一个动作。这些仅仅是让孩子在没有任何对词汇含义的先天倾向的情况下准确获得大量词汇的几个机制而已。

历史语言学表明这些机制能在数百代的时间里保持着语言中可觉察的相似性。印度首席法官 William Jones 爵士在 18 世纪末展示了梵文与希腊语和拉丁语等欧洲语言之间有着某些显著的相似性，

---

[1]　Bloom 2001.

[2]　Spelke 1994.

[3]　Tomasello 1999.

从而开创了历史语言学这一学科，这些相似点是如此之多以至于难以被巧合所解释。事实上，这些语言和许多其他隶属于印欧语系的语言都来源于某个被称为古印欧语的单一语言。当说这种语言的人们在欧亚大陆上扩散开来，语言社群就变得独立而语言逐渐分化。这一事件确切发生在多久之前仍有争议，一些人认为古印欧语的使用者是那些约 1 万年前从亚洲西南部农耕故乡中最早迁移出来的农民，其他人则认为他们是约 6000 年前来自于中亚或欧洲东南部的游牧民。[1] 我们保守地假设古印欧语是在 6000 年前，或者说大约 240 代人之前被使用的。当代印欧语通过一条长达 240 代人的文化传递链与原始印欧语的使用者相连接。在每一代，儿童从成人那里学到声音和意义之间的联系并随后成为下一代人的范本。因此，历史语言学家在这些语言中发现的相似性已经经历了 480 代的文化传递而仍然存在，这表明文化传递事实上可以十分精确。

88

文化变异无须是微粒

许多人认为，文化的遗传要经历达尔文主义演化，那么文化变异必然是微粒，因为说起来只有微粒遗传才能保留进行自然选择所必需的变异。生物学教科书常常通过解释孟德尔遗传定律如何帮助达尔文摆脱英国工程师 Fleeming Jenkin 提出的问题来说明这一点。Fleeming Jenkin 可不是个傻瓜，他与伟大的反进化论物理学家 Kelvin 爵士是长期同事，不仅在设计和建造首个跨大西洋海底电缆中起到了重要作用，还对经济学——包括发明供求曲线——做出了重要贡献。时至今日，他为人们所知的原因是他指出，如果像达尔文所说的遗传是通过对父母的基因贡献加以平均，那么每一代的变异数量将减少一半。因此，让自然选择生效所必需的变异将很快消失。这一批评使达尔文非常困惑，直到如 R. A. Fisher 等遗传学家表

---

[1] Mallory 1989.

明变异将一直存续——因为基因不会混合，从而每个父母的基因在后代中都是保持分离的微粒，该问题才得以解决。

这个故事虽然真实却具有误导性。由于突变率非常低，基因遗传的微粒属性对保持基因变异而言十分关键。然而，也许文化传递中类似的突变概率并没有这么低。[1]我们甚至可以想象文化传递是如此地易受干扰和容易出错以至于遗传融合在阻止文化变异变为海量时成为一种**优势**。在充斥着噪声干扰的环境中，为了对一种特性的真实值作出合理的近似，就有必要求取多个模型的平均值。例如当你说话时，从你口中发出的声音依赖于声道的几何结构。比如 spit 当中的辅音 p 就是在声门打开时嘴唇短暂闭合所产生的，让声门变窄就成了辅音 b，如 bib，让声门保持打开并轻轻张开嘴唇就是 pf，如德文单词 apfel。语言学家已经表明即使在同一语言社群中，个体在发出指定词汇时的声道几何结构也并不完全相同。因此似乎可以说，当人们在说某个特定词汇时，他们在文化上获得的组织口内结构的规则并不相同。语言在发音上存在着差异，且这种差异可以长期存在。例如在德国西北部的方言中，apfel 和许多其他词汇里的 p 就被 pf 所替代。这种差异产生于约公元 500 年并延续至今。[2]

现在假定儿童们置身于一群以不同方式发 pf 音的成人的语言环境中，每个儿童会无意识地算出其听到的所有发音的平均，并采取能够近似发出平均发音的舌头位置。这种平均行为毫无疑问将倾向于降低每代种群中的变异数量。然而，表现型同样会因为年龄、社会背景和声道结构等等的不同而有所差异。此外，学习者常常会错误地感知某种表象。当平均行为在不断减少变异的同时，这些传递中的错误则一直将变异输入到种群中。更进一步，某个人所犯的错误会影响其表现，并进而影响其学习者用来构建他们自己发 pf 音的方式。而且，尽管文化传递过程中出现了可遗传的错误，某些变异

---

[1]　Sperber 1996.

[2]　Bynon 1977.

总是保持不变，事实上这些错误确实会出现。

　　基于这种平均机制，文化变异既不是微粒也无法复制。一个孩子所采取的规则可能不同于任意一位榜样头脑中的规则。尽管如此，音韵系统仍然能以一种十分符合达尔文主义的方式来演化。如果更具吸引力的发音形式会对平均过程产生更大的影响，则该发音形式就会增加。从不同方面来影响发音的那些规则能够重组进而导致复杂音韵规则的累积性演化。事实上，该模型忠实地模拟了所有一般基因演化的通用属性。我们对这一点很有信心，因为人口遗传学已经用这样的模型来代表如身高等特征的演化，这些特征受到许多基因的影响，且每个基因的影响都十分微小。它们为遗传上更为真实的模型提供了良好的近似，同时也更容易分析。[1]

90

文化变异无须是微小的独立片段

　　许多人认为对文化演化采取达尔文主义方法就需要把文化分割成微小的独立片段，这对于许多将文化视为有着共同意义的整体系统的人类学家而言是一种诅咒。正如语言中的语法是由一系列相互依赖的规则组成的一样，文化的含义同样深嵌于亲属、宇宙、法律和惯例体系中。由于达尔文主义模型要求文化被分解为独立的片段，在这种观察下，达尔文主义模型必然是错误的。例如 Christopher Hallpike 抱怨道：

　　　　任何结构概念的缺失不可避免地使有关觅母与文化基因的案例变成了可笑而零碎的清单——例如 Dawkins 所说的语调、口号和制作盆罐的方法，Lumsden 与 Wilson 所说的食物品种、色彩分类、阿拉伯骆驼的六千种属性，以及引起交通堵塞的十秒减速。
　　　　事实上，关于文化基本单位的这些理论完全没有依赖于任

---

[1]　Cavalli-Sforza and Feldman 1976, 1981; Karlin 1979; Lande 1976.

何证据或社会学理论，而仅仅是被简单地提出来，因为如果想
要用自然选择的新达尔文学说来解释文化，没有一个像觅母或
文化基因这样的"单位"就非常不便，对这两者的量化使它们
可以被视为像基因一样在时间上连续可变。[1]

该批评并没有戳中要害。或许我们（和其他被我们说服的人）
之前在挑选简单案例来阐明想法时已经培养了这种观点，但我们的
理论绝没有要求文化变异是微小的文化片段。人们或许会在庞大而
相互联系的文化复合体之间进行选择——说西班牙语还是瓜拉尼语，
仍然做天主教徒还是加入基督复临安息日会；或许在更小且更松散
的知识点间进行选择——在单词词尾发 r 音或不发，或许是关于避
孕的道德问题的不同观念。**正式**地说，达尔文主义方法同等地适用
于这两种情况。我们追踪种群中所呈现的不同变异——案例表明它
们是微小的独立片段或巨大的独立复合体，并试着解释哪些过程引
起了变异间的此消彼长。无论这些变异是个体的发音规则还是整个
语法，该逻辑同样适用。

文化不是结构紧密的整体

文化是否为结构紧密的整体是一个重要的现实问题。尽管对该
问题的系统性关注出乎意料的少，但大量的观测数据却与它有关。
我们认为这些数据表明文化是一个复杂的结构混合体，某些文化变
异连接成统一的整体，而其他变异则杂乱地游移于文化与文化之间。

语言学证据表明即使是隐藏在语言背后紧密相连的规则，有时
也会分离并重组。词汇、音韵规则和语法都能独立地分离和重组，
因而单一语言的不同构成常常具有不同的演化史。从英语的历史可
见一斑，英语辞典中的一些单词来源于法语，其他一些则来源于德

---

[1] Hallpike 1986 (46).

语。在德语中，宾语有时在句子中位于动词之前，而法语的宾语则总是在动词之后。尽管大多数的英语口语词汇都来源于德语，但英语还是采用了法语的语法。大多数英语语音继承了日耳曼语；但与德语不同的是，英语区分了 [v]（如 veal）和 [f]（如 feel），这显然是受到了诺曼人"外来语"的影响。语言学家 Sarah Thomason 和 Terrence Kaufman[1] 提供了其他语言中的许多例子，包括在坦桑尼亚北部使用的玛语，该语言的词汇与库希特语族相关而语法则与班图语族相关。他们总结道："任何的语言学特征都能从任意一种语言转移到任意其他语言中。"[2] 他们进而论证是社会、政治和文化交互的模式决定了语言间相互影响的程度与类型。

尽管语言学数据表明任何语言学特征都能从一种语言扩散到另一种语言，但也同样表明不同特征扩散的速率依赖于一系列语言学和社会因素。最重要的语言学因素似乎是被语言学家称为"类型距离"的因素，类型距离测度了两种语言的结构相似度。给定其他条件相同，越相似的两种语言间借用的比率越高。反过来，结构越高级的语言，其扩散和重组的速度也越慢。词汇与词汇之间或多或少地相互独立，因此当两种语言发生交互时它们最先扩散。曲折形态（如因人物、时态或动作类型而不同的动词形式）就处于一个复杂的多维系统中，因此其扩散非常缓慢，除非与临近语言的曲折形态有着相似的结构。[3] 例如，即使只有少数丹麦人在很短时间内占据了一小部分英格兰，挪威语对英语语法仍然有着显著的影响，这是因为挪威语和古英语之间的类型距离很小。扩散的速度和方向同样受到许多社会因素的强烈影响，例如双语化程度、双语者使用每种语言的情境，以及使用不同语言的两个群体的相对威望[4]。

有良好的证据表明语言并不能很好地预测物质文化——这是用

[1] Thomason and Kaufman 1988. 另见 Thomason 2001。
[2] Thomason and Kaufman 1988.
[3] 同上。
[4] 同上。

来称呼人们所使用的各种工具、容器、住所和衣服的人类学术语。最近的某项比较研究了 19 世纪早期新几内亚北部许多沿海村庄中收集到的人工制品种类与那些村庄现在所使用的语言之间的关系。[1] 当村庄间的距离保持不变时，在所使用的语言与人工制品的种类之间并没有什么联系。这意味着距离三万米远且语言紧密相关的两个村庄，其物质文化的相似程度并不会比距离三万米远且语言毫无关联的两个村庄更高。在非洲和北美洲的研究也得到了相同的一般性结论。[2]

大量详尽的证据表明，文化是一些相互关联的要素的松散混合。关于某些重要的文化相似性或差异无法与语言学差异相对应的例子不胜枚举。例如，男女性的割礼是横跨中东非的常见风俗，尽管那些践行者说着大相径庭的语言。加利福尼亚的橡实—鲑鱼狩猎采集者与西南部种植玉米的农民都有着各种各样的语言群体。一方面，宗教行为——包括大平原上的太阳舞、横跨中亚的伊斯兰教，以及美拉尼西亚的千禧年运动——的传播与当代拉丁美洲新教主义的传播都为文化实践横跨多文化及多语言的传播提供了额外的案例。另一方面，礼仪实践与宗教信念体系在不同文化间广泛扩散而仍具有可识别性，这表明构成它们的信念合理且紧密地整合在一起并形成了凝聚力。一些学者，如哲学家 Georges Dumézil，[3] 则论证了文化有一套核心信念，是它们创造了文化跨越千年的连续性。

种群思维有助于解释文化一致性中的变异

文化并非由独立演化的片段组成，而是信念和价值观部分整合而成的复合体，但这并不会给我们运用达尔文主义方法带来困扰。

---

[1] Welsch, Terrell and Nadolski 1992.

[2] Jorgensen 1980; Hodder 1978.

[3] Dumézil 1958；Hallpike 1986；Mallory 1989，第 5 章。

正相反，基于种群的演化理论所拥有的工具能帮助我们更清楚地了解该整合的程度、模式和过程。这里我们所说的整合意味着文化的各种成分基于某种原因而在空间或时间上共同变化。因为基于种群的文化理论关注变异的模式，从而为描述整合的模式提供了框架。

　　一种变异的存在有时并不会创造对其他变异的任何偏好或厌恶。辞典中经常有这样的案例，你可以用西班牙语借用词 arroyo 来代表一条干的水沟，却不必用 gato 来代表猫。在该案例中，来自不同种群个体的相互混合具有消除种群间差异的强大趋势，能够摧毁之前存在的任何结构。另外，如果你从一个人那里学会了一套东西而从另外人那里学会了别的东西，则混合的效应就受到了限制。这也许会在种群内部产生独立的亚文化，这些亚文化甚至可以在单一个体中共存。例如科学的亚文化与攀岩的亚文化可以保持一致，和谐共处，且在英语国家中这两个群体共享同一种语言。甚至还有一小部分科学家既攀岩又说英语，但他们显然不会形成攀岩科学家或者英语科学家的亚文化。爱好攀岩的科学家也不会付出特别的努力来使其学生成为攀岩者，或者劝说他们的攀岩同伴成为科学家。成为一名科学家对成为一名成功的攀岩者可能没有任何影响，同样也不会比任何一份中产阶级工作对你的社会地位有更多影响。在该案例中，演化过程对这三种特质的复合体中的每个部分都具有独立的效应。然而，某些特质的演化却会被其他演化显著地削弱。

　　当要素间的相互作用很强时，有偏传递即使面临着混合的巨大压力，仍然能建立起一致性。假定攀岩能够提高认知技能，而这一效应对自然环境科学家（如地理学家、气象学家等等）尤为有用，但是它们有损于其成为优秀的生物学家且对社会科学家们来说着实是一种误导。那么攀岩者将倾向于成为特别成功的环境科学家，却是很差劲的社会科学家。如果成功的环境科学家倾向于吸引更多的学生，这些人又向其导师既学习科学又学习攀岩，那么攀岩和环境科学之间的关联将会出现。另外，很少有成功的社会科学家是攀岩者，且他们不会鼓励其学生培养这种兴趣，成功的社会科学家也许

94

会倾向于踢足球。最终，某种一致特征的复合体可能会出现并将自然科学家与社会科学家区分开。自然科学与社会科学之间的鸿沟确实存在，尽管我们没有理由认为攀岩或者足球对两者的疏远起到了任何作用。

为何费心于演化模型？

演化模型并不是研究人类行为和人类社会变迁的唯一途径。长期以来，历史学家以及关注历史的其他学者已经在不涉及演化、演化力量或任何类似实物的情况下研究了社会变迁。历史学家寻求产生特定系列历史事件的可信的叙事性解释，并发展出了回答诸如何种动机导致了大陆会议在 1776 年宣布美国独立这种问题的严格方法，[1] 其目标是叙述事件的真实历史。历史学家一般会回避使用可应用于多种案例的简单抽象模型，他们将努力集中于在特定历史框架中对事件进行充分解释。这种方法无疑在解释当代人类社会变迁上颇有建树，因此历史学家有理由问，为什么我们要放弃它而转向支持基于过程的简单模型呢？

答案在于，你并不一定要在抽象的简单模型和丰富的历史解释95 之间进行选择，这些解释方法是互补而不是竞争的。[2] 历史学家当然是正确的：文化演化的每个具体问题都嵌于一个复杂的偶然性历史框架中，且所有事件的起因都位于该框架中。然而基因演化也是如此，演化生物学家同样要面对复杂性和多样性。生物学家需要研究上百万个物种，它们有着海量的特征和复杂的历史，还要研究许多种群在复杂群落中的交互。成功的田野生物学家一般从青少年起就

---

[1] Brown 1988. Vayda 1995 论证了这种解释较一般的过程性解释来说更受偏好和更值得关注。

[2] Boyd and Richerson 1992a.

沉浸于自然史中。[1] 如果他们追随许多历史学家和人类学家的实践，他们将放弃自然选择这一概念并简单地认为生活于特定地点和时期的特定有机体，其生命中的具体事件引起了某些基因的扩散及其他基因的消亡。归根结底，这些局部原因实际上是自然选择在具体条件下的表现。[2]

尽管有着上述共同点，生物学家一般却偏好于简单的解释模型。为什么呢？答案在于这种解释模型并不是代表着规律，而是可以根据不同状况选择是否使用的工具。好的模型就像是好的工具：它们以在某项工作上的杰出贡献而著称。能够适用于广泛多样的研究的简单模型是生物学家工具包中尤为有价值的一部分。

这个充满着此类模型的工具包可以带来三个重要的好处。首先，它很经济。任何有趣的问题其复杂性都需要艰难的思考，这些思考很可能比任何研究者自己所能承受的更多。许多人花费数年或至少是数月才发展出现有的模型，单个研究者几乎不可能发展出

---

[1] 达尔文将他的大学生涯"浪费"于跟着他的狗穿越乡村，打鸟捉虫，在 Adam Sedgwick 的引导下思考地质学。这样一位博物学家所写下的细致内容必然能够与民族志学者和历史学家相匹敌。某些博物学家深情地述说着用双眼观察大自然的复杂与多样是多么愉悦。E. O. Wilson 在 1984 年颂扬大自然工艺的著作《亲生命性》就是绝佳的例子。达尔文《物种起源》的最后一段和《贝格尔号军舰环球考察记录》的许多章节也是如此。那些最了解 W. D. Hamilton 的人透露他首先是一个勇敢而狂热的博物学家。这些同样可以用来形容最近逝世的演化理论学家 John Maynard Smith。我们之中的一位（Richerson）花费了大量的精力试图了解某种最简单的生态系统——湖泊生态学，且对于任何想要论证我们人类比一般生态系统更为复杂的人类科学家，他都能举出生态系统的复杂性和多样性的例子。Jonathan Weiner 在 1994 年的著作《雀喙之谜》中对演化生物学家如何将自己浸润于他们所选"系统"的细节中有着恰当的描述，该书描写了 Peter and Rosemary Grant 夫妇对达尔文所说加拉帕戈斯群岛的雀类演化的精彩研究。这诚然是一项顶尖的研究，但是每一份关于演化的正经田野研究至少都期望获得对其具体事件的解答，这些事件最终会被概括为某种力量选择性地作用于某种特质之上。

[2] 其他作者使用模糊的或者不同的论证想要表明由于文化与基因演化存在某些差异，从而应当以完全不同于研究基因演化的方式来研究文化演化。事实上，由于这两个演化体系在大体上很相似，它们都成为"依样画葫芦"式分析的牺牲品。适用于其中一种的分析模式其实不适用于另一种！见 Sober 1991 以及 Marks and Staski 1988。

任何有当前一半好的东西。一个坚持从画草图开始完全靠自己制造所有工具的技工不可能像一个在五金店中购买工具的技工那么高产。当现存的模型不起作用时，尽管它们不会主动提供其中的原因，但仍会为接下来的行动——通常是对现有模型的修正——提供线索。

其次，简单模型就好像在一片繁杂的汪洋中提供了概念清晰的岛屿。尽管本书并不涉及文化演化的正式模型，[1]但我们对文化演化的主要思考仍然借鉴了人口遗传学、博弈论和经济学中的数学形式主义。这三个学科都热衷于**简单**的**一般化**模型，且这些模型可以避免推理中的严重错误，而这些错误在弃用此类模型的学科中太过于频繁了。[2]

第三，通过使用一个标准化的概念工具包，我们增加了在复杂和多样的人类行为中发现有用属性的概率。就这一点而言，演化生物学和生态学并不缺乏令人振奋的结果。尽管历史偶然性和局部独特性显然会有影响，但我们仍能在我们所研究的世界中发现某些一般性模式。[3]从工具包理论的角度来看，每项研究都提供了一些有关特定工具在特定环境中成功或失败的信息。你的同事提供了可运用

[1] 对该问题完整的数学分析见 Boyd and Richerson 1985 以及 Cavalli-Sforza and Feldman 1981。我们在后面章节中将大量引用这些文献以及其他正式的理论研究。

[2] 例如，考古学家经常用种群压力来解释很长时间跨度内的现象，例如农业的起源。对人口学性质和演化时长建立基本模型可以发现，事实上导致动植物种植驯养的变化是如此**缓慢**以至于人口学过程既不能解释农业的出现，又不能解释其变化率（Richerson，Boyd and Bettinger 2001）。与有机体演化相同，种群压力确有着重要的作用。马尔萨斯人口论所说的种群倾向——即**迅速**增长至环境饱和——使得变异间发生竞争从而促进了选择。事实上，在一般的演化时间跨度中，我们假设作用于短时间跨度内的种植驯养过程产生了某些平均水平上的种群压力，因此其在演化过程中就不会被限制速度。在一代又一代的微观演化背景下，该假设也许会被违反，因而模型需要修正。

[3] Endler 于 1986 年对自然环境下自然选择力量模式的分析是我们面对多样性和复杂性时所能获得的各种普遍性中的良好案例。选择力量常常十分强大，在 Endler 的评述对此提出假设之前，这常常比演化论者所能想象的力量更为强大。我们还从跨文化数据分析（先驱性研究包括 Murdock 1949，1983 以及 Jorgensen 1980）中了解到文化变异并非毫无模式。

于工作的工具，而你又通过表明哪些工具有用而哪些没用向有着相似问题的研究者提供了力所能及的帮助。通过发展出更好的工具并不断积累有关有用理论模型的经验，科学才得以进步。[1]

达尔文主义工具有助于得到正确答案

我们赞成社会科学家改变他们的研究方法，通过引入生物学思想来**补充**他们常用的工具包。很自然，他们中有许多人都会厌恶这种自身学科以外来路不明的建议。哲学家 Elliot Sober 在一篇论文中就表现了这一常见的反应，他认为社会科学家对基于种群的文化演化模型并不感兴趣，因为文化演化依赖于学习规则。[2] 正如他指出的：

> 我的怀疑主要是因为这些模型关注于传递系统和适应度差异的**结果**，而非它们的**来源**（他所看重的）。[3]

要理解某些想法何以能够扩散而另一些却不能，需要知道人们的学习规则，他们的传递偏倚等。为什么某人率先发明了某种文化变异？为什么它对别人具有吸引力？你必须知道哪些想法会被模仿而哪些会被忽略。Elliot Sober 认为这些知识并不来源于达尔文主义模型，相反它们必然来源于某些其他理论。给定学习规则，达尔文主义模型能够预测文化变化的轨迹，但根据 Elliot Sober，这些远没有人们的偏好那样能够引起社会科学家的兴趣。换句话说，Elliot Sober 认为基于种群的理论将所有重要的东西都当作给定，并关注于事实上没人关心的东西。社会科学的关键部分并不涉及种群层面的属性，与生物学案例不同，这里种群层面是微不足道的。这一批

---

[1]　上述论证归功于 Wimsatt 1981 的工作。
[2]　Sober 1991.
[3]　Sober 1991 (18).

97 评与其他很多人的想法——文化演化与有机体演化是如此不同以至于种群层面的过程无关紧要——有共通之处。

该论断有三个错误。首先，它假设基于内容的偏倚是影响文化变迁唯一的重要过程，这显然是错误的。偏倚是很重要，但像自然选择之类的过程也很重要，这一点只能从替代性文化变异的种群动态过程来理解。其次，它假设一旦知道了人们的学习规则，知道了他们如何做出选择来模仿和施行何种文化，就能够轻易地预测演化结果，或者换句话说，我们都是有着出色直觉的种群思考者。即使是在相对简单的演化生物学世界里，许多经验也表明并不如此。最后，偏倚是基因与文化演化过程交互的结果。理解规则的演化需要一种理论，该理论能够解释规则如何影响社会环境从而影响可得的社会信息。

结论：我们准备好开始工作

现在我们已经向你介绍了文化演化的达尔文主义分析方法的所有关键内容。

达尔文主义分析方法的基本步骤是：

· 草拟一个个体生活史的模型；

· 建立与生活史相一致的个体层面的文化（以及基因，如果相关的话）传递模型；

· 决定考虑何种文化（以及基因）变异；

· 建立与生活史和变异相一致的个体层面的生态效应模型；

· 将个体层面过程嵌入到种群中进行放大；

· 通过一代又一代地重复单期模型在时间上进行延展。

在一个理论模型中，最终的产出将包含代表上述每一步骤的数学项和运算。建立在这些原则上的庞大模型集参见我们早先的同类书籍和工作。[1]在一项经验调查中，我们想要尽可能地描述和测度上述内容中所有我们能控制的部分。

事实上，为了在理论或经验工作上取得进展，你不得不接受简化，简化，再简化。达尔文主义传统鼓励我们将问题模块化并逐一地处理这些高度简化的片段。我们喜爱简单的模型，它们是对真实世界深思熟虑的抽象。我们同样喜爱抽象的实验，它们只将现实中微小的一部分引入到实验室中。我们喜爱那些清晰展示某一过程效应的田野数据，厌恶因几个过程交织而产生的无法研究的混杂数据。我们并不是具有这些偏好，而是认为真实世界通常与这些简单模型、实验和田野情况很相似。一个明智的科学家不会认为有机体或文化世界的复杂性可以被归纳到少数基本自然法则之下或者可以被小范围实验所描述。演化科学的"简化论"完全是策略性的，在面对数量可怕的多样性和复杂性时我们只能尽力而为。简单而经由深思熟虑的非现实模型以及高度控制的实验具有伟大的探索价值，因为它们捕捉到了现实世界中的可控部分，我们用它们来规范直觉。我们从事的经验研究必然是关注某一现象——如技术、政治或艺术——的有限方面，因为我们没有精力或资源做得更多。我们寻求所能找到的最简单的真实案例来证明我们的模型和实验或多或少具有正确性。[2]

我们希望你的思维能跑在前面并预期到对这一文化演化基本图景的修正和拓展。如果是这样，你可能已经处于未知的领域中了。探索的可行之路与已取得的成就密切相关。在后面的部分，我们将就文化演化的几种其他力量重复本章的练习，即根据现有证据检验模型结果，并大致地描述出我们所认为的人类文化演化过程的基本图景。如果我们对你最喜爱的领域有失偏颇，则希望能给予你自主完成的工具。你自己总不会伤害自己。

98

---

[1]　Boyd and Richerson 1985; Cavalli-Sforza and Feldman 1981.

[2]　详细论证见 Richerson and Boyd 1987。

第四章　文化是一种适应性

本章中我们将花费大量的笔墨来讨论为什么文化是一种适应性。与学生、朋友和同事之间的讨论让我们预料到许多读者会把这当作是浪费时间和精力的可笑行为，社会学习的优势似乎很明显，个体学习的成本较高，没有社会学习每个人就必须自己学会所有的事情。教学、模仿以及其他形式的社会学习让我们继承了大量有用的知识而不必花费学习的成本。事实上，我们自己已经对此作了确切的论证，其他一些颇有建树的作者也做了相关论证。[1]

不幸的是，尽管这种逻辑符合直觉，却是错误的。正如我们将看到的，如果社会学习的唯一好处在于它让大多数个体避免了个体学习的成本，那么它演化出来就没有问题。但是有一点很重要，在演化均衡中社会学习并没有增加模仿者或种群的适应度。其原因在于，模仿者是占别人便宜的寄生虫，他们对于种群适应当地环境的能力毫无贡献。为了说明这一点，想象一下一个种群中所有人都只通过模仿来获得某些行为，那么每个人都会仿效别人，而别人又仿效另外的人，如此循环往复。因为没有人会学习，所以他们与环境状态并无关联，其行为也不具有适应性。

这就给我们留下了一个谜团：文化显然具有高度的适应性。它允许人类种群积累出复杂而高度适应的工具和制度，这些又使得

---

[1] Boyd and Richerson 1985; Tobby and DeVore 1987; Rosenthal and Zimmerman 1986; Pinker and Bloom 1990.

人们将他们的范围拓展到全球的每个角落。问题是，这是如何做到的？

人类物种的独一无二性加深了这一谜团，如果文化如此伟大，为什么许多其他物种都没有文化？查尔斯·达尔文少数的几个错误之一就是他确信模仿能力是一种常见的动物适应性。如相机式眼睛等许多其他复杂的适应性在很久之前就演化出来了，它们从相互疏远的谱系中独立地演化出来并在大多数后代中得到继承。尽管许多脊椎动物确实有着形式简单的文化，但与人类相比，只有很少的其他物种才勉强能算是复杂的社会学习者。为什么自然选择无法将这些前文化系统扩展到和人类一样的水平，就像它将简单的眼睛变成复杂的眼睛一样？为什么文化不早点在多数物种中演化出来？如果人类中存在的先进文化并不令人费解，那么它在其他物种中的稀缺性则必然令人费解。想象一下只有人类具有复杂的眼睛而其他脊椎动物都是瞎的或几乎是瞎的。我们将这些令人苦恼的话题统称为适应主义困境。对人类的思考越深入，我们就显得越奇怪，不仅仅是在文化适应性上。

在本章中我们试图弄明白模仿其他人为何能增进个体适应度，以及这一优势何时会变得显著。我们首先呈现一些数据，这些数据强烈地表明甚至猴子和我们的猿类伙伴，其由社会学习获得的行为也只占它们行为的很少一部分。这一事实表明人类的社会学习不是社会性和个体学习能力的副产品，而要有专门的心理机制。然后我们假设这些机制可能是由自然选择所塑造的，并探究文化是如何以及何时具有了适应性。接下来我们探究人类文化的这种规模程度为何在其他物种中如此罕见。最后，我们使用人类起源的宏观演化数据和其他谱系中的平行事件来检验我们的社会学习模型所提出的假设。我们想出了一个能解决适应主义困境的解释，当然你可以有自己的想法，我们从没想过这将是盖棺定论。

为何要研究适应性？

我们认识一位女士，她和她的女儿会玩创造性游戏。在每个高端的炊具店中都有一个小物件区域——即一面挂着各式各样便宜小工具的墙，每样小工具都是用于辅助一项特定的厨房任务的，比如取樱桃核，制作玫瑰形萝卜或剥芦笋。当这位女士或她的女儿碰巧走进一家这种商店时就会走到小物件区域，购买她所能找到的最为奇怪和用处不明的小物件，去掉说明和任何其他对这个小物件用途的暗示，然后将它送给别人。这个游戏的目的是让获赠者找到这个小工具的用途。[1] 这有时候十分困难。图 4.1 展示了这些小工具中的一个。它很复杂而且显然是为某些东西而设计的，然而是为什么而设计的呢？研究一下这个工具，如果你不得不放弃（我们也是这样），翻到本书第 163 页，它的功用会被揭晓。这很令人惊讶吧？除非你了解这一工具的用途，否则你很难明白它的各部分是干什么的以及如何运作；而一旦你知道了这一工具的用途，它如何运作就是显而易见的了。

生物学家也正是因为这个原因而要研究适应性。植物和动物都有着非常复杂的精巧设计，它们的许多部件以复杂的方式相互作用。生物学中最重要的一个目标就是理解有机体如何运作，而解决这一任务最有用的工具就是各部分都具有适应性这一可行假说。例如，

研究双贝壳类软体动物复杂进食器官的科学家假设这些器官是为了从水中提取微小食物而设计的，这一假设为理解这些器官中各式各样的部分如何运作提供了一项有力的工具。相同的研究方式被用于研究行为。研究大山雀的人假设这些鸟的觅食策略最大化了它们的能量摄入速率。这有利于理解细节性的觅食行为：这些鸟应该吃哪些东西？它们应当在一块地上待多久？觅食时间、飞行时间和被捕

---

[1] 探索频道播放的家庭琐事节目也和观众进行了类似的游戏，叫作"猜猜工具"。

图 4.1　一个神秘的工具

食者吃掉的风险是如何影响这些决策的？[1]

令人惊讶的是，目前对适应性的研究颇受争议。已故的古生物学家 Stephen Jay Gould 和演化生物学家 Richard Lewontin 已经说服了包括不少社会科学家在内的许多人适应性解释常常是不正确的。[2]他们的立场是有机体的许多特征是历史偶然或其他特征适应性变化的副效应，因此提出适应性解释必须要十分谨慎。

我们非常反对这种说法。当然，有机体没能很好地适应它们当前的环境有许多可能的原因。那些不为人知的权衡可能会导致我们感兴趣的特征的演化被其他特征的变化所影响，遗传或发展的约束可能阻碍了自然选择实现最优的形态或行为，可能环境变化得如此迅速以至于选择无法跟上。然而，单单这种机制的存在并不能证明 Stephen Jay Gould 和 Richard Lewontin 对适应性解释极端保守的态度是对的。此外，仅当非适应性特征比适应性特征普遍许多，或者误用适应性解释的成本比误用非适应性解释的成本高得多时，这种

---

[1]　见 Stephens and Krebs 1987，其中有许多案例。

[2]　Gould and Lewontin 1979.

怀疑才能被证明是正确的。我们不认为这两样中的任意一种成立。

我们在自然界中看到的许多变异很可能都具有适应性。一些研究表明有机体有着精妙的设计，并且来源于生物学各个领域的大量证据都表明了所有类型的特质都能从促进成功繁殖的角度来理解。在演化生物学家 Richard Dawkins 的著作《盲人钟表匠》（*The Blind Watchmaker*）中，他引用了人类的眼睛作为复杂有机体设计的例子。眼睛具有大量的复杂结构，它们被精细地安排在一起以实现视觉。除了自然选择外没有任何机制能解释这一适应性复合体的存在。比较性研究表明物种间眼睛结构的差异是对不同环境的适应，例如鱼的眼睛与人类和其他陆生哺乳动物的眼睛不同，鱼的眼睛有一层球状的透镜。该透镜的折射指数会缓慢地从表面部分与水相同的折射率变化到中心部分比水高得多的折射率。该透镜的设计使得鱼类能够保持一个完整的 180 度可对焦半球形视野却不需要肌肉来拉伸透镜的形状，陆生生物不可能采用这一设计。无论是鱼类的眼睛还是人类的眼睛都必然有一层角膜，这层透明的覆盖物在允许光线进入眼睛的同时保护了其所包裹的眼睛内部。由于空气的折射率比任何组织的折射率都低，人类的角膜起到了透镜的作用，这就不需要保留透镜要素的设计。相反，鱼的角膜具有与水非常接近的折射率，从而对进入的光线没有影响。[1]

对一个中性或适应不良的特征进行适应性分析的成本并不是特别高，比较典型的是，适应性分析为许多仍然未解的特征提供了详细的预测，这些解释常常可以通过研究自然界中生物的结构和行为来得到检验。相反，基于随机历史事件或发展性约束的解释通常难以检验，因为它们涉及很久以前的事件或者不为人知的权衡。我们应该对随意接受关于所观察特征功能的"凑合的"适应性解释保持谨慎，在这一点上 Stephen Jay Gould 和 Richard Lewontin 是正确的。但是我们应该同样地谨慎，或者更为谨慎地对待随意接受那些包含

---

[1]　Nilsson 1989.

了神秘不明事件或权衡的"凑合的"非适应性解释的行为。

文化是人类的衍生特征

　　某些动物具有社会传递的传统，这些传统使得生活在相似环境中且基因上相似的种群之间具有行为差异。我们将文化这一术语应用于人类，在这个意义上，一些观察者想要和我们争论这些传统是否能被视为文化。那些倾向于在我们人类与野兽之间保持距离的人认为在其他动物中观察到的传统缺乏人类文化的必要特征：传统被象征性地编码并广泛共享。[1]相信人类与其他动物间具有连续性的人则认为那些否认非人类动物具有文化的人使用了双重标准——如果其他灵长类的某种行为差异在人类种群中被观察到，人类学家肯定会把它当作文化。[2]

104

　　尽管我们非常尊重置身于这些争论中的学者们，但仍认为这一争论就是浪费时间。就像四肢是从鱼鳍演化而来的，允许人们通过观察他人进行学习的机制一定是由我们祖先大脑中的同源机制演化而来的。此外，人类中文化传递的功能与在其他物种中的类似功能关联颇多，无论它们涉及的心理结构是否源自于一个共同的祖先结构。对人类文化演化进行研究的一个必要前提是对人类文化行为与其他有机体的潜在同源和功能类似的行为作比较，不过也要区分人类行为与其他有机体行为的差异，因为有充分的证据表明人类文化与其他物种的类似行为有着重要差异。

行为的社会传递很普遍

　　许多动物的行为差异都可由社会传递，这与人类文化很相似。

---

[1]　例如 Tomasello，Kruger and Ratner 1993。
[2]　例如 McGrew 1992。

在一篇有关觅食行为的社会传递的综述中，比较心理学家 Louis Lefebvre 和 Boris Palameta 提供了 97 种动物通过社会学习获得变异的例子，这些动物有狒狒、麻雀、蜥蜴和鱼等。[1]对其他动物中的文化来说，最为详尽的工作则当属对鸣禽及其歌曲方言的社会传递的研究。

历时 30 余年的非洲田野调查表明，黑猩猩在生存技巧、工具使用和社会行为方面表现出了文化差异。[2]例如，坦桑尼亚马哈勒山脉的黑猩猩常常采用这样一种梳理姿势：搭档双方将一只胳膊伸过它们的头顶，握住手，然后梳理对方露出的腋窝，这种梳理中的握手常常出现且被所有的群体成员所运用。而居住在不超过 10 万米远的相似栖息地——贡比鸟兽保护区——中的黑猩猩虽然经常梳理但从不运用这一动作。在塞内加尔的阿西里克山，黑猩猩在使用树枝钓取白蚁前会先剥掉它们的树皮，而贡比的黑猩猩虽然使用相同的植物作为钓白蚁的工具，却丢弃树枝而只使用树皮。住在象牙海岸的塔伊森林中的一些黑猩猩种群用石头作为锤子来砸开硬壳坚果，它们还用这些锤子敲打其他石头和裸露的树根，而附近种群的黑猩猩虽然能接触到相同的坚果和适用的石头，却并没有这么做。灵长类动物学家 William McGrew 综述了有关野生种群中黑猩猩使用的工具的所有田野观测，[3]并论证了黑猩猩复杂的工具传统可以媲美已知现代人类的最简单的工具集——塔斯马尼亚土著所使用的工具集。[4]

迄今所知，红毛猩猩使用工具而倭黑猩猩（即"侏儒"黑猩猩）和大猩猩不使用工具。苏门答腊部分地区的红毛猩猩用树枝来从尼

---

[1]　Lefebvre and Palameta 1988；对模仿演化的分析见 Moore 1996。

[2]　Wrangham 1994; Whiten et al. 1999; McGrew 1992.

[3]　McGrew 1992.

[4]　塔斯马尼亚的工具集非常简单，我们在本章后面还会讨论到。请注意这个工具集也许包含了许多在考古学记录中未被保留下来的工艺制品，这一点也是很重要的。

喜果外部的刺激性毛中提取出富含能量的油性种子，[1]苏门答腊其他地区和婆罗洲的红毛猩猩通常不使用工具，即使尼喜果在这些地方也很常见。这些地理性模式似乎不是生态差异的结果，因为尼喜果的种子就单位时间所能获取的能量而言无疑是最好的食物，且不太可能是任何环境因素使得身处其中的红毛猩猩不吃这些它们能吃的种子。

在少数的案例中，科学家观察到了新行为的扩散。最著名的例子是日本幸岛的猕猴群体，它们的居住范围中有一片海滨沙滩。这些猴子以甘薯为食，一只年轻的雌性猴子在把甘薯上的沙子擦掉时碰巧将她的甘薯掉到了海里。她一定非常喜欢这个结果，因为她开始把她所有的甘薯都带到海水中清洗，其他的猴子跟着学样子，不过，群体中的其他成员花费了相当长的时间才学会这种行为，且许多猴子从来都不清洗它们的甘薯。另外一个例子来自心理学家 Marc Hauser 的研究，她看到一只老年雌性长尾猴把金合欢的豆荚浸泡在树干凹槽中的水坑里，浸泡了几分钟然后吃掉了豆荚。尽管对该群体中猴子的定期观察已经进行了许多年，但这一行为在之前从没被看到过。在九天的时间里，这只老年雌猴家庭中的其他四位成员就学会了浸泡它们的豆荚，且最终群体中 7/10 的成员学会了这一行为。

有关非人类物种中的社会学习最令人震撼的田野证据来源于灵长类之外的物种，如鲸鱼。动物学家 Luke Rendell 与 Hal Whitehead 最近研究了有关鲸鱼的数据。[2]与黑猩猩一样，对座头鲸、抹香鲸、虎鲸和宽吻海豚的研究都表明了数量可观的地理性行为差异，这些差异的分布范围从发声到进食策略，且似乎是由文化传递的。齿鲸（抹香鲸、虎鲸和海豚）居住在稳定的母系群体中，居住在不同母系中的动物的行为常常十分不同，即使它们有着相同的环境。这些行

106

---

[1] Van Schaik and Knott 2001.

[2] Rendell and Whitehead 2001.

为可能十分复杂。一些虎鲸母系会故意让自己搁浅来捕捉海豹。观察表明，模仿甚至由母亲教授是学习这一冒险行为的方法。座头鲸会合力吹出气泡来形成一个网把猎物集中起来以便接下来的捕捉。在缅因湾，观察者注意到一种新的拍打尾片的行为出现在了气泡形成之后，这可能是被用来打昏或迷惑它们的猎物。这一行为就像文化传递一样以指数形式传播到附近的其他鲸鱼中。此外，田野观察表明其他动物如鹦鹉[1]和大象[2]也具有复杂的文化结构。

田野证据的问题在于很难分辨行为是否真的是由文化获得的。例如，很难排除环境中有某些不明差异从而产生了相邻黑猩猩种群在工具使用上所观察到的不同这一可能性。但是，研究人员也在实验室中研究过社会学习，在那里就可以控制个体和社会学习的机会。实验证据表明包括歌曲方言、对新食物的偏好和觅食策略在内的许多行为都是由社会传递的。最有名的案例是鸟类——如白冠雀——歌曲方言的传递，[3]这些鸟拥有一种特殊的社会学习系统来模仿当地成年鸟的歌曲模式，歌曲在不同的地方之间有差异，这些不同的地方性变异被称为方言。实验表明没有听到过同种歌曲的幼鸟，它们唱出的歌曲比它们物种的典型歌曲简单得多。然而，如果幼鸟接触到唱着地方性歌曲方言的成年鸟，它们就获得了那个复杂的方言。比较心理学家 Bennett Galef 和他的学生发现当沟鼠从觅食的路上返回时，它们会从同巢同伴的皮毛气味上了解到新的食物。[4]Louis Lefebvre 和他的同事研究了鸽子和它们的近亲，他们发现存在着对食物获取策略的社会传递。[5]即使更为低级的生物，如古比鱼[6]，也有证据表明它们会在受控条件下进行社会学习。这些实验都提供了

---

[1] Moore 1996.

[2] McComb et al. 2001.

[3] Marler and Peters 1977; Baker and Cunningham 1985; Baptista and Trail 1992.

[4] Galef 1996.

[5] Lefebvre and Palameta 1988.

[6] Lachlan, Crooks and Kevin Laland 1998.

动物能相互学习新行为的有力证据。[1]

累积文化演化事实上很少见

　　尽管研究人员对非人类动物中的文化有所争议，有一点却非常明确：只有人类展现了许多累积文化演化的证据。我们所说的累积文化演化指的是经过许多代人的传递和改进变得更为复杂的行为或人工制品。人们可以对传统接二连三地增加创新，直到其结果就像是极度完美的器官，就像眼睛一样。即使像狩猎采集者的矛一样简单的工具也由好几种元素组成：一个精心处理过的流线型木杆、一个敲打出来的石头尖端和一套将石头固定在杆上的系统。生产矛的各个部分需要用到其他一些工具：刮刀和扳手用来制造笔直的杆子，刀子用来为固定系统切割绳子，锤子用来敲打出石头尖端。正如我们在第二章中所解释的，如此复杂的人工制品不是由个体发明的；而是通过许多代人逐步地演化出来。在非人类动物中，累积文化演化的证据十分缺乏并富有争议。社会学习导致了个体自己学会的行为得以扩散，然而在许多案例中，这些传统是短暂的。例如，沟鼠经常自己尝试新的食物并最终在无须社会提示的情况下吃到大多数它们能找到的可食用食物，但它们同样会忘记几天前刚刚吃过的食物——它们的传统不会超过一星期左右，除非这种食物持续出现从而形成了强化。

　　一些非人类社会传统确实是持久的，并且基于个体难以自己学习的创新之上。在一个以色列的松树种植园中，黑鼠使用一项简单

---

　　[1] 大多数实验室研究者对基于田野研究的文化属性深表怀疑，要了解这些争议见 Rendell and Whitehead 在 2001 年的文章所收到的评论。实验员认为在缺乏控制性实验的情况下无法获知所观察到的行为是否是由文化传递的，而田野工作者也同样认为实验室环境没有给动物提供很多展示它们最佳策略的机会，而且看起来具有复杂行为的动物——如黑猩猩和虎鲸——在实验室中是最难处理的，他们认为对复杂文化的证明是强有力的。

却很难发明的技术从松果中提取种子，种子呈螺旋形生长并被坚硬的鳞片所保护，饥肠辘辘的幼鼠会尝试剥落松果的鳞片，但这一技术所需的能量比它们吃到这些种子后获得的能量还要高。有知识的黑鼠会首先去除基部不含种子的鳞片，接下来沿着螺旋旋转直到它们到达第二行并打开种子。[1]动物学家Joseph Terkel和他的合作者们用实验方法展示了幼鼠从它们的母亲那里学会了这一"螺旋"技术。这个诀窍很简单，但是受试的老鼠没有一个通过个体试错学会了这项技术，一定是有一只很幸运或者很聪明或者坚持不懈的老鼠发明了这一传统。与沟鼠不同，当地黑鼠种群间显著的传统差异是因为这种特征很难自己学会，只有通过社会学习才得以继承。[2]鸟类如白冠雀中的歌曲方言有着多种元素，每代鸟都通过聆听其他鸟来学习当地方言的细节之处。然而，错误和抽样差异仍然引进了创新，有时这些创新还能在当地种群中扩散开来。结果，歌曲的方言就能够被追溯到许多代以前，或者是地理上十分遥远的地方，就好像人类的方言一样。[3]一些田野观察——诸如座头鲸在气泡形成之后增加拍打尾片的动作和黑猩猩用锤和铁砧打开坚果的技术——可以证明几个连续的创新创造了具有一定复杂度的文化。Hal Whitehead预测虎鲸的捕食策略将最终在它们的复杂性和多样性上展现出与人类的相似性。

人类文化需要相应的心理机制

大量证据表明，通过观察获得新行为的能力对累积文化演化而言是至关重要的。研究动物社会学习的学生们会从社会传递中区分出观察性学习和真实模仿（下文中仅称为模仿），当动物通过观察更

[1]　Chou and Richerson 1992; Terkel 1995; Zohar and Terkel 1992.

[2]　Galef 1988.

[3]　Slater, Ince and Colgan 1980; Slater and Ince 1979.

有经验的同类来学习一种新行为的时候，模仿就发生了。[1]越是简单的社会传递就越常见，[2]例如，当特定地点年长动物的活动能力能够促进年幼动物前往该地点并依靠自己学会年长动物的行为时，局部强化就出现了。因此，经常陪伴着母亲去白蚁窝的年幼黑猩猩比起那些母亲从来不捉白蚁的个体更有可能学会捉白蚁的技能。一种类似的机制，即刺激强化，则出现于当某个社会提示使得给定的刺激对动物具有凸显性的时候。例如，同巢穴伙伴身上散发出的食物气味使沟鼠在觅食时更有可能采集这些食物。在这两种情形中，年幼的个体都无法通过观察年长的个体来获得执行这一行为的必要信息。相反，是其他个体的行为使得这些年幼个体更有可能通过与环境的相互作用来获得所需的信息。

　　局部强化、刺激强化和模仿都能导致种群间持久的行为差异，但只有模仿才能引起复杂行为和人工制品的累积文化演化。[3]为了明白其中的原因，请试想一下使用石质工具的文化传递。假定一个早期的原始人通过自己的努力学会了通过击打岩石来制作有用的石片工具，她身边的同伴也置身于同样的环境，他们中的一部分可能也会完全依靠自己学会制作石片。这一行为可以通过局部强化保存下来，因为使用这一工具的群体会花费更多的时间去寻找适合的石头。然而，这将会同制作工具一样艰难。即使一个天赋异禀的个体发现了一种改进石片的方法，比如把背部磨钝以保护手掌，这一创新也不会传播到群体中的其他成员那里，因为每个个体不得不独立地学习这一行为，而个体学习既耗费时间又充满偶然性。局部强化和刺激强化受到个体学习能力的限制，每个新手都必须凭借从其他动物那里获得的寥寥线索进行胡乱尝试才能起步。模仿允许每个新的创

109

----

　　[1]　模仿有时意味着对动作模式的生搬硬套，但我们用它来指代个体通过观察他人而学会如何行事的任意学习模式。因此，举个例子，通过听别人说话来学习语法规则在我们看来就是模仿。

　　[2]　Galef 1988; Visalberghi and Fragazy 1991; Whiten and Ham 1992.

　　[3]　Tomasello and Ratner 1993.

新都添加到个体的行为列表中，因为关于如何执行这一行为的信息是通过观察其他个体的行为来获得的。观察者能够迅速而准确地学会榜样的行为并以此为起点，这样一来模仿就会导致行为的累积演化，没有单个个体能够依靠自己就发明出这种累积演化。

许多证据都表明其他动物中的前文化传统通常并不是模仿。首先，正如我们已经说过的，许多社会学习行为——如日本猕猴的洗甘薯——相对简单而且每一代的个体都可以独立学会。其次，如洗甘薯这样的新行为常常需要很长的时间才能在整个群体中扩散开来，这种速度与每个个体依靠自己学会行为的速度更为一致，只是得益于刺激强化或局部强化的微弱提示。最后，能够将模仿和其他形式的社会传递如局部强化区别开来的复杂实验室实验通常无法研究观察性学习，除了一些鸟类特有的歌曲学习系统。[1]

累积文化演化所形成的适应性并不是智能和社会生活的副产品。我们说"猴子学样"，并且将猿当作表示模仿的动词使用，但事实上比起人类而言，猴子甚至猿类都不是非常聪明的模仿者。最好的证据来自于比较儿童和猿类模仿能力的实验。[2]灵长类动物学家Andrew Whiten 和 Deborah Custance 设计了一个人造"水果"，即一个里面放有食物的坚固的透明塑料盒。实验的参与者能够通过操纵一个由螺栓或针柄装置组成的门闩来打开盒子。实验的参与者是八只三到八岁的黑猩猩和三组平均年龄分别在两岁半、三岁半和四岁半的儿童，他们将先观察一个熟悉的人展示特定的技巧来打开水果盒，随后自己尝试打开它。实验人员记录了参与者是否使用了他们所看到的技巧。在大多数测验中，黑猩猩的模仿表现要好于随机情况下的标准。然而，两岁半的孩子却做得更好，且越是年长的孩子相较于黑猩猩而言越是更娴熟的模仿者。

---

[1] Galef 1988; Whiten and Ham 1992; Tomasello and Ratner 1993; Visalberghi 1993; Visalberghi and Fragazy 1991. 但 Heyes 1996 提供了对该证据的另一种非常不同的看法。

[2] Custance，Whiten and Fredman 1999，以及 Tomasello 1996。

心理学家 Michael Tomasello 和他的合作者进行了类似的实验，实验向黑猩猩和小孩子展示了如何使用耙子状的工具来获得本来够不到的食物。那些看过专家演示的黑猩猩比没受过训练的黑猩猩在用工具获得食物奖励方面要更成功，但是它们并没有精确地模仿出演示者所使用的方法，而小孩子遵循了他们所看到的方法。Michael Tomasello 用模拟而非模仿来描述猿类的技巧；猿类通过观看演示者学会了某件工具可以被用来产生某些想要的效应，但是它们并不会密切注意工具的使用细节。小孩子的模仿是如此忠实以至于他们会坚持使用没有效率的技巧，而黑猩猩则常常会放弃这一技巧而选用更有效率的技巧。一般来说，小孩子并不比黑猩猩更聪明，但是比黑猩猩更有模仿能力。[1]综上所说，这些实验表明猿类和人类的社会学习有所不同，儿童会非常忠实地进行模仿而猿类会进行模拟或至少是不那么忠实地模仿。

虽然手头的证据表明其他动物中大多数的文化传统并不是模仿的产物，但是保持适当谨慎也是应该的。消极的结果总是难以解释；实验可能因为多种原因而失败。最近一项对狨猴模仿行为的研究清晰地表明设计更好的实验可能探测到更广泛物种的模仿行为。[2]有关宽吻海豚的实验数据表明它们是声音与动作的杰出模仿者，这与田野证据是一致的。[3]因此，我们不能宣称模仿是人类独有的。然而，现有证据表明：（1）其他物种中的累积文化演化非常稀少，并且可能不存在；（2）甚至与我们最接近的亲属，即黑猩猩也依赖于与人类不同的社会学习模式。

迄今为止，我们没有任何可信的证据来说明任何其他物种具有像石头或长矛那样复杂的文化元素。基本的观察学习模式确实存在于黑猩猩、红毛猩猩、鲸鱼、乌鸦，以及各种各样的夜莺和鹦鹉

[1] Whiten 2000认为模仿和模拟之间的差异在于量上。显然，人类和黑猩猩社会学习技巧的确切差异还没有被准确定位。

[2] Heyes and Dawson 1990; Voelkl and Huber 2000.

[3] Herman 2001.

中，[1]但是，正如达尔文指出的，在人类与其他动物之间存在着一条
"鸿沟"。没有任何其他物种会像人类一样如此依赖于文化，且似乎
没有任何其他物种擅长于将一个创新累积到另一个创新之上来创造
极为完美的文化演化适应性。事实上直到大约 40 万年前，没有证据
表明人类能够制造像石头或长矛这样复杂的工具。

顺便说一句，我们对于其他物种中模仿和累积文化演化的缺乏
而感到失望，我们希望未来的研究能够展现非人类物种中更复杂的
社会学习。人类与其他动物之间的鸿沟越靠近，我们就越能使演化
学家和社会科学家接受比较性分析的方法。尽可能精确地估计出这
个鸿沟的宽度是一件苦差事，且当前的最优证据对我们来说似乎倾
向于支持该鸿沟比达尔文所想象的更大。[2]这一事实使得适应主义者
陷入了我们在本章开头提到的困境中。在本章的剩余部分，我们将
文化视为一个适应性系统来探索这一谜题。

文化为何具有适应性？

在 1988 年，人类学家 Alan Rogers 公布了一个理论模型，该模
型展示了模仿的重大好处在于避免学习成本，但仅仅这一点不足以
解释人类文化的演化起源。至于为什么，让我们看看 Alan Rogers 的
论证吧。

降低学习成本可能演化出文化，但并不能增加适应性

Alan Rogers 的结论基于一个有关假想有机体的模仿行为的简单

---

[1] Pepperberg 1999; Moore 1996; Connor et al. 1998; Heyes 1993; Dawson and Foss 1965; Van Schaik and Knott 2001; Russon and Galdikas 1995.

[2] 达尔文和他的某些早期追随者认为，准确模仿甚至是昆虫的特征；在这许多物种中观察到的低层次社会学习将会令他感到惊奇（Richerson and Boyd 2001a；Galef 1988）。

演化模型，这些假想生物居住在两种环境中，让我们称之为潮湿的环境和干燥的环境。在每一代，环境都有一个固定的概率随机从潮湿环境转化为干燥环境，也有相同的概率从干燥环境转化为潮湿环境。长期来看，环境以同样的可能性处于这两种状态中的一种。转换概率是对环境可预测性的一个度量，当环境经常变换时，对某一代环境状态的了解就无法告诉你有关下一代环境状态的信息；相反，当环境转换没有那么频繁时，过去一代的环境可能与当前一代的环境相同。有机体可以采取两种行为中的一种，即在潮湿条件下最优的行为或者在干燥条件下最优的行为。它们有两种可能的基因型，即学习者或复制者。学习者会自己判断环境是潮湿的还是干燥的，并总是采取适当的行为。然而，学习过程具有成本，因为试错学习既消耗时间又消耗能量。复制者简单地挑选一个随机个体并复制它的行为，复制者无须付出学习成本。因此，复制对生存或繁殖不具有任何直接效应，但是复制者可能会获得对于它们所处的环境来说是错误的行为。接下来，Alan Rogers 使用了一些简单而巧妙的数学方法来计算长期中哪种基因型会胜出。[1]

112

　　答案令人惊讶（至少对我们来说是如此）。演化的长期结果总是一种学习者和复制者混合的状态，其中两种类型都具有和不存在复制者的纯个体学习者群体中的成员相同的适应度。换句话说，自然选择青睐于文化，但是文化在均衡时并无益处。比起没有任何模仿的状态，有机体没有任何改善。为了理解这一违反直觉的结果，把Alan Rogers 模型中的模仿者看作信息搜集者，而把学习者看作信息生产者。[2]信息生产者需要承担学习成本，当搜集者很少见而生产者很常见时，几乎所有的搜集者都会模仿生产者。大多数搜集者会获得与生产者相同的优良信息并从中获益，但不用承担生产的成本。

---

　　[1]　Rogers 1989；Boyd and Richerson 1995表明Rogers的结果可以推广到远远不止简单模型的范围。

　　[2]　Kameda and Nakanishi 2002.

然而当搜集者很常见时，他们常常会相互模仿。如果环境发生改变，任何模仿搜集者的搜集者都将陷入错误的信息中，而生产者将会作出调整。当生产者的生产成本刚好等于环境改变时搜集者犯错的成本时，系统就均衡了。在演化均衡时，搜集者相对于生产者没有任何优势，两种类型都确切地处于所有生产者所处的位置。此外，这一理论结果是稳健的；你可以通过许多方式改变这一模型，但是只要模仿的唯一好处是避免学习成本，你就会得到相同的答案。从关于人类的实验到关于鸽子的实验都表明存在着信息搜集，[1] 或许很多简单文化的案例甚至人类文化的一些方面都类似于 Alan Rogers 的模型。

对于大多数人来说，这一结果令人困扰，因为这与他们对文化在人类物种中扮演的角色的直觉相冲突。自从工具和其他文化证据第一次出现在考古记录中，人类物种就已经将他们的范围从非洲的一部分扩展到了整个世界。人类总量增长了几个数量级，终结了许多竞争性物种和被捕食的物种，且急剧地改变了地球生物圈。Alan Rogers 的模型一定是不完善的，文化具有适应性。然而，要指出这一简单的生产者—搜集者模型中的错误是一项有趣的任务，因为其缺陷将有助于我们找出是文化的哪些特征对我们超乎寻常的成功起到了关键作用。

文化是一种适应性，因为它使个体学习更有效

从成本收益的角度考虑模仿行为，就能发现 Alan Rogers 模型中遗落的关键要素。只有当社会学习增加了生产信息的个体学习者的适应度，而不仅仅是那些模仿者的适应度时，它才提高了种群的平均适应度，换句话说，增加模仿者的比例必然使得信息生产更廉价或更准确。我们已经想出了在两种情况下会发生这种事情。

---

[1] Kameda and Nakanishi 2002; Lefebvre and Geraldeau 1994.

模仿容许选择性学习

　　模仿可能会通过容许有机体在学习时更具有选择性来增加学习者的平均适应度。在学习过程中，个体有时很容易判断最佳的行为，而有时却难以判断。不会模仿的有机体必然会依赖于学习，并且接收自然提供的所有信息，不论好坏。例如，考虑个体想要决定两种觅食技巧中的哪一种更好，他用两种方法都进行了尝试并选择了收益更高的那一个。由于产出会受到多种因素的影响，个体的尝试可能常常会产生误导性的结果——在尝试阶段产生更高回报的技术可能在长期中只有较低的回报。在没有模仿的情况下，每个个体都必须基于它们可得的信息来作决定。即使尝试表明两种技术具有相同的回报，个体也必须决定采纳哪一个。

　　相反，具有模仿能力的有机体就可以慎重选择，当学习廉价又准确时就学习，当学习可能既昂贵又不准确时就模仿。例如，个体可以采用条件性法则，如"试验两种技术，如果一种技术的产出比另一种的两倍还多就采用这种技术；否则就使用母亲使用的技术"。使用这种法则会使得这些个体比总是依赖于学习的个体要更少犯错误。这会使得他们经常模仿，但不是一直模仿。一条更为严格的法则——如仅当一种技术的产出比另一种的四倍还多时才采用它——将进一步减少学习者所犯的错误（从而增加他们的适应度），但是也会进一步增加模仿个体的数量（这导致那些依赖于模仿的个体更容易受到环境变化的影响）。在这个模型中，每个人既生产又搜集，其行为依赖于环境。现在，增加模仿的频率就增加了学习的平均适应度，因为仅仅依赖于更为确定的信息这种做法削减了学习的成本。同时，更高频率的模仿又降低了模仿的适应度收益，因为种群无法像学习频率较高时那样紧紧跟随环境的变化。最终达到均衡时，个体以最优的比例进行学习和模仿，在环境线索不明显时较高的学习成本和模仿过时信息的风险之间进行权衡，但此时的平均适应度要比完全依赖于个体学习的原始种群要高。通过选择性学习，个体就

114

获得了学习与模仿这两者的大部分优势。

模仿容许累积性进步

模仿容许习得的进步一代又一代地累积起来，从而增加生物的平均适应度。迄今为止我们仅考虑了两种可以相互替代的行为，许多种行为都可以通过不断进步达到更优，如在木矛上增加一块锐利坚硬的石头来替代仅仅把木头本身削尖。个体通过模仿获得关于最优行为的最初"猜测"，之后投入时间和精力来提高它们的功用。例如，一个制作长矛的人可能做些小修改使矛柄变细以便于直线飞行。对于给定的时间和精力，个体最初学习的传统长矛越优秀，平均来说他的最终表现也越优秀。现在想象一下环境会发生变化，因此不同的行为在不同的环境下分别是最优的。有时一支粗壮到足够刺杀缓慢移动的大型动物的长矛是最佳的；而有时一支细长而符合空气动力学，从而能射杀更迅捷的小型动物的长矛会更好。还有些时候折中的设计可能是最优的。那些不会模仿的有机体必定是从它们基因型所提供的最初猜想起步，接下来它们进行学习并改进其行为。然而，当它们死了，这些改进与它们一同死去，而它们的后代必须再次从基因上继承最初猜想起步。相反，模仿者能够在父母通过学习对行为改进之后获得该行为，因此，模仿者将比纯粹的个体学习者从更接近最优设计的地方开始探索，且可以有效地将精力投入到下一步的改进之中。然后它们可以将这些改进传递给它们的孙辈，长此以往直到演化出十分复杂的人工制品（并且可以重新演化以满足不断变化的环境约束）。科技史学家已经十分完善地说明了这种一步步的提高如何逐渐衍生出多种多样和高度发展的工具及其他人工制品。[1]即使是看上去如此简单的物品，如长矛、锤子、餐叉、纸夹和我们神秘的小工具，它们都是经历许多代人逐步累积提高的产物。

[1]　Basalla 1988; Petroski 1992.

文化何时具有适应性？

什么样的环境会青睐于复杂的，能够产生累积文化演化的模仿和教学系统？这一文化体系的好处何时会抵过它可能产生的成本，比如为了精确模仿而具有大型大脑的昂贵成本？这些都是关键性问题，因为人类物种对文化的极端依赖从根本上改变了演化过程的许多方面。文化的演化潜力使得前所未有的适应性（比如以与陌生人合作为基础的现代复杂社会）成为可能，而某些同样惊人的适应不良（如同样是现代社会中的生育衰微）也一并出现。弄清楚在什么情况下选择会青睐于对模仿的强烈依赖，这对我们理解自己是什么样的动物而言十分重要。

引致变异的力量

在我们关于适应性文化传递的基本模型中，个体通过无偏模仿或一些其他形式的社会传递来获得信念和价值观。它们可以基于在自主学习中花费的精力来调整它们的信念和价值观，从而不再盲目坚持传统。根据人们自身的经验，他们可能会调整现存的信念，甚至发明新的信念。当这些人接下来被模仿时，他们就传递了调整过的信念，而下一代则可以进行更多的个体学习并进一步发展这些信念。当一代人的信念通过文化传递与下一代相联系时，学习就能导致通常具有适应性的累积性变化，我们说这种变化来自于**引致变异**的力量。这个系统有点像一个想象的遗传系统，不过其中的突变倾向于增强适应度而不是随机的。

和有偏传递一样，引致变异依赖于学习规则，且可能有许多相同的心理机制在支撑着这两种过程。由于这两者都依赖于决策规则，我们将它们共同称为决策动力。然而，这二者之间同样有着重要的差异。有偏传递来源于已经存在于种群中的不同文化变异之间的比较，因此有偏传递是一种类似于自然选择的淘汰过程。种群中的某

116

些变异比其他变异更可能被传递，从而扩散开来。因此，像自然选择一样，有偏传递的力量依赖于种群中的变异数量。当某种受偏好的特质很少见时，只有少数人有机会将该特质与另一个不太受偏好的特质相比较并从中受益。当受偏好的特质变得越来越常见，更多人将会获得这一比较优势，受偏好的特质的增长速率就会增加。随着受偏好的特质变得更为常见，具有不受偏好的特质的人会越来越少，从而变化率将再次下降。

引致变异的作用机理十分不同，因为它不是一个淘汰过程。个体通过某种形式的学习来调整他们自己的行为，而其他人则通过模仿来获得这些人调整过的行为。因此，引致变异的力量并不依赖于种群中变异的数量。每个个体都有着同样信念的群体和个体有着不同信念的群体，它们同样容易被引致变异所改变。这一区别意味着当受偏好的特质很少见时，由有偏传递和引致变异所导致的文化变迁路径将会十分不同。如果偏倚力量必须等到某个受偏好的变异被偶然引入才能发挥作用，那么该过程将会十分缓慢，直到数量可观的个体获得了该变异。与此相反，当特质很少见时，个体学习者的影响力更大，并潜在地推动了受偏好的新特质以一种比只有随机变异和偏倚（或者偏倚和自然选择）的情况下更快的速度开始演化。尽管有偏传递与自然选择之间有着重要的相似性，引致变异却并非如此，作为文化变化的来源之一，它在基因演化中并没有很好的对应物。[1]

当学习有难度且环境不可预测时文化具有适应性

引致变异和有偏传递的力量会影响文化变异的可遗传性，当这些决策动力很弱时，大多数人最终拥有了与他们父母和同学相同的信念，即文化差异是可遗传的。例如，微弱的决策动力是解释弗莱

---

[1] 尽管有证据表明分子表观体系也许体现了类似的动态学，见Jablonka and Lamb 1995。

堡和草原明珠这两个伊利诺伊农庄中务农实践的信念和价值观变化缓慢的一种方式。在认为务农是一种有价值的生活的人群中长大的德裔小孩最终也具有了同样的自耕农价值观，在持有企业家价值观的人群中长大的扬基孩子同理也具有企业家价值观。现在比较一下受到强大决策动力影响时的信念，比如说一个人应该使用机械还是使用化学除草剂来抑制杂草这种情况。假定几乎每个人都尝试了除草剂并认为除草剂比机械更好，那么现在人们的信念与他们的成长氛围毫无关联，而是与他们基于自身经验的决策相关，于是此时文化差异并不具有很强的遗传性。

当决策动力较弱时，文化变异是高度可遗传的，这意味着其他依赖于可遗传变异的演化过程能够运行下去；当决策动力较强时，很少存在可遗传变异，其他过程也就不具备什么影响力。记住，自然选择青睐于自耕农价值观，因为持有这种价值观的人会拥有更大的家庭且更有可能继续务农，但是仅当决策动力较弱时选择才会产生如此有趣的效应。假定有偏传递十分强大，以至于几乎每个一开始持有自耕农价值观的人都会转向企业家价值观，而几乎每个一开始持有企业家价值观的人都保持不变，在很短一段时间之后，每个人都会具有企业家价值观，且不存在任何文化变异让自然选择或进一步偏倚发生作用。对除草剂的使用也是如此，假定使用除草剂实际上会降低收益，但看到令人厌恶的杂草渐渐死去比它们在机械方法下不能被赶尽杀绝可能更大快人心，于是农民经常会高估除草剂的价值。现在尽管作用于农场的自然选择偏好于机械方法，使用除草剂的农民会获得较低的收益并因此更可能被市场淘汰，但是，如果有偏传递对适应不良的引导力量足够强大，那么几乎所有的农民都将错误地使用除草剂，而自然选择将失去效果。[1]

118

---

[1] 正如我们在第三章中看到的，当有多个吸引因子时，偏倚和引致变异会有不同的作用方向；当这种情况发生时，引致变异会使得种群发生演化以使得每个个体都具有接近某个吸引因子的信念。如果这些吸引因子之间不存在强大的偏倚，则较弱的选择过程仍然具有重要性。

在下一章中，你将会看到文化演化如何能够导致那些很难被简单的适应性所解释的结果；这很重要，因为它使得扎根于基本达尔文主义的理论能够产生足够丰富的不同结果以解释人类行为的复杂性和多样性。然而，仅当存在充分的可遗传文化变异时，这些过程才具有重要性。是否存在某些情况，其中自然选择会偏好于那些无偏传递的文化变异，从而支持可遗传文化变异呢？或者简言之，什么时候自然选择会偏好于做某些事情"仅仅是因为"其他人也这么做？你可以把相应的答案当作是对任意社会传递系统的一个基本解释。所有的有机体都有办法来调整它们的行为和身体结构以适应当地环境，什么时候选择会偏好于一套高成本的系统来把这些调整传递给下一代或其他社会学习者呢？

我们已经使用了数个有关模仿的数学演化模型来分析这一问题，所有模型的结果都是相同的。[1] 只要个体学习容易出错或成本高昂，而环境既不频繁变化又不过于稳定，那么选择都会偏好于对模仿的强烈依赖。当这些条件满足时，我们的模型表明自然选择会青睐于那些几乎不关注自身经验，并且几乎完全受 Francis Bacon 所说的"习俗的死亡之手"束缚的那些个体。

这个结果十分符合直觉。如果人们能够准确地决定最优行为，那么就不需要模仿，直接做就好。你不需要观察你的邻居在雨天躲到棚子下面或者在大热天寻找树荫。如果环境在迅速变化，复制过去起作用的东西就毫无意义，因为对父母起作用的东西在今天毫无作用。无论你对于最优行为的猜测是多么容易出错，都一定好过模仿那些过时的行为。要使得模仿是有益的，环境变化必须足够缓慢，以至于经过许多代人由社会习得的不完美信息，其积累起来也要比个体学习更优，但是环境变化也不能太慢，以至于在自然选择的作用下先天直觉就已经够用了。

这些模型以一致而符合直觉的方式解释了为什么文化能力会演

---

[1]　Boyd and Richerson 1988b, 1989b.

化出来，但是给定环境总是在变化，根据模型的预测似乎文化应该
比它现在要更为常见。确实，我们在模型中假设的文化相当简单，
而简单的社会学习系统也很常见，研究非人类社会学习的学生有理
由为这一理论而高兴。然而，我们坚持这一确凿的事实，即人类通
过使用罕见的复杂文化而取得了压倒性的成功。

这些模型对文化的适应性属性作了准确的叙述吗？不幸的是，
我们并不知道。演化生物学家通常会运用比较方法来检验这些模型，
但是在这一案例中，人们不得不搜集一定范围的物种，这些物种就
它们依赖于社会学习的程度而言各有不同，然后看看模型中所预测
的环境是否真的产生了更多的社会学习。然而在其他动物中，有关
社会学习成本收益的数据是如此缺乏，以至于这种检验在当前是不
可行的。有趣的是，最著名的动物社会学习系统出现在沟鼠和野鸽
中，这些动物和野草一样在各种各样的广泛环境中都表现出色，尤
其是在被人类侵扰的栖息地中。如果对动物社会学习更为广泛的比
较研究能够表明环境多变性与社会学习能力之间的显著相关性，则
该模型将会得到支持。

两种更具适应性的文化机制

在试着找出人类文化适应性之谜的原因之前，让我们再多一点
积累。这里我们介绍两种变异，它们具有的偏倚力量能够进一步促
进文化演化的适应能力。迄今为止，我们已经考虑过为何以及何时
自然选择会青睐于精确的模仿，我们已经假设人们拥有能力——尽
管是有限的——来判断可相互替代的信念与价值观的优劣，并在它
们之间做出选择。

这种模仿策略可以被看作用来在复杂和多变的环境中做出正确
猜测的启发法。心理学家已经研究了在我们有限的认知能力下，人
类将如何做出决策。例如，一个由 Gerd Gigerenzer 领导的团队调查
了"快速节约"的启发法，这种启发法可以在最小化数据要求和计

119

算投入的条件下迅速地对一系列问题产生正确的答案。[1]在一项实验中，Gerd Gigerenzer 的团队给美国大学生写着一对对德国城市的名单，并让他们判断哪一个城市相对更大。在这一案例中，美国人拥有的信息很匮乏，但是一个简单的启发法被证明十分准确。一个美国人听说过的城市——如法兰克福——几乎总是比他们没有听说过的城市更大，如比利菲尔德。许多"快速节约"的启发法几乎与最优的统计过程一样准确，且对于某些系列的问题它们常常做得更好一些。社会学习同样可以被看作是一种决策启发法，当不知道该怎么做时不要着急，向你的妈妈、爸爸或你最好的朋友学习一下。我们的引致变异模型表明，当你的个人经验不是非常有效时，这会是一个有用的启发法。

但是为什么要就此打住呢？决策者经常会发现其父亲的行为方式非常过时，他将会在错误的建议下使用蛮力试错来寻找解决问题的方案。对于一个更好的模型来说，有偏搜寻是相对低成本的选择。但是即使是我们所说的内容偏好——在现存的想法中仔细地货比三家——也可能涉及对良好数据的高成本搜寻，且如果使用统计与研究方法课程上所教授的方法对其进行计算，则这又可能成为一项苛刻的计算重任。我们文化的巨大规模和复杂性否定了我们能够使用代价高昂的启发法来使我们的行为决策发生偏倚的幻想。生命很短暂，而奖励则来源于认真对待它。如果现存的"快速节约"启发法要比引致变异和内容偏好的成本更低，但却仍然比仅仅盲目地模仿父亲要好，那么自然选择就会偏好于将这种掌控文化的技巧吸收到我们的锦囊里。毫无疑问，Gerd Gigerenzer 及其同事所研究的"快速节约"启发法常常以策略的形式被用来进行自身学习以及带有偏倚地获得文化变异。除此之外，文化提供了使用其他类型妙计的机会。我们想出了如下两个例子。

---

[1] Todd and Gigerenzer 2000.

模仿大众类型

想一下古语说的"入乡随俗",这一策略在十分广泛的条件下都具有很好的演化意义。包括引致变异、内容偏好和自然选择在内的许多过程都倾向于使得适应性行为比适应不良的行为更常见。因此,给定其他条件相同,模仿群体中最常见的行为比模仿随机的行为要好。我们将这个一般过程称为**基于频率的偏倚**,因为偏倚依赖于行为的普遍性,而不是像内容偏好那样依赖于其特征。如果我们十分看重大众的行为,那么我们就具有一种**遵奉偏好**。遵奉并不仅仅是简单的文化影响,而是根据特质的普遍性来对其榜样赋予不同的权重。如果你把你古怪的朋友 Jane 视为一个可爱的怪人,并且具有相同的倾向模仿她或是模仿你那些更为传统的朋友,你就没有实践遵奉偏好。如果你把她视为难以容忍的奇葩并主动避免模仿她,你就是一个遵奉者。如果你钦佩她充满勇气的独立性而特别倾向于模仿她,那么你就在运用**叛逆偏好**,我们在后续不会讨论这种叛逆偏好,虽然它具有一些明显的适用性,比如在这个对过热行业的蜂拥而至会拉低工资的世界上选择一份职业。

一个假设的案例说明了遵奉偏好为什么可能会被自然选择所偏好。试想一下正在将生存范围从热带草原扩展到温带森林的早期人类种群,从生存的角度很容易看到这两种环境所偏好的行为有很大不同,如具有最高回报的食物、觅食习性、建造住所的方法不同等等。然而,不同的栖息地可能也会影响社会组织的不同信念和价值观:最优的组群规模是多少?女性何时会接受成为男性的第二个妻子?什么样的食物应该被分享?个人在做这些决策时会碰到困难,结果在拓展边缘的先锋群体将缓慢地向着最具适应性的行为演化。这一改进会被热带草原的移民带来的信念和价值观所抵消,这些输入常常会引起森林种群的人持有一些更适合在热带草原上生活而非在森林中生活的信念。然而,一旦外部的森林种群被充分隔绝以至于适应性过程能够使最优变异成为最普遍的变异,模仿这些变异的人比起那些随机模仿的人而言就不太可能获得不适合的信念。如果这一遵奉偏好在基因或文化上可以被遗传，那么它将会被自然选择所偏好。

我们建立了遵奉者偏好演化的模型，来看看这些直觉是否正确。[1] 我们假设一个种群被细分为一些部分独立的局部群体，这些群体之间通过移民来相互联系。模型有两种环境状态，每个局部群体所居住的栖息地在这两种状态之间按照一个固定的概率来回转换。模型含有两种文化变异，其中一个在一种环境下更优而另一个在另一种环境下更优，像以前一样，个体对于哪种变异在局部环境中最优的信息是不完善的。不过，现在我们同样假设个体可以观察到两个以上榜样的行为。个体与个体在两个维度上有所不同，即他们模仿他人行为的程度（相对于依赖他们自己获得关于环境状态的信息），以及给定他们选择模仿的情况下，其受到榜样中更普遍者影响的程度。我们假设在两个维度中的差异都具备可遗传的基因基础。然后我们加总有偏社会学习、个体学习和自然选择的效应来估计这些过程对种群中文化和基因变异的联合分布的净效应。为了得到长期结果，我们将这一过程迭代了许多代。接下来我们要问，何种程度的遵奉传递会被自然选择所偏好？如果这是一个小组竞猜，你会猜多大的遵奉度才是最优的？

现在（请把装有竞猜结果的信封给我）胜出者是——一种强大的遵奉趋势。正如之前所说的，当环境变化缓慢且个人可得信息缺乏时，对社会学习的依赖是被偏好的，这两个因素导致演化出对社会学习的强烈依赖，两者的任意结合也同样偏好于强大的遵奉趋势。事实上，即使对社会学习仅有适度的依赖，选择也会偏好于强大的遵奉趋势。因此，社会学习的心理机制似乎真的应该被安排成让人们具有强烈的倾向去采纳他们周围大多数人的观点。每个抚养过

---

[1] Henrich and Boyd 1998. 其他处理见 Boyd and Richerson 1985，1996，以及 Kameda and Nakanishi 2002。

（或曾经是）青少年的人都知道人们有一种强烈的遵奉渴望，而大量社会心理学证据也证实了这一印象。社会心理学家 Muzafer Sherif、Solomon Asch 和 Stanley Milgram 所做的经典研究表明，个体会将其行为调整为和其他人一样。[1]Muzafer Sherif 使用了一个"自动的"程序来说明遵奉效应。被试坐在一个漆黑的房间里，在房间里有一个光点会在屏幕上出现几秒钟，尽管光点是静止的，但它看起来却好像是在移动，这是一个视觉感知方面的把戏。当询问被试光点移动了多远时，他们的估计大相径庭，但是平均上人们估计它移动了大约 4 英寸。尽管如此，具有不同观点的小群体会引起离经叛道者显著地改变他们的感知。例如，如果小组中另外两个人的最初估计分别为半英寸和 2 英寸，一个最初估计光点移动了 8 英寸的人会被引导为遵从 2 英寸的估计。[2]

大多数有关遵奉的研究并没有区分简单的文化传递和遵奉的曲线效应。例如，许多实验都有几个有着确定行为并通常十分古怪的同伙和一个真正的被试。被试在这种情形下相当具有遵奉性，但无论文化效应是否是遵奉主义的，他们都会这么做。同样，只有一小部分研究检验了遵奉效应会持续多久。如果遵奉仅仅是与群体保持一致的礼貌行为，且当个体离开群体时就消失，那么它就并不重要。

少数研究确实展现了持久的影响。[3]心理学家 Robert Jacobs 做的实验是最能说明问题的实验之一。他使用与 Muzafer Sherif 相同的自动程序，[4]并且设置了 2—4 个人组成的微型社会。在每一"代"，被试都会看到固定的光点并报告他们对光点移动的估计。之后，"最年

123

---

[1]　Myers 1993; Sherif and Murphy 1936.

[2]　另一个经典案例是 Asch 1956。有关遵奉的社会心理学文献广泛而丰富。在我们看来，遵奉文化传递是"信息遵奉"的一部分，并能导致相当持久的态度、信念、技术等等的变化。Aronson，Wilson and Akert 2002（第 8 章）提供了一个最新总结。在第七章中我们将介绍某些惩罚模型，不过我们没有将这些与社会心理学实验中所观察到的，对离经叛道者的强制社会化联系起来。

[3]　Boyd and Richerson 1985 (223-227).

[4]　Jacobs and Campbell 1961.

长"而富有经验的被试从社会中离开，一个新的蒙昧被试进入。这个
实验进行了十代人。为了创造出有趣的初始条件，第一代中的某些成
员是实验员的同伙。在一组对照实验中，Robert Jacobs 设置了两个三
人微型社会。在两种情况下，实验员的同伙都会汇报光点移动了 16
英寸，这是一个高度偏离的值。在一个实验中，社会最初的三个成员
里有两个是实验员的同伙，而在另一个实验里，最初的三个成员里只
有一个是同伙。当真正的被试面对两个同伙时，估计值与"正确的"4
英寸[1]移动的偏离程度要比那些群体中只有一个同伙的偏离程度高两
倍还要多。在两个社会中，最初偏离的榜样效应都是暂时的。两个微
型社会都向未受影响的蒙昧被试的平均估计值演化，尽管最初具有最
大偏离的社会花费了相当长的时间才达到均衡。在这个实验中，引致
变异具有足够的力量在长期中战胜遵奉偏好的效应。

　　遵奉在当代社会心理学家中并没有引起很多的关注；19 世纪 50
年代到 80 年代之间进行的工作仍然是现代教科书的主流。[2] 遵奉传
递仍然很少被研究，我们相信这说明了一个普遍现象。没有达尔文
主义学说的概念和工具，个体行为在种群层面的结果就是不符合直
觉的。凭直觉行事的社会心理学家并没有发现文化演化中遵奉的作
用，反之，与演化心理学先驱 Donald Campbell 一起工作的 Robert
Jacobs 则提出了这个演化问题并设计了合理的实验来回答它。达尔
文主义分析揭示了许多在很大程度上未被探索的问题，这些问题围
绕着有关文化传递的心理机制和影响我们从他人那里进行学习的偏
倚。在个体层面微小而无趣的效应在种群层面就成为有力的演化力
量，[3] 准确地了解个体如何使用他们的模仿启发法对于理解文化演化

[1]　编者注：16 英寸约 41 厘米，4 英寸约 10 厘米。

[2]　Myers 1993，第 7 章。

[3]　有些人喜欢把这种效应叫作涌现性，我们并不热衷于这个术语，因为各个不同
系统间的相关关系是如此多样。众所周知，天气是可压缩气流依牛顿力学运作而产生
的难以捉摸的结果，湍流的物理学与促进演化的生态学和生物学都相差甚远，将飓风
现象和适应性归于同一术语对我们来说没有什么用。

的速率和方向而言都是必需的，但有关这一问题的研究工作还没有开展。

模仿成功者

人们常常会模仿成功者，有抱负的流行歌手模仿麦当娜的歌唱风格和穿衣着装，而有抱负的 NBA 球星则模仿迈克尔·乔丹的突破上篮，他解决男性秃头的方法，以及——如果莎莉集团[1] 明智地使用它的资金的话——他对内衣的品位。从表面上看，这种策略似乎有些奇怪，但广告经理正是因为对我们了如指掌而赚得了可观的报酬。尽管其中有大众媒体名人的作用，成功对我们的吸引力仍然在适应性上具有许多意义，明确谁成功比明确如何成功要容易得多。通过模仿成功者，你有机会获得那些产生成功的行为，即使你完全不知道成者的哪项特征导致了他们的成功。如果你能准确地模仿他们所做的任何事情，你也应该是一个成功者，至少是基于文化上可传递的特征范围内的成功。即使对适应度最有贡献的确切行为很难估量，还是有一些与适应度相关的特质很容易被观测到，例如财富、名声和健康。如果确实如此，你可以试着模仿富人做的每件事情来努力获得使他们富有的那些特质，而不需要在现实中试着去找出财富是如何确切地产生的。我们将这一过程称为基于模型的偏倚，因为这一偏倚不依赖于文化变异自身的特征，而依赖于塑造变异的某些其他个体特征，如威望。人类学家 Joe Henrich 和心理学家 Francisco Gil-White 论证了我们把威望以及伴随着威望的偏好给予那些我们认为具有优越文化变异的人，以嘉奖他们能够与自己相伴并让自己获得模仿他们的机会。他们将人类的威望与更为普遍的统治现象进行了对比，在统治中强大或狡猾的个体能够从较弱的个体手

---

[1] 恒适品牌内衣的制造商。

里侵占资源。[1]我们除了威望偏好之外还可以想出其他形式基于模型的偏倚，但是我们在下文中将坚持使用这一更能引起共鸣的术语。

为了明白威望偏好是如何演化出来的，请再一次试想一下我们假想的，正从热带草原向温带森林扩张的早期人类种群。假设居住在森林中的个体有一段时间很难决定他们的最优行为，所以这些群体就包含了各种行为的混合，一些人结果很好而另一些人没有那么好。碰巧获得最优行为的人们平均来说将更为成功，他们会更健康并拥有更大的家庭或更多的政治权力。因此，模仿成功者的人将在其他条件相同的情况下更有可能获得局部适应的行为，如果模仿成功者的趋势是基因上（或文化上）可变的，则它将凭借自然选择而增加。

简单的数学模型表明威望偏好的力量取决于意味着成功的特质与引起成功的特质之间的关联，[2]它们还表明威望偏好会导致一种不稳定的失控过程，这就很像那些引起孔雀尾巴一样夸张特征的过程。

许多社会心理学实验表明我们倾向于模仿成功而有威望的人，甚至在与他们的成功没有明显相关的领域中也是如此。例如在一项研究中，实验员在三个情境下询问被试对于"学生激进运动"的看法，这三个情境分别为在听到某个被确认为该领域专家的人的观点之后，在听到研究明朝的专家的观点之后，以及作为对照组的没有听到任何人的观点之后。被试倾向于发表与两个专家相似的观点，而且他们有相同的可能性采纳研究激进运动的专家或研究明朝的专家的观点。[3]其他实验也佐证了这一预测，即当个体自己很难找出最优选择时，模仿有威望者的倾向会更明显。田野研究同样表明威望在社会学习中扮演了重要的角色，例如，人们经常运用威望偏好来获得新的特质并倾向于采纳地位高的"意见领袖"的行为。[4]这一点

---

[1]　Henrich and Gil-White 2001.

[2]　Boyd and Richerson 1985 (223–227).

[3]　Ryckman, Rodda and Sherman 1972.

[4]　Rogers 1983.

对于穷人和教育程度较低的人来说尤为如此，这些人只有有限的能力来承担直接评估创新的成本。有趣的是，穷人和教育程度较低的人通常模仿当地地位高的人，而非社会距离遥远的精英，因为他们的生活状况与这些人相差太大。一个贫困的土库曼牧人最好在牧场管理上模仿他更富有的邻居，而忽略来自科罗拉多、瑞士或新西兰的技术专家的建议。对方言演化的研究同样支持这一假设，当地有威望的妇女最有可能处于方言演化的最前沿。[1]事实上，有数据表明工薪阶层或中下阶层中受人欢迎的小女孩常常是美国城市中语言演化最重要的领导者。（我们用这个事实来取笑我们偶尔支持语言精英主义的同事以获得病态的快感。）人类社会中的威望模式与以下想法相一致：即获得威望的原因在于信息而非权力。例如，在许多社会里年长的人更有威望，即使他们自己和他们的政治盟友都不具备支配他人的权力。

这些用来获得文化的快速节约启发法让我们深深地陷入适应主义的困境中，一些简单的诀窍可用来提高文化演化出适应性的能力。与那些动物中普遍存在的，基于自我学习能力的个体学习和内容偏好相比，这些诀窍似乎更简单且成本更低。我们的模型似乎很好地支持了达尔文的直觉——模仿具有普遍性，但我们仍然陷于棘手的实证发现中，因为几乎没有其他物种像我们这样运用文化。许多物种都具有简单形式的社会学习，这应该为演化出更复杂的文化形式提供了良好的基础，但是文化似乎恰恰就是我们借以成为地球统治者的锦囊妙计，一定有一些非同寻常和十分重大的事情才导致我们这一奇怪的物种。一般来说，很少有人认为我们自己这个物种很奇怪。不知道为什么，作为一个不久前才演化出来，却经历了前所未有的爆炸式发展的物种，这对大多数人来说似乎顺理成章，就如同我们相信上帝是在他的想象中创造了我们一样。要让我们相信人类文化的存在是一个与生命起源一样深远的演化之谜，仍然需要一些科学

[1] Labov 2001.

理论。我们并非是在夸耀我们对文化适应主义困境有一个完全令人满意的解释，而是让我们在这一系列问题上继续探索，并看看是否能够看到一两束曙光。

拥有文化的能力何以演化出来

我们都会为小孩子具有的浓厚好奇心而感到惊讶、好笑，甚至有时精疲力竭。作为经常自夸拥有广泛深厚知识储备——尤其是我们将不同领域的专业知识融合起来的时候——的博士们，我们从 Peter 的第一个孩子身上学会了保持谦卑。他常常向我们俩同时或依次提出他最近的问题（更不用说向他的妈妈、Joan"阿姨"和其他附近的成人提问了），而且他常常很快就问倒了我们两个人，真是令人尴尬。他对诸如"我们就是不知道为什么会这样"的回答表示不屑一顾，并进一步问："那可能的原因是什么呢？"

127　　　哲学家 Robert Brandon 论证了为什么对可能原因的猜测在演化生物学中扮演了重要的角色（他称之为"可能是什么"的解释）。[1]他指出，演化的轨迹是如此复杂，以至于很少能得出对这些事情是如何以及为何发生的确切说明。演化过程太过复杂，而旧石器时代的环境和化石记录又太过零碎，我们无法做出对某些适应性是如何演化的确切解释。常常有多种假说和我们手上的所有数据相一致，且即使我们得到所有可能获得的数据，仍然会有几种假说成立。尽管演化生物学家对历史问题给出的各类适应性解释有时会被打上"不过是适应性故事"的烙印，Robert Brandon 论证了非适应性的解释也同样"不过如此"。没有任何关于有机体谱系演化的达尔文主义解释能够完全避免成为一个"可能是什么"的解释，不过，一些"可能是什么"的答案要比其他的更好。这是因为它们与可得信息更相符，它们更好地立足于理论，以及它们有利于开展后续工作。尽

[1]　Brandon 1990.

管我们永远不可能被"可能是什么"的解释所满足，但它们仍然能够催生可观的进步。

演化科学的典型轨迹是从一到两个简单的假设开始，这些假设虽然被证明充满错误，但仍然模拟了一连串的后续工作。有一段时间，貌似可信的想法数量迅速增加，而数据累积却越来越慢。在问题的这个中间阶段，不确定性事实上出现了增长，就好像我们对一个问题的调查越深入，对其中任何一部分的把握就越小。当然，这种状态来源于我们先前对该问题难度的无知和忽视。接下来经过艰苦的工作，当发现原有想法中缺点的速度比新想法出现的速度更快时，对现有理论的修补就开始了。我们可能永远不知道最后的答案，但我们最终知道的东西要比一开始工作的时候复杂太多。给定文化在人类行为中显著的重要性，文化演化理论应当成为"可能是什么"这一工作的核心。在这一想法下，我们从文化不断增长的复杂能力的演化视角为智人的起源提供了如下"可能是什么"的解释。

文化因其提供了有关可变环境的信息而具有适应性

即使是作为狩猎采集者，人类也适应了广阔范围内的不同环境。考古学记录表明，更新世的觅食者基本占据了非洲、欧亚大陆和澳大利亚的全部。有关那些闻名于历史的狩猎采集者的数据表明，为了开拓栖息地范围，人类使用了令人眼花缭乱的多样生存行为和社会系统。看下面几个例子：居住在高纬度北极地区的库珀因纽特人，他们夏季在麦肯齐河河口附近狩猎，而在漫长黑暗的冬季岁月里则居住在海水凝结的冰上以捕猎海豹为生。他们的群体很小并高度依赖于男性捕猎。居住在喀拉哈里沙漠中部的艾克索族以收集草籽、块茎和瓜类，还有猎捕黑斑羚和好望角大羚羊为生，他们要忍受极端的炎热，有时长达数月都没有地表水。无论艾克索族还是库珀因纽特人都生活在小型的游群中，这些游群相互联结成一个更大的父系集群。生活在富饶的加利福尼亚海岸，也就是现在的圣

128

芭芭拉周围的丘马什人，他们采集贝类与种子并在太平洋上用大型木板船打鱼，生活在大型的固定村庄中，有着劳动分工和广泛的社会阶层。

这些栖息地、生态环境和社会系统的种类要比任何其他动物物种都多得多。像狮子和狼这样的大型捕食者在动物中拥有最大的生存范围，但是狮子从来没有把它们的范围拓展到非洲及欧亚大陆西部的温带地区之外；而狼则局限于北美及欧亚大陆。这些大型捕食者的饮食及社会系统在它们所有的生存范围中都是相似的。它们通常使用下面两种方法中的一种来捕捉较少的几种猎物物种：在灌木丛中伺机而动，或偷偷地接近目标并迅速出击，一旦猎物被捉住，它们就用爪子和牙齿来对付它。Gary Larson 的动画捕捉到了大型食肉动物基本生活的简化版本，在动画中一只雷克斯暴龙思考着它每月的日程表——每天都标注着相同的"杀死什么东西并吃掉它"。相反，人类猎手使用大量的方法来获取以及处理类型广泛的猎物、植物资源和矿物。例如，人类学家 Kim Hill 和他的同事观察了阿切族，这是一群生活在巴拉圭的狩猎采集者，他们使用数量惊人的多样技术来捕捉 78 种不同的哺乳动物、21 种爬行动物、14 种鱼和超过 150 种鸟，这些技术的使用依赖于猎物、季节、天气和许多其他因素。有些动物需要追踪，这是一项要求大量生态和环境知识的高难度技能；其他一些动物需要通过模仿其求偶或悲痛的呼叫来把它们吸引过来；还有一些动物要用罗网或陷阱捕捉，或者用烟从地洞中熏出来，然后用手杀死动物，用箭、棍棒或者矛射中动物。[1]

而这还只是阿切族，如果我们把所有范围内人类狩猎的策略囊括进来，这张清单将变得无穷无尽。应用于植物和矿物上的技术清单也差不多这样丰富。在北极生存要求专业化的知识：如何制作防风雨的衣物，如何为烹饪提供光与热，如何建造皮艇和木架皮舟，

129

---

[1] Kaplan et al. 2000.

如何通过海面浮冰上的洞来狩猎海豹等。在喀拉哈里沙漠中心的生活同样要求专业化的，但却是十分不同的知识：如何在旱季找到水，这么多植物类型中的哪一种可以吃，哪种甲虫可以被用来制作箭上的毒药，以及追踪的高超技艺。在温和的加利福尼亚州海岸，生存可能会容易很多，但是与小型且平等的库珀因纽特人与艾克索族人游群相比，要在阶层化的丘马什村落中取得成功仍需要专业化的社会知识。

所以也许人类是比狮子更多变，但是其他灵长类呢？难道黑猩猩就没有文化吗？难道不同的种群就不会使用不同的工具和捕食技巧吗？毫无疑问，类人猿确实显示了比其他哺乳动物更广泛的捕食技巧，更复杂的食物处理方式和对工具的更多运用。[1]然而，相比于人类的狩猎采集经济，这些技巧在类人猿的经济中扮演的角色要次要得多。人类学家 Hillard Kaplan 和他的同事比较了大量黑猩猩种群的狩猎采集经济以及相对应的人类群体，他们根据获得的难易程度将资源进行分类：一类是搜集的食物，如成熟的水果和叶子那样可以简单地从环境中搜集到并食用它们；一类是提取的食物，即一定要经过处理的食物，包括带有坚硬外壳的水果，深藏于地下的块茎或白蚁，藏在树上高处蜂房中的蜂蜜，或者必须在食用前将其毒素提取出来的植物；还有一种是猎捕的食物，这种食物来自于动物，通常是抓到或陷阱逮到的脊椎动物。数据表明，黑猩猩在极大程度上依赖于搜集的食物，而人类捕猎者却是从提取的或捕猎的资源中获得几乎所有的热量。[2]

人类能够比其他灵长类动物在更广泛的环境中生存，这是因为与基因的继承性相比，文化容许人们更快速地积累起更好的策略来开拓当地的环境。在最一般的意义上考虑"学习"，每个适应性系统

---

[1] Byrne 1999. 但确实有某些鸟类做得一样好，甚至更好！见 Hunt 1996 和 Weir, Chappell and Kacelnik 2002 关于新喀鸦令人惊异的工具使用能力的研究。

[2] Kaplan et al. 2000.

都通过一种或另一种机制来"学习"它所在的环境，学习包含了在准确性与普适性之间进行权衡，学习机制产生了依照对环境的"观测"而行事的条件性行为。将观测映射到行为上的机制就是"学习机制"，如果一种学习机制能在特定环境中产生比另一种学习机制更具适应性的行为，则它就更准确。同样，如果它能够在更广泛的环境中产生适应性行为，则它就更为普适。通常，准确性与普适性之间存在着权衡，因为每个学习机制都要求关于什么样的环境线索能够预测环境状态以及什么样的行为在各个环境中最优的先验知识。对于某种特定环境，这些知识越详细越具体，学习规则就越准确，因此对于给定数量由继承得到的知识，一种学习机制要么拥有关于少数环境的详细信息，要么拥有关于许多环境的粗略信息。

130

在大多数动物中，这些知识存储在基因里，其中当然包括控制个体学习的基因。回想一下第二章中描述的思想实验的一个变体，选取一种分布广泛的灵长类物种，比如狒狒。接下来抓捕一群狒狒，并把它们转移到狒狒的另一个自然分布区域中，该地的环境要与原来的环境尽可能不同，比如说把一群狒狒从奥卡万戈三角洲的苍翠湿地中转移到了西纳米比亚的严酷沙漠中。然后，将它们的行为与那些生活在相同环境中的其他狒狒进行比较。我们相信在一小段时间后，被实验的狒狒群体将会和它们的邻居十分相似。这个实验事实上被做过了，虽然不是在这么极端的情形下。灵长类动物学家 Shirley Strum 将一群受人类威胁的狒狒从一个地方迁移到了数百千米外的不同地方，这些狒狒迅速地适应了它们的新家。我们认为，当地狒狒与移居狒狒会变得相似的原因恰恰就是狒狒的可变性不如人类的原因：它们在基因上获得了大量关于如何成为一只狒狒的信息。诚然，它们必须得学到各种东西在哪里，在哪里睡觉，哪些食物比较好而哪些不好，但是不需要与经验丰富的狒狒接触就能学到这些，因为它们已经具备了内在的基本知识。但是它们无法学会在温带森林或北极圈中生活，因为其学习系统没有包含足够应对那些环境的先天信息。

　　人类文化允许学习机制变得又准确又普适，因为累积的文化适应性提供了关于当地环境准确且更为详细的信息。人类是聪明的，但是人类个体不可能学会如何在北极、喀拉哈里沙漠或其他地方生活。[1]想象你被空降到了北极冰滩上，你有一堆浮木和海豹皮，你想要试着做一艘皮艇，你已经知道了很多，例如皮艇长什么样子，大概有多大，以及一些建造知识。然而，基本上你一定会失败（我们并不是想小看你；我们已经阅读了许多关于皮艇建造的知识，但毫无疑问充其量只能完成一件可怜的样品）。即使你能完成一艘还算凑合的皮艇，在能够为因纽特人的经济做出贡献之前，你仍然需要掌握一打左右的类似工具。接下来还要掌握因纽特人的社会习俗。因纽特人能够建造皮艇，并且能够完成其他所有赖以生存的事情，因为他们可以利用从他们种群中其他人的行为和教导中得来的大量有用信息。这些信息具有适应性的原因在于学习和文化传递共同导致了相对快速的适应性累积。即使大多数个体仅仅是偶尔应用简单的启发法来进行盲目模仿，平均来说许多个体也都会推动传统向着更具适应性的方向发展。文化传递维持了许多微小的进步，且使得调整后的传统进入到另一轮的进步中。按照一般的演化时间的标准判断，微弱的决策动力产生新适应性的速度非常快，比仅依靠自然选择的演化更加迅速。文化传统的复杂性可以爆炸式地增长，直到达到我们学习能力的极限，这远远超过了我们个体所能做出的最细致审慎的决策。我们让种群层面的文化演化过程成为我们"学习"的起重机。

131

---

　　[1]　事实上，人类的个体学习是否能够比狒狒更快或更好还不完全清楚。人类个体的学习机制被用来掌控文化，有可能正是因为这个原因，它比动物的相应机制具有更为普遍的目的，动物无法像人类那样深深依赖于高度细化的文化适应性。如果 Shirley Strum 能够做一个比较，将一些人类和她的狒狒一起迁移，那么也许我们就会知道人类是否比狒狒学得更快。人们会做的就是将任何一个个体的成功迅速传递到整个群体，通过这种方法我们也许就能轻松打败猴子，即使在个体比较上我们没有更聪明。

社会学习可能是对更新世气候波动的适应

上面描绘的图景表明，当环境在时间和空间上存在巨大变化，且变化产生的速度足够缓慢以使得社会学习的传递和积累变得有用时，累积的文化适应性是最有优势的。如果环境在时间或空间上变化太快，选择就会偏好于个体学习而非传递，如果环境变化过于缓慢，那么相较于社会学习系统来说，普通的有机体演化能够更忠实和更廉价地追踪到变化。人类似乎是地球上第一个演化出累积文化的高能力物种，尽管我们已经因此而获得了一种惊人的，虽然不一定是永久的成功。给定复杂的文化具有适应性，为什么它在人类谱系中的演化会处于地球漫长生命史中的这个特定节点上？

一个好的"何以成为可能"的答案是，社会学习是对更新世后半段环境变化增加的一种适应。该假说为我们走出适应主义困境提供了一种可能的方法，我们猜想，一种复杂的文化能力仅仅在地球历史中的短短一小段上才具有适应性，而我们恰恰是第一个发现其优势的物种。在过去的 200 万年中，不断恶化的气候偏好于行为灵活性的增加，包括可能出现在许多物种中的、对社会学习的依赖性的增长。作为已经具有相对大型大脑的群体，灵长类预先就适合演化出文化所需要的观察学习和复杂偏倚这些费劲的认知机制。仅仅储存复杂的累积文化适应性所涉及的诸多文化技能就可能需要相当大的脑容量。就哺乳动物来说，灵长类动物也是相当具有社会性的，且通过文化演化来"学习"是一种显著的社会现象。最终，大多数灵长类动物的视觉适应性和我们祖先灵巧的双手可能是对模仿以及作为人类经济基石的复杂工具生产的预适应。化石和考古记录的证据也与该假说相一致，即支撑累积文化变迁的心理机制是在过去的 50 万年时间中演化出来的，在这段时间中气候要比之前更加不稳定。

对历史温度、降水、冰川容量等等的各种间接测量方法大多是从海洋沉积、湖泊沉积以及冰冠的核入手，古气候学家最近构造了一

133

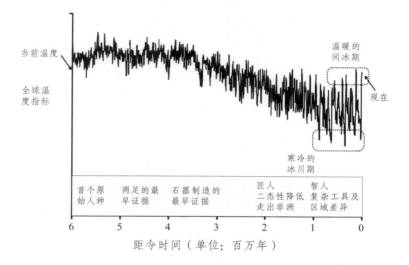

图 4.2 在过去的 600 万年里全球气候变得更冷且更加多变。纵轴表示氧同位素比值 δ ^{18}O，即过去 600 万年里不同时期深海沉积样本中 ^{18}O（氧 18）相对于 ^{16}O（氧 16）的比重。海水中的 ^{18}O 浓度在寒冷时期增加，因为包含轻同位素 ^{16}O 的水更容易蒸发从而位于冰川冰中。其他数据表明在寒冷时期，地球更为干燥且大气中的 CO_2（二氧化碳）浓度更低。（来自 Opdyke et al. 1995 的复原。）

幅过去 300 万年中环境恶化的惊人图景。[1] 地球的平均气温下降了好几度，而降水和温度的波动幅度则增加了（图 4.2）。[2] 出于某些未知的原因，冰川的消长伴随着大洋环流，大气中二氧化碳、甲烷、尘埃的含量以及降水平均值与分布的变化。冰川消长的不同循环模式以及上述的全部变化普遍存在。在这段时间的前期是一个长达 2.17 万年的循环，而在大约 260 万到 100 万年前之间有一个长达 4.1 万年

---

[1] Lamb 1977；Alley 2000；Partridge et al. 1995；Bradley 1999；国家研究委员会，气候骤变委员会，2002。

[2] Opdyke 1995.

的循环，在最后的百万年时间里则是长达 9.58 万年的循环。

在过去数万年里出现的波动不太可能驱动了社会学习的适应性演化。种群可以通过改变它们的生存领域或者通过有机体演化来适应这些缓慢的变化。然而在这么长的时间中，气候变化的增加似乎更集中于在很短的时间内爆发。过去 8 万年的高精度数据可以由格陵兰岛深处冰层中取出的冰核而得到，在 8 万年之久的冰中获得跨度超过 10 年的事件精度是可能的，而前 3000 年以来的事件精度更可以提高到以月为单位。在最后一个冰川期，冰核数据表明在世纪到千年的时间单位上气候是高度变化的。[1] 图 4.3 说明了该变化是多么的剧烈。即使当气候由冰川所控制时，它仍会每隔 1000 年左右短暂地达到间冰期的温度附近，最后一个冰川期的剧烈变化还受到冰核数据以 10 年为单位的精度所限。持续了 1 个世纪或小于 1 个世纪的尖锐峰值在格陵兰岛的记录中很常见，甚至后来从温带与热带纬度得到的高精度数据也证实了从冰核中看到的大幅度波动是全球性现象，而且某些优异的记录还表明大多数甚至全部的世界气候都与格陵兰岛冰川所记载的波动具有同样的节奏。[2]

毫无疑问，那些在冰核中探查到的波动对不断演化的动物种群具有重要影响。与最后一个冰川期相比，全新世（最后一个相对温暖且无冰的 1.15 万年）是一个气候非常稳定的时期。尽管如此，全新世的极端天气还是对有机体产生了重要的影响。[3] 作为更新世的特征，那些巨大的气候变化带来的影响难以想象，热带有机体没能逃出气候变化的影响，气温以及降水在低纬度地区的变化特别大。[4] 在更新世的大部分时间里，动植物生活在混乱且不断快速重组的生态环境中，而物种也在其生存范围之内适应了气候的纷乱变化。因此，

---

[1]　Anklin et al. 1993. Lehman 1993. Ditlevsen, Svensmark and Johnsen 1996.

[2]　Allen, Watts and Huntley 2000; Dorale et al. 1998; Frogley, Tzedakis and Heaton 1999; Hendy and Kennett 2000; Schulz, von Rad and Erlenkeuser 1998.

[3]　Lamb 1977; Fagan 2002; Grove 1988.

[4]　Broecker 1996.

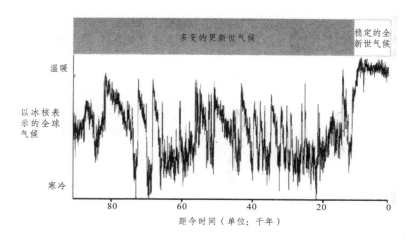

图 4.3　在最后一个冰川时代，世界气候的变化比我们在最近几千年里所经历的多得多。这里展示的数据来自 20 世纪 90 年代早期进行的长达 2 英里的格陵兰岛冰核项目。最后一个冰川时代大约从 11 万年前持续到 12 万年前，但是冰核记录的可信度只能追溯到 8 万年前。纵坐标表示 ^{18}O 的不足，这是一项度量冰核中温度的指标。我们可以看到在最后一个冰川时代，高纬度地区的温度每隔 1000 年左右在冰川期和近乎间冰期的水平上摆动。其他数据表明相似的波动也发生在低纬度地区。该图由于使用了 150 年的平均值而相对平滑，实际的短期波动比显示的更为剧烈。（来自 Ditlevsen et al. 1996 的复原。）

在过去的 250 万年左右的时间里，有机体似乎不得不处理许多不断变化的环境参数，而在它们的有限时间中弹性表现型的策略恰恰是具有高度适应性的。

　　在除我们之外的哺乳动物谱系中，更新世气候的恶化与大脑体积的增加之间也存在着关联。哺乳动物的平均脑力（按照身体大小适当调整过的大脑体积）从 6500 万年前恐龙灭绝以来就在增长。[1]

----

[1]　Jerison 1973.

然而，许多大脑体积相当小的哺乳动物存活到了现在，即使按照顺序这些物种应该已经进化出了大体积的大脑。迄今为止，每单位时间的脑力增长峰值出现在过去的 250 万年里，该时期平均脑力的增长比之前 2000 万年时间里的增长都要多。人类谱系中的大脑扩容在大约 200 万年前的更新世初期就开始与其他猿类的发展趋势分道扬镳，大约在同一时期冰川波动的幅度出现了突然的增长，[1]且在随后的 80 万到 50 万年前之间，在另一次增长之后，冰川波动的幅度出现了第三次迅速增长。

给定其他条件相同，选择会无情地偏好于体积小的大脑，因为体积大的大脑消耗大。[2]然而，哺乳动物中大脑的体积差异很大。人类大脑占据了我们基础代谢的 16%，平均上哺乳动物只将 3% 的基础代谢分配给它们的大脑，而许多有袋类动物得到的能量更是少于 1%。[3]这些差异往往足够产生强大的演化权衡。除了代谢的要求之外，体积大的大脑还会产生其他的重要成本，例如增大出生的难度，更容易受到头部外伤，无序发展的可能性增加，以及令大脑充满可用信息所需的时间和麻烦等等。实际上，所有动物都面临着严酷的选择压力，以使得在侥幸存活的条件下尽量变得愚蠢。我们实际上仅仅使用了大脑的一小部分，这是一个常常被提到的谜团。大脑是一种用进废退的器官，如果它们变得更大，它们一定对某些东西有好处，是真的有好处。

比较心理学家 Simon Reader 与 Kevin Laland 的一项最新研究表明，大脑的好处之一是有利于学习——无论是个体学习还是社会学习。[4]Simon Reader 和 Kevin Laland 研究了有关灵长类动物的文献，记录了不同灵长类物种被观察到做以下三件事情的次数：使用工具，展现或创造新的行为，以及参与到社会学习中。他们表明所有这三

---

[1]　Opdyke 1995; Klein 1999; deMenocal 1995.

[2]　Eisenberg 1981 (235–236).

[3]　Aiello and Wheeler 1995，另见 Martin 1981。

[4]　Reader and Laland 2002.

项特质都与对大脑体积的测度相关。换句话说，大脑更大的灵长类动物更有可能进行社会学习，更有可能参与到新的行为中，且更有可能使用工具。有趣的是，即使考虑了大脑体积的效应，观测到的新行为和社会学习仍是相关的，这表明社会学习容许对新的环境作出更具弹性的回应。

Hillard Kaplan 与经济学家 Arthur Robson [1] 所做的一项相关研究支持了较大的大脑导致行为弹性的增加这一想法。他们展示了在灵长类物种中，较大的大脑（按身体大小调整后）与较长的幼年期和较长的寿命相关联，即使控制了其他与大脑体积相关的指标，如群体大小后也是如此。Hillard Kaplan 和 Arthur Robson 论证了大脑的体积和寿命在适应性上有着复杂的联系。众所周知，学习需要时间。你不可能在一天时间里学会如何下象棋或滑雪，要掌握心理和身体技巧需要花费数年的时间来学习和练习，狩猎采集的技巧也是如此。这意味着偏好于增加行为弹性的环境——如更新世多变的环境——同样偏好于较长的幼年期，从而有足够的时间进行学习。学习和教授文化是高成本的投资，因而增大的大脑体积和较长的幼年期会偏好于较长的寿命。选择会偏好于较长的寿命，因为它容许个体尽可能地受益于它们在成本高昂却十分必要的幼年期里学会的东西。[2]

根据我们目前所提出的论证，人类仅仅位于这个分布的尾端。我们是拥有最大的大脑且发展最为缓慢的哺乳动物序列中拥有最大的大脑且发展最为缓慢的成员。然而，这并不是全部。大脑体积的增长和发展速度的降低与气候变化的关联支持了以下想法：即不断波动的环境确实偏好于行为弹性的增加和社会学习。然而，正如我们之前论证的，我们通过许多代人以及众多创新者的增量调整来建

136

---

[1] Kaplan and Robson 2002.

[2] 反过来论证也成立。偏好于较长寿命的环境会降低延长了的幼年期的成本，因此也同样会偏好于行为弹性的增加和更大的大脑。Kaplan 和 Robson 论证说较大的大脑在渐新世灵长类中受偏好，因为树栖生活降低了捕食压力，从而选择偏好于更长的生命周期。

立起复杂生存系统的能力是独一无二的。根据我们的解释，该能力是我们演化出十分广泛复杂的文化适应性的原因，而这反过来又导致了我们作为一个物种的成功。但是，如果许多动物物种都拥有建立适度复杂的社会学习系统的能力，且如果复杂文化是适应更新世气候恶化十分有用的手段，那么复杂文化为何会如此稀少？

　　一个有趣的假说是累积文化演化面临着"引导问题"。模型表明在某些合理的认知经济假设下，当复杂的累积文化能力很弱时，它不会被选择所偏好。[1]该想法十分符合直觉。假设为了通过模仿来获得一种复杂传统需要某些衍生的认知机制，例如，许多心理学家已经论证了观察学习需要一种"心智理论"。[2]也就是说，除非你能猜出其他人的目的和动机，否则模仿会十分困难。假定你看到我们的神秘工具（图 4.1，图 4.4）挂在某人的厨房里，之后又在商店里看到了一模一样的，你打算买吗？如果你仍然不了解它的用途，你几乎肯定不会买。如果你已经发现了其他人用它来做什么，那你可能会买。我们人类会自动地设身处地进行思考。如果 Ethel 阿姨在你面前用这一神秘器具来制作沙拉，你就会把它的用途置入 Ethel 阿姨想要制作沙拉，想要在沙拉中加入某种原料而使用这一神秘工具的情境中。模拟了 Ethel 阿姨的动机和行为之后，你了解了这一工具的功能，并且能够把它置入它也许会对你有用的情境中，即使你从来没有碰过该神秘工具或尝试过做沙拉。一旦我们看到这个东西的用途，决定是否购买对我们来说就无关紧要了。尽管这一似乎是无关紧要的心智理论对我们来说既简单又自然，但实验表明被测试的小孩子和大多数其他动物要么缺乏以这种方式看待其他人的功能性行为的能力，要么仅对此拥有有限的能力。

　　假定快速又准确地模仿复杂技能需要有关心理模块的理论，且其同样要耗费数量可观的大脑资源。进一步假定，如果复杂且难以

[1]　Boyd and Richerson 2002.

[2]　Cheney and Seyfarth 1990 (277-30); Michael Tomasello 2000.

137

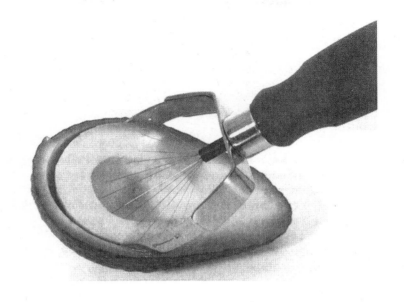

图 4.4 这是一个鳄梨切片器（来自进取者跨国公司）。把鳄梨对半切开，去核，然后用切片器插入水果中切割。平滑的铁箍使得切割更靠近果皮，而细金属丝则保证即使是非常熟的鳄梨在切割时也不会裂开。

累积的文化演化传统可通过运用模块来进行模仿，那么获得这种能力就是一个巨大的适应度优势，尽管要付出可观的成本。显而易见，复杂传统的演化无法脱离产生累积文化演化的认知机制。原因在于，复杂传统不可能产生于单薄的氛围中，必然存在着由具备模仿能力的个体所组成的种群，且必然需要有一段时间来演化出复杂的传统，否则这就意味着具备有关模仿能力的一个罕见突变——比如说具备 138 更好的心智理论——的个体仅仅能观察到那些不具备这种能力的人的行为。因此，这一突变将会承担模块化的成本，但毫无收益可言。

更糟糕的是，正如人类学家 Joe Henrich 所论证的，要获得复杂的传统仅靠几个具备认知复杂性的个体是不够的；复杂适应性的文化演化可能需要一个相当大的、具有模仿思维的种群。Joe Henrich 指出，模仿是一个容易出错的过程，且学习者要经过艰苦的努力才能对制造复杂人工制品的技能滚瓜烂熟。在一个小型种群中，这一效应将导致复杂技能的退化，然而在一个大型种群中，极为熟练或幸运的工匠数量会相当庞大。这些天才将改进技术，且当其模仿者将获得的复杂性传播给他人时，就具有了阻止技术退步的效应。Joe Henrich 的工作表明只有相当规模的种群才能保有复杂的，由文化演化而来的人工制品和行为。

这个结果与已故的澳大利亚考古学家 Rhys Jones 所记录的塔斯马尼亚岛上复杂工具的消失相一致。当欧洲探险家在 19 世纪到达塔斯马尼亚时，他们收集了所有岛上生活的居民所知道的最简单工具的合集。当 Rhys Jones 在 20 世纪 70 年代在塔斯马尼亚岛上进行挖掘时，他发现塔斯马尼亚人曾经拥有过所有澳大利亚人的工具集，这要比从现存塔斯马尼亚人那里收集到的多出数百种工具。[1] 大约在八千年前巴斯海峡的洪水切断了连接塔斯马尼亚与大陆的陆桥时，工具集的复杂性就开始下降。但是塔斯马尼亚人的种群并不小，在欧洲人到来时大约有四千人。其技术的简化也不是非常快，但是更为复杂的物品——如小船——似乎在千年的时间里缓慢而又稳定地消失了。这些数据和 Joe Henrich 的模型表明，为了对抗由微小却不断累积的传递错误所引起的缓慢而无情的衰退，从而维持数百件相当复杂的工具，有一个极为庞大的种群是必要的。

如果存在着这种对复杂传统的演化阻碍，那么演化一定经历了一条迂回的道路，以使得心理模块理论（或之类的）跨越了被累积文化适应性所偏好的门槛。某些人表明，灵长类动物的智慧最初是对管理复杂社会生活的适应。[2] 或许在我们的谱系中，食物分享，劳

---

[1]　Diamond 1978.

[2]　Humphrey 1976; Whiten and Byrne 1988, 1997; Kummer et al. 1997; Dunbar 1992, 1998.

动的性别分工或一些类似的复杂社会问题偏好于演化出吸收他人的观点这样一种复杂能力。或许这种能力碰巧使得模仿成为可能，从而开启了复杂文化传统最初级形式的演化。一旦初级的复杂文化传统出现，累积文化适应性的门槛就被跨越了。随着不断演化的传统变得过于复杂而不能被轻易模仿，它们就会开始驱动更为复杂的模仿的演化。演化过程中这种具有优势但又在数量稀少时无法增长的黏性大概是演化通常具有条件性历史特征的原因。[1]如果一种新能力的演化存在这些障碍，那么许多明显具有预适应性的物种可能会在障碍前集聚，直到最终有一个突破了障碍。其他形式的这种障碍很容易想象。我们从文化中得到的引领多数来自于工具，大多数猿类是靠所有四肢来移动的四足动物，一旦我们人类变成两足，双手就可以在选择作用下执行新的功能，比如制作石质工具和携带长矛。就像中了彩票一样，可能在自然选择从复杂文化能力上得到真正的收益之前，像这样的数种预适应性就已经出现了。

人类可能如何演化

有了手头上的这些想法之后，让我们转向人类谱系的演化。这里我们有两个目标，首先，我们想要说服你关于人类文化的种群思维极大地增进了古人类学的传统解释；其次，在第六章中我们将论证文化演化的过程对人类心理机制的基因演化产生了重要的后果，从而塑造了人类的社会环境。在这里，我们讨论一些证据来表明人类拥有累积文化演化的时长足够令文化和基因的共同演化过程变得重要。

最早的原始人类是两足的，但是在其他方面则非常像当时的猿类。基因数据表明人类、黑猩猩和倭黑猩猩最后的共同祖先生活在500万到700万年前。**图根原人**、**乍得沙赫人**和**拉密达地猿**这三种

139

---

[1]　Boyd and Richerson 1992a.

不同的原始人类化石都可以追溯到这一时期。然而，现今得到的标本没有告诉我们这些物种中是否有两足的，或者它们与人类更接近还是与黑猩猩更接近。大约在 400 万年前，首个两足原始人类开始出现在化石记录中，而且一出现就是大量的。在接下来的 200 万年时间里，非洲遍布着原始人类物种。尽管分类细节存在争议，但大多数古人类学家都同意有 5 到 10 个物种隶属于 3 个分别的属，即**南方古猿**、**傍人**和**肯尼亚平脸人**。我们将这些家伙统称为"两足猿类"，因为它们虽然是两足的，但在其他大多数方面仍然像猿类。雄性比雌性大得多，这表明雄性可能在竞争配偶方面比在照顾后代方面投入了更多精力。它们的大脑与同时代的猿类（根据身体大小调整）有着相同的体积，且它们具有较短的幼年期和寿命，甚至比现在的黑猩猩还要短命。它们比现代人类的体型更小（大约和黑猩猩一样大），有着长胳膊和短腿，这表明它们仍然将相当多的时间花在树上。许多人类学家认为之前被划为**能人**的样本属于这 3 个属中的一个，因为虽然这些样本中的某些拥有比其他早期原始人类更大的大脑，但它们在其他方面仍然像猿类。[1]古人类学家就哪一个两足猿类物种是后来原始人类的祖先这一点还未达成一致。直立姿势和双手本身并不像古人类学家曾经假设的那样引起了通往复杂文化的飞跃。在 150 万年的两足时间里，完全没有人工制品存在的证据。

　　或许两足猿类最终开始使用凿成的石质工具。最早的片状石质工具发现于贡纳，这是一处可以追溯到大约 260 万年前的埃塞俄比亚遗址。奥杜威工艺中也有着类似粗糙成形的核与片，它们存在于许多可以追溯到该时期的非洲遗址中，但是哪一种原始人类物种制作了这些工具尚不清楚。两足猿类提供了迄今为止发现的唯一可以与石头对应的骨头，而所发现的匠人化石只能追溯到大约 180 万年前。石质工具十分牢固，且使用者在一生中可能制作许多个，骨头就容易腐坏得多了，且没有人能留下多于一套的骨头。因此，石头

---

[1]　Wood and Colland 1999.

记录比骨头记录更密集。所发现的最早工具通常会出现在制作工具的生物最早的化石记录之前。无论如何，既然黑猩猩和红毛猩猩都使用简单的工具，那么两足猿类也可能这么做，即使它们没有将石头削成薄片。

其他证据表明更新世的两足猿类并不比现在的猿类具备更强的进行复杂社会学习的能力。它们的大脑体积和发展速度与同时代的猿类相似，这表明它们的认知能力和对学习的投入都是相似的，且它们的地理范围所受到的限制也与同时代的猿类物种相同。因此，两足猿类的工具传统可能不是通过模仿传递的，而是通过其他学习机制来维持的，就像同时代的猿类一样。灵长类动物学家 Sue Savage Rumbaugh 和考古学家 Nicholas Toth 无法教导 Kanzi——这是一只具有学习人类行为的高超天赋的倭黑猩猩——来制作简单的石质工具。它能够通过将鹅卵石抛向坚硬的混凝土表面来制作尖锐的小石片，然后用这些小石片打开食物容器。但不管如何教导，它从来都没有学会使用双手以一种控制的方式将石头制成石片。[1] 为什么 Kanzi 不能完成这一任务还不清楚，可能它的模仿能力有限，可能黑猩猩双手的形态使它很难完成这项任务，[2] 或者可能它的认知能力有缺陷。黑猩猩似乎只具备有限的展现物理上因果关系的能力。[3]

人们在许多东非遗址和高加索山脉山脚下偏远的德马尼西发现了早期的**匠人**样本。在中国和印度尼西亚约 100 万年前到不足 10 万年前的遗址中也发现过结构相似的化石，这些化石通常被称为**直立人**。这些生物拥有比两足猿类更大的大脑，但同样拥有更大的身体（和现代人类大小一样），所以他们平均来说要比早于他们的两足猿类聪明一些。这些原始人类是彻底的陆上两足生物，拥有长腿

141

---

[1]　Toth et al. 1993.

[2]　Susman 1994.

[3]　Povinelli 2001.

和短胳膊，雄性和雌性的体型差异与现代人类几乎一样。**匠人**可能比现代人类发育得更快，通过计算牙釉质上的生长线，生物人类学家能够准确地估计牙齿生长的速度，且现在的灵长类动物中牙齿发育的速度与其他发育的速度高度相关。通过使用这一技术，解剖学家 Christopher Dean 和他的同事们展示了**匠人**的发育速度与现在的猿类相似，而比在它之前的两足猿类要慢一些，比现代人类则要快很多。[1]

最早的**匠人**化石与那些简单的奥杜威工具有关，也就是长达 80 万年左右的时间里由某种或某些生物制作出来的那些工具。然而，在起始于 160 万到 140 万年前之间的某个时期，一套更为复杂的工具集——被称为阿舍利工艺——出现在了非洲。阿舍利工艺使用大型的鹅卵石，它们被仔细地分割成对称的泪珠状手斧。同样的工具集在接下来的百万年时间里在非洲到欧亚大陆西部都被发现过——不是**类似**的工具集，而是统计上**相同**的工具集。一旦原材料的效应得到解释，相距百万年的不同遗址中发现的工具，其平均差异就不比同时代遗址中发现的工具间的差异更大。在东亚，与奥杜威工艺相似的简单工具仍然被制作出来，一些有争议的证据还表明这一时期的原始人类能够控制火。

关于**匠人**模仿能力的证据十分令人迷惑。大多数学者都假设制造阿舍利工具所需的技能是由文化传递的，就如同现在的狩猎采集者中石质工具传统的传递方式一样。然而，这一假设很难与理论或数据相一致。模型预测在小型的半隔绝群体中传统会迅速分化，所以即使传统的功能性约束很强，群体间差异也会随着时间增加。[2]无论是后来的考古学证据还是人种数据都与该预测相一致。文化传播如何单独——尤其是基于一种相对原始的模仿能力——在跨越半个旧世界的范围内保存了像阿舍利手斧这样精巧且看起来很正式的工

---

[1] Dean et al. 2001.

[2] Cavalli-Sforza and Feldman 1981; Shennan and Wilkinson 2001.

具长达 100 万年之久？[1] 将这一事实与直立人相对较小的大脑和相对快速的发育结合起来，也许我们需要考虑以下假说，即阿舍利两面（燧石）器受到先天能力的约束而非整个文化的约束，且它们暂时的稳定性来源于某些由基因传递的心理机制。另外，阿舍利工艺的复杂形式在任何灵长类动物物种制作的工具中独一无二，这需要与我们人类相同的由文化传递的手工技能。

从文化演化的角度来看，这个已经够奇怪的模式似乎显得更为奇怪。大多数演化理论用一条直线将现代人类与黑猩猩联系起来，并假设**匠人**或**直立人**位于这条线上的某个位置。对文化演化的考量越来越让我们怀疑从我们的四足祖先演化到我们自身的路径是否是迂回曲折的。我们对更新世早期所发生的事情越来越不确定，知道你不知道的事情与知道你所知道的事情同样重要！

大约从 50 万年前开始，非洲和欧洲出现了更大且聪明的原始人类，我们说"大约"是因为直到现在，这一时期的遗址还非常难精确断代。[2] 这些生物的颈部以下与**匠人**或**直立人**很相似，它们有着非常强壮的肌肉和短粗的骨头，但是颈部以上却更为现代。它们的大脑与我们具有大致相同的体积，但它们的颅骨又长又低，且它们的面部很大，眉骨突出。我们遵循目前的做法将这些原始人类称为**海德堡人**。早期**海德堡人**的发育速度并没有被直接测量过。然而，在30 万到 13 万年前出现在欧亚大陆西部的尼安德特人，其发育速度与现代人类相似。由于尼安德特人与**海德堡人**在形态上相似且使用一套类似的石质工具，作为现代人类特征的缓慢生活史可能就是在这一时期演化出来的。

大约在同一时间，公认的有关累积文化适应性的例子开始出现

143

---

[1] 相反的观点见 Mithen 1999。

[2] 典型地，钾氩测年法无法被用于少于约 50 万年之久的遗址，而碳-14 方法无法被用于超过约 4 万年的遗址。在过去的几十年中，像热发光和电子自旋共振这样的新方法可用于这一时期的遗址断代。然而，许多更新世中期的遗址在这些方法出现之前就已经被发掘了。

于考古学记录中，尤其是在非洲。[1] 大约在 35 万年前的非洲，阿舍利工艺被多种多样的，基于考古学家所说的"石核"技术的中石器时代工艺所取代。为了制造这种类型的工具，制作者首先用石锤塑造出一块石头，即石核，然后击打这块石核直到一块预先确定好形状的大石片掉下来。到了 25 万年前，该技术已经在欧亚大陆西部传播开来，在这一时期，尤其是在非洲，工具的区域性差异显著增加了。在某些地区出现了对又长又细的石刀进行高度改良的工艺，这需要对石核进行更为复杂的准备。在刚果东部的加丹达地区，考古学家复原了精致的带倒钩的骨矛尖端，[2] 在德国的沼泽沉积中同样发现了没有尖端的木质投矛，它像现代标枪一样为了精确飞行而增加了重量。[3] 区域的多样性和高度复杂的文化适应性——比单个个体自己能发展出来的更为复杂——是累积文化适应性的标志。象征性行为同样在这一时期的后段出现在非洲。许多遗址中发现了现代人用来做个人装饰的红赭石，甚至有些是非常早期的遗址，而鸵鸟蛋壳做的珠子和其他装饰性物品也在大约 10 万年前开始进入考古学的记录中。[4]

各种各样的基因数据表明现代人类在这一时期演化出来并在非洲扩散开来，且之后可能在 5 万年前就扩散到了世界的其他角落。[5] 最早的现代人类化石——大约追溯到 16 万年前——已经在非洲被发现了，且充分的证据表明现代人类大约在 5 万年前就携带着复杂的技术扩散到了全世界。在这一时期，非洲和欧亚大陆种群间出现了多少基因流动还不确定。6 个尼安德特人的线粒体 DNA 表明现代人类与尼安德特人的线粒体基因最后的共同祖先可能生活在 50 万年前，且有良好的证据表明欧洲的现代人类与尼安德特人没有关

---

[1] McBrearty and Brooks 2000.

[2] Brooks et al. 1995.

[3] Thieme 1997.

[4] Henshilwood et al. 2002; Henshilwood et al. 2001.

[5] Ingman et al. 2000; Kaessmann and Pääbo 2002; Underhill et al. 2000.

联。[1]另外，对于所有可得分子数据的一项复杂统计分析表明，随着扩散的发生，大量基因流动出现在现代非洲种群和古代欧亚种群之间。[2]

　　到目前为止我们丝毫没有提及语言，原因非常简单：古人类学家不知道人类语言在什么时候演化出来。一些解剖学家认为他们可以从生活在 200 多万年前的两足猿类物种的头盖骨上确定与语言相关的大脑结构。[3]其他人基于对声道软组织的重构论证了甚至最晚的原始人类（诸如尼安德特人）可能也只具备有限的语言能力。[4]我们无法轻易地从考古学记录中推测出任何关于语言演化的事情，因为语言对累积文化演化——至少是出现在化石记录中的那些文化方面——是否必要还不清楚。考古学家 Stephen Shennan 论证了石质工具技术和类似的手工技能是通过观察学会的，而完成这些并不需要语言。[5]因此尽管许多人倾向于假设图形艺术和语言相关，但上述这一点对艺术作品也适用。我们中的一位有朋友是卓有成就的艺术家，而他从来不说任何关于他的艺术的事情，当被逼急了，他就说："你应该欣赏它而不是谈论它！"

　　心理学家 Merlin Donald 论证了可以在语言缺失的情况下通过模仿来获得十分复杂的行为。[6]19 世纪的记录表明，聋哑人在缺乏语言的情况下获得了许多种有用的经济和社会技能，这表明他们可以通过观察轻易地学会大多数非语言技能，而不需要任何语言的帮助。因此，更新世后期越来越复杂的石质工具没有超出具备良好模仿技能的聋哑人的能力范围。事实上，甚至能正常说话的人一般也会发现对这些技能的示范要优于图片，而一张图片更是胜过千言万语。

144

---

[1]　Hofreiter et al. 2001.

[2]　Templeton 2002.

[3]　Falk 1983; Holloway 1983.

[4]　Laitman, Gannon and Reidenberg 1989; Lieberman 1984.

[5]　Shennan and Steele 1999.

[6]　Donald 1991.

语言作为人类和其他动物的分水岭通常被给予了崇高的地位，而我们再一次对由现代人类与化石原始人类——尤其是那些非常聪明的原始人类——的类比进行推理产生了浓厚的兴趣。一些人认为古老的原始人类连简单的语言都不曾拥有，这种轻率的想法是很不靠谱的。在这一点上，如同阿舍利工艺中的手斧一样，我们震撼于我们遥远祖先的陌生的生活方式。将它们统一淡化为"原始"并以这种现代观念来进行推论，这已经在预测古人类学家的发现时屡次失败，可能在不久之前人们还一直处于沉默中。

许多学者相信语言是演化出来掌控社会交互的。[1]社会中的人常常能通过交流谁对谁做了什么，在何时以及为什么——也就是通过流言蜚语——来获得好处。如果没有具有语法结构的语言，这将难以做到。（想象一下由一群哑剧演员表演**人民法庭！**）语言还是编码和传递某些类型文化传统极为有力的工具，尤其是那些常常携带着许多关于社会角色和道德规范的信息的神话和故事。尽管 19 世纪的聋哑人能够学会诸如餐桌礼仪之类的社会习俗，我们怀疑他们是否能够掌握运作一个单系亲属体系的规则，更不用说法庭了。语言的作用容许人类表达大量的想法并按照一定的模式将它们联系起来。一些作者认为没有语言的编码，社会学习就无法做到足够精确，从而产生稳定的传统或逐渐累积的适应性演化。[2]且即使语言首先演化出来是为了八卦政治，那么它也会变得很复杂，因为它使得用口语来表达、记忆和教授文化规则变得更简单，从而让更为复杂的文化传统成为可能。或许复杂的语言要早于所有其他形式的复杂文化。

无论是怎样的神经差异，人类比大约 5 万年前的尼安德特人拥有更大的种群这点可能是一项重要的因素。请回忆一下本章前面 Joe Joe Henrich 的模型，[3] 他论证了模仿是一个易出错的过程，因为

---

[1]　Dunbar 1996; Thompson 1995.

[2]　Sperber 1996; Atran 2001; Castro and Toro 1998.

[3]　Henrich 2004.

复杂适应性的累积文化演化需要一定规模的种群。或许尼安德特人在社交上并不复杂且与他们的邻居接触有限，这导致了他们相对并不复杂的工具集。

结论：为何人类文化这一适应性如此成功？

如果我们是正确的话，文化是具有适应性的，因为它能做到基因做不到的事情。简单形式的社会学习通过允许个体选择性地使用环境线索，从而降低了个体的学习成本。如果你能轻易地知道该做什么，那就做吧！但如果你不知道，你可以依赖于模仿别人做事。当环境多变且学习很困难或成本很高时，这种体系就是一个巨大的优势，且最有可能解释了社会性动物中常常发现的相对粗糙的社会学习体系。人类已经演化出了通过模仿和教学来获得各种传统的额外能力，且能够准确、迅速和有选择地获得最为常见的变异或成功个体所使用的变异。当这种社会学习偏倚与偶尔的适应性创新和内容偏好相结合时，其结果就是复杂的，由社会习得的适应性的累积文化演化，这些适应性远远超出任何个体的创新能力。因为累积文化演化引起复杂适应性的速度要比自然选择引起基因适应性的速度快得多，复杂文化特别适用于高度变化的更新世环境。结果，人类最终成为更新世大型哺乳动物谱系中最为成功的物种之一。[1]

矛盾的是，人类在全新世更为成功，尽管此时的气候变化明显

[1] 我们所描绘的原始人类的演化图景将会逐渐被新的古人类学发现和方法所完善。然而，短期内最重要的进展很可能是属于古气候学家的。正如我们所说的，高频率的气候变化——这是我们本章分析的关键——只存在于上一个冰川期和全新世。在所有的相关记录中，我们只是进行了最有可能的猜测。过去高度变化的气候是否意味着气候事件和文化演化之间存在长久的滞后？或者大脑体积的增加和工具复杂性的记录是否反映了延续至更新世的高频率气候变化？古老原始人类的某些怪异之处是否可以归因于至今仍不受待见的某些怪异的环境变化？古气候学家正热衷于研究能揭示这些问题的数据轨迹，而他们对由人类引发的持续气候变化可能会成为严重威胁的担心也起到了推波助澜的作用。

下降。如果我们就文化原本是对更新世气候变化的适应这一点而言是正确的，那这就是一个十分令人惊讶的转变。难道过去 1.1 万年的平稳气候不应该导致昂贵的神经系统组织变得显著减少并使文化体系退化吗？更普遍地，如同颇有影响的演化心理学家 Leda Cosmides 和 John Tobby 所论证的：

> 没有任何**先验**理由来假设任何现代的文化或行为实践是"具有适应性的"……或者在受到干扰时，现代文化具有的动力一定会使其返回到具有适应性的轨迹上。当然，具有适应性的轨迹必定已经描绘了在更新世中掌控文化的心理机制的特征，否则这些机制不可能演化出来；然而，一旦人类文化以足够快的速度从更新世环境被推入到它们所适应的环境，先前具有适应性的轨迹与文化具有的动力之间的必要联系就被打破了。[1]

John Tobby 和 Leda Cosmides 的**逻辑**似乎很稳固，但是从**经验**上说，人类种群在过去一万年时间里呈爆炸式增长，我们现在比更新世的时候还要成功得多。这又是一个适应主义困境的变体！一个原因是人类现在自己创造出了能够和上个冰川期的气候变化相媲美的、快速的大范围环境变化。例如，农业改变了野生动植物和狩猎采集者赖以生存的环境。即使野草、害虫和疾病也演化出来利用新的人为环境，而我们则重新适应得更快，并产生了对环境的进一步恶化。只要我们通常能感到被人类所调整过的环境对我们比对我们的竞争者、捕食者和寄生者更适宜，我们就能够繁荣发展，只需要运用文化的适应性以比来势汹汹的害虫领先一步。人类通过赢得与那些袭击我们资源和我们自己的物种的军备竞赛来取得成功。它们演化得太慢了；我们通过文化的适应性比它们先行一步从而取胜。
147　我们所做的不仅仅是保持在环境恶化中的领先地位；我们还一跃而

---

[1]　Tooby and Cosmides 1989.

成了地球的统治者，且这种统治程度从有生命以来任何单一物种都无法匹敌。相似地，密集的人类种群之间相互竞争，且一个社会的技术和创新会对它们的邻居产生竞争压力。因此迅速进行文化演化的能力不仅仅是在自我维持，而且随着我们发明了能够加快文化演化和增加科技与社会复杂程度的文化工具——如阅读、写作和算术，这一能力会逐渐变得更加快速。至少是迄今为止！人类文化作为一种应对更新世环境而演化出来的适应体系，却随后在未知的水域中起锚远航并表现出色。

无论文化演化随后如何运行，它是由自然选择所产生的，并用来构建复杂的适应性以应对特定的适应性挑战。文化是一种非同寻常的弹性表现型体系，仅仅因为它具备种群层面的属性，但甚至在这一点上它在演化史中都拥有无数的类似体，例如，共同演化的共生关系。[1] 这种共同演化有时能促成惊人的演化事件，[2] 从细菌的共生关系中衍生出的真核细胞就是一个例子。我们留给读者一个问题，让读者自己决定人类基因—文化的共同演化在生命演化史中所处的地位与真核细胞的出现，其相似程度究竟如何。但是在读完第六章之前请你保留判断！

然而，这只是故事的一部分。坦率地说，尽管取得了非同寻常的成功，文化演化的许多产物似乎确实是适应不良的。达尔文主义社会科学的批评者常常十分依赖于以下论断，即许多文化演化与适应性无关。我们看起来确实在身后拖着一堆垃圾，然后杀出一条血路通向非同寻常的适应性成功。一些适应主义者可能对文化的适应不良感到不满，但我们却不是这样。在接下来的两章里，我们希望使你相信巴洛克式的过犹不及和适应不良以及我们在组织大型社会体系上的惊人成功都是直接从我们在本章及上一章概述的过程中产生的。

---

[1]　Odling-Smee 1995.

[2]　Maynard Smith and Szathmáry 1995; Corning 1983.

第五章　文化会适应不良

你正陷于适应不良的行为中

　　许多文化人类学家会嘲笑那种人类行为是具有适应性的想法，[1] 并且很乐于援引那些看起来像是反复无常的、任意的、有关文化差异的事例。例如，Marshall Sahlins 说法式小菜马肉在美国人看来就像狗肉一样不可食用，他质疑之处在于为什么吃马肉在法国是具有适应性的而在美国却不是，除法国之外，这样的事例数不胜数——在许多社会中狗肉是一道佳肴。文化，而非生物学，规定着一切。

　　这些文化癖好可能会适应不良，也可能不会。[2] 但如果它们会适应不良的话，也是那些几乎不引人注目的癖好。阅读和撰写某些书籍——比如 Sahlins 写的书，或者更确切地说，你手上的这本书——对你的基因适应度的危害会大得多。我们的大多数读者无疑是具有三位数智商的中产阶级专业人士，他们拥有（或者将拥有）大多数世人难以想象的财富。然而，我们中的大多数人并没有利用这些财富生养尽可能多的孩子，像其他中产阶级的专业人士一样，我们中的一些人有一个、两个或三个孩子，而许多人还没有孩子。目前普通美国人平均拥有的孩子少于两个，而欧洲的生育率甚至

---

[1]　Sahlins 1976a, 1976b; Hallpike 1986.

[2]　人类学家 Marvin Harris 是提倡对异国文化习俗（如阿兹特克人的食人习俗和印度人的圣牛习俗）进行功能性解读的著名人物（Marvin Harris 1977，1972，1979）。

更低。[1]

为什么现代的中产阶级有着如此低的生育率？其直接原因对我们所有人来说都很熟悉：我们过着忙碌的生活，职业工作要求苛刻，而富裕的人也能够承担许多耗费时间的爱好，出国旅游、买古董、爬山、练习马术等等都要耗费大量的时间和金钱，由于养育孩子也要耗费大量的时间和金钱，我们就控制了我们的生育能力。然而，该行为的根本原因仍然很奇怪。通常，自然选择会偏好于那些以抚养尽可能多的孩子为目的来分配资源的个体。作为世界上最富裕的种群，这种繁殖克制是一种惊人的适应不良。从人类威胁到了全球生态系统的角度来看，我们可能会为这样的克制而鼓掌，但这不是我们预期的、自然选择会偏好的行为模式。

大多数演化社会科学家认为，出现这种适应不良的行为是因为现代人类居住的环境与人类演化所处的环境明显不同。人类大脑演化出来的那些处理信息的特质塑造了文化，这些特质是在更新世条件下形成的，也确实能够产生具有适应性的行为模式。然而，更新世的气候与近来的气候非常不同，且更新世的社会可能就像我们从历史和人种记录中所了解的狩猎采集社会一样。据说，自然选择赋予了人类一种争取高地位的心理，而在更新世的狩猎采集社会中，这一心理可能常常会导致繁殖上更大的成功（就像不久前那些较为简单的社会一样）。[2] 然而，在现代社会中，这一心理导致为职业成就而进行投入的行为，以及对那些以繁殖为代价的昂贵玩物和爱好的追求。这一假设在某些情况下描述起来会变得十分复杂，例如，对于该问题思考最深刻的学者之一，人类学家 Hillard Kaplan 就论证了在过去的环境中，为自己及其孩子掌握更高技能的投入常常能获得大量的适应度回馈；结果人类的心理机制就变得对这些回馈很敏感。从物质财富的角度来说，现代经济已经极大地提高了这些回

---

[1]　Bongaarts and Watkins 1996；联合国人口司 2002。

[2]　Irons 1979; Borgerhoff-Mulder 1988a, 1988b.

馈，这就诱导父母大量投资于他们本人及其子女的技能，即使在子女和孙辈数量上的回馈是负的。[1] 只要他们的后代具有高地位和高技能，即使他们为了实现这一点必须只生一两个孩子，且这一两个孩子没兴趣把财富变成孙辈，父母仍然觉得自己是对的。相似的论证可以被用来解释人类行为中其他重要的适应不良，这些适应不良的行为从我们对快餐的过度沉迷到我们在大型陌生群体中对合作的支持，这是我们下一章的话题。我们将这称为"大错特错"假说，因为它意味着从基因的角度来看，许多现代人类的行为都是大错特错的。

我们认为大错特错假说令人信服，但我们怀疑它是否就是现代大多数适应不良行为的原因。在本章中我们将说明，人类的许多适应不良行为是累积文化适应性所不可避免的副产品。从他人那里获得信息能够使人们快速地适应多种多样的环境，但它同样在人们的大脑中打开了一扇大门，通过这扇大门，适应不良的想法也可以进入——这些想法的内容使它们更可能传播开来，却不会增加其持有者的基因适应度。适应不良的想法能够传播是因为它们的传递方式与基因不同，如果某种想法能够增加成为受过良好教育的专业人士的可能性，那么它就能够传播开来，即使它限制了生育上的成功。在现代经济中，受过良好教育的专业人士具有较高的地位，因此可能被模仿。没有子女的专业人士可以在文化上取得成功，只要他们对其学生、雇员或者下属的信念和目标具有重要的影响。这些适应不良想法的传播是一种可以预见的、文化适应性的副产品。选择过程不可能阻止适应不良的文化变异传播开来，因为要衡量信息是否具有适应性需要付出很高的成本。如果这一高成本信息假说是正确的，文化将以最便于获取适应性信息的方式进行演化，即使以很可能演化出适应不良的行为作为代价。

---

[1]　Kaplan and Lancaster 1999.

解释适应不良很重要

有时我们会被指责过于关注文化的适应不良。这是情有可原的，我们许多研究演化社会科学的同事认为，适应性分析是演化方法带给社会科学最有力的工具，而且他们讨厌那些为数众多的批评者们孤陋寡闻的辩论技巧。他们同社会科学家做斗争，这些社会科学家从已故的 Stephen Jay Gould 关于生物学中适应主义者"过量"的著名论作中学到了演化生物学，却没有意识到他的替代性假说缺乏经验支持。[1]正如我们在最后一章中说的，适应性逻辑是生物学家最有力的工具之一。

难道对文化适应不良的关注没有给那些演化分析在人文科学中的冤家对头带来帮助和安慰吗？或许如此，但我们认为，理解适应不良的重要性要胜过任何此类目标。尽管无论是演化理论的批评者还是支持者有时都会忘记这一点，但关于适应不良的达尔文主义理论可能是对适应不良的解释中最重要的成就。在演化理论史中，达尔文解释适应不良的能力要比他解释适应性的能力更为重要。自然神学有一套可以被接受的适应性理论，[2]即像眼睛那样极度完美的器官是超自然力量存在的主要证据，因为设计这些器官显然需要超自然力量，大概就是这么论证的。但是让自然神学来解释普遍存在于有机体实际设计中的粗糙和近似就难得多。脊椎动物眼睛上的神经网络位于视杆细胞和视锥细胞的顶端，这就降低了它们对光线的敏感度，并且需要存在一个盲点，从而让神经在那里聚集并穿过视网膜形成视神经。章鱼的眼睛对后方的感知明显不足，除此之外它还是十分接近于"设计出来"的。从发展的角度来看，这些独立演化出来的类相机眼睛之间的差异是有意义的。[3]脊椎动物在眼睛功能上

151

[1]　Gould 2002; Levinton 2001; Carroll 1997; Alcock 1998, 2001.

[2]　Cronin 1991.

[3]　Land and Nilsson 2002.

的倒退性设计仅仅是轻微的适应不良，但这种显而易见的笨拙却揭示了演化史的盲目和走一步看一步的特点，从而表明了它是由自然选择所操控的，而非出自设计者之手。

相同的论证适用于目前人类物种的演化理论。社会科学有许多可以解释适应性的实用主义理论，然而，这些理论常常因为无法解释社会适应性的粗糙属性和它们的历史依存属性而受到批评。[1]如果我们的方法是正确的，适应性和适应不良就具有相同的演化根源。同样的过程既使我们能够适应多变的环境，也造成了基因适应度与文化成功之间的冲突。文化使我们获得了许多适应性信息，但同样也导致我们获得了许多适应不良的特质。大错特错假说将适应不良归因于**个体**在新奇的现代社会中误用了古老的规则，高成本信息假说则将适应不良归因于**种群层面**的文化适应性所与生俱来的演化权衡，且它预测了在更广泛环境中的适应不良。如果我们无法找到达尔文主义理论所预测的那些适应不良，那么这整个理论就不可信。

152 文化为何会产生适应不良

生物学家习惯于说自然选择创造了适应良好的个体，正如术语所说的那样，它最大化了包括一切在内的适应度。然而，生物学家Richard Dawkins指出这并不十分正确。[2]相反，他把个体基因当作自私的代理人，它们试图最大化下一代人中自身复制体的数量。当然，基因不会真的是自私的代理人，但是自然选择会利用它们并偏好于那些似乎是如此行事的基因。对于大多数有机体中的大多数基因，无论你采用个体还是基因的视角都不会有任何差异。产生卵子和精子的细胞分裂过程确保了大多数基因具有同等的可能性进入任

---

[1] Martindale 1960.

[2] Dawkins 1982, 1976. 我们大约在同时也作了类似的论证（Richerson and Boyd 1976，1978）。

意给定的繁殖细胞。只要这是正确的，所有自私基因的行为都应该
与帮助它们的主人产生尽可能多的成功的卵子和精子相一致。在另
外一位杰出的演化生物学家 Egbert Leigh 的比喻中，如果基因像"通
过法律"的"议会"那样共同行事来确保所有的基因具有相同的可
能性进入关键的卵子和精子中，同时监督其中的不法之徒，那么基
因组作为一个整体就会最有成效。

　　然而，当不同的基因通过不同的方式进行复制时，故事就改变
了，这样一来自私基因的视角就非常有用了。例如，大多数基因位
于细胞核的染色体上，个体从父母双方那里分别继承一份细胞核基
因的复本。少数基因位于细胞器——如线粒体（细胞的能量工厂）
和叶绿体（植物细胞中的光能系统）——之中。与细胞核基因不同，
只有女性能传递细胞器基因。现在，试着把细胞器基因看作一群海
盗——它们聪明、自私、放纵且肆无忌惮——并像它们那样思考，
你会做出什么样的改变？一个有吸引力的方案是摒弃男性。因为线
粒体仅仅通过女性后代传递，从你的海盗视角来看，任何投入到生
育男性中的资源都是浪费，最好欺骗你的主人把所有东西都投入到
女性身上。因此，假想"自私的基因"这种方法会预测选择将会偏
好于压制产生男性后代的线粒体基因。事实上，这种扭曲性别比例
的基因已经被发现确实存在。[1]尽管还没有发现有基因会非常极端以
至于不产生男性，但这种极端的案例可能在生物学家偶然发现它们
之前就灭绝了。当你想想病原体如细菌和病毒所携带的基因时，这
一对比甚至变得更明显。一种感冒病毒的基因在你的身体中得到表
达，就像你自己的染色体和线粒体上的基因一样。然而它们通过完
全不同的路径来复制，即利用你身体的资源来生产它们自己的大量
复制体。从一个自私的病毒基因的角度来看，伤害（或者甚至杀死）
自己的宿主是好的，只要留下自己足够的复制体。

　　因为此类冲突具有很强的破坏性，所以由基因组成的议会就会

153

---

[1]　Hamilton 1967.

青睐于那些能够减少冲突的细胞核基因。有两种类型的策略比较有效：首先，细胞核基因可以重构遗传体系，以使得所有的基因都具有共同的利益所在。精妙绝伦又无比公正的减数分裂机制不是偶然产生的，这些具备有组织的细胞核的有机体被称为真核生物，其作为不同细菌物种之间的共生关系而首次出现，意味着相应的冲突一定非常普遍。[1]变成细胞器的细菌丢失了基因，而变成细胞核的细菌则获得了减数分裂的机会。这两种机制都有可能演化出来，因为通过减少冲突，剩下的基因就能够战胜其他有机体中的基因。其次，染色体上的基因能够建立诸如免疫系统这样的机制，而这些机制能够阻止无赖的病原体基因利用身体资源，当然，这些在细胞器和病原体中的自私基因会试图克服这些障碍。不过现在，细胞器中的基因是如此之少，以至于构不成一场真正的较量，议会的规制仅仅会被偶尔逃脱。而病原体则是完全不同的一回事了，众所周知，病原体基因大行其道太常见了，微生物感染是除发达国家之外大多数人类种群中死亡的主要原因。

在《自私的基因》（ *The Selfish Gene* ）中，Richard Dawkins 的著名观点是：相同的论断可以应用于任何复制因子，尤其是觅母——这是他为文化中基因的类似体所创造的名字。尽管我们对觅母的概念持保留意见，但即使文化变异与基因并不很类似，Richard Dawkins 的这一部分论证也应当成立。如果除了父母之外的人在文化传递过程中扮演了重要角色，那么自私的文化变异即使降低了基因的适应度，也能够传播开来。通过把文化变异当作自私的觅母，你通常就能理解何种文化变异会传播开来，即使它们在其他方面并不很类似。

假定两种社会角色，即父母和教师，会影响儿童所获得的文化，[2]进一步假定个人的性格影响着谁能成为这两种角色。结婚早的

---

[1] 就像现在发生于有机体和它们的内共生体之间的那些冲突一样，见 Werren 2000。

[2] 简单的数学证明见 Boyd and Richerson 1985，第 6 章。

人会生养更多的孩子，并因此更有可能扮演父母的角色，而为了成为一名教师，人们不得不推迟生育以接受教育并成为教师。现在假设产生了一种文化变异会引导人们推迟结婚，那么即使父母比老师在基本价值观的传递中更为重要，这一变异仍能传播。其原因在于，获得某个社会角色所做出的选择与文化传递中的这个角色同等重要。一方面，只有少数人获得了教师的职位，你必须要在学校中非常出色，获得一个高等学位，并与其他有心人竞争这项工作；而另一方面，尤其是在比较传统的社会中，大多数人成为父母。假定父母是种群的一个随机样本，但是只有具备独特观点的人——例如对学术活动有着非同寻常的热情，以至于让他们推迟结婚来获得更多教育的人——才成为教师。在这一案例中，学习父母将不会影响下一代人中推迟结婚的人口比例，但是学习职业教师将倾向于增加晚婚的频率。这种会导致推迟结婚的信念，其频率将依赖于相对选择性和相对影响力这两股力量结合起来的强度，并将会以或快或慢的速率增加。[1]

---

[1]　我们不打算在这本书中作任何的数学计算，但是，我们发现这一段的意思很难用语言表达。因此，这里我们运用数学进行更为精确和清晰的表述。减少生育率的变异将会在满足下列等式的情况下扩散开来: $(1-A)p+At>0$，其中，A 是介于 0 和 1 之间的一个数，它代表了教师们的相对影响力；$1-A$ 代表了父母的相对影响力。如果 A 接近 1，那么孩子们倾向于从教师那里获得信念，父母就无关紧要了；如果 A 接近 0，那么教师们就没有什么影响力。参数 t 表示一个持有晚婚信念的人成为教师的概率与任意一个人成为教师的概率之差，再除以任意一个人成为教师的概率。p 表示一个持有晚婚信念的人成为父母的概率与任意一个人成为父母的概率之差，再除以任意一个人成为父母的概率。这个参数在群体遗传学当中被称为选择差异。首先，注意到如果 $A=0$，那么这个式子就是负的。这是有意义的。一方面，如果观念只来自于父母，那么造成生育率降低的观念无疑会被淘汰；另一方面，如果教师确实有一些影响力，那么晚婚的信念就能够扩散开来。请注意，即使父母对孩子的基本价值观比教师有更大的影响，这种情况仍然会发生，这意味着 A 小于 $1-A$。不过，获得像教师那样的社会身份的过程极具选择性，早早成家也许会对获得成为教师所需要的教育形成阻碍。如果确实是这样的话，那么 t 的绝对值就比 p 大。如果这一效应足够大，以至于压过了父母在影响孩子基本价值观上的优势，那么整个式子就很容易变成正的，这就使得晚婚的信念得以扩散。完整的模型见 Boyd and Richerson 1985，第 6 章。

请注意，这里的"教师"仅仅是那些具有影响力的角色的一个代表，它替代了"上级官员""老板""神职人员""政治家""名人"或"权威"，其中的逻辑是相同的。如果持有某种文化变异会使得人们更有可能获得这些角色中的一个，并且如果这些角色在社会学习中起到了重要的作用，那么在其他条件相同的情况下，这种变异就很容易传播开来。军官会引起爱国主义，老板会激发职业道德，神职人员会引发对上帝的爱，政治家会传播世俗的意识形态，名人会影响时尚的消费形式，而权威则会推动高雅文化的潮流。同样需要注意的是，随着导致推迟结婚的信念在种群中扩散开来，父母和老师都会开始教导他们。在《哈克贝利·费恩历险记》（*Hackleberry Finn*）中，哈克的文盲父亲威胁哈克要因他去学校和装腔作势而打他，但曾经的女学生波莉阿姨和沃森小姐则尽她们最大的努力来让哈克对读书感兴趣。

自私觅母的效应是非常稳健的，这一论证并不依赖于假设文化变异是像基因一样的离散颗粒。如果"觅母"是连续变化的，而儿童以某个权重分别采纳他们父母和老师的信念，那么它也会产生完全相同的效果。只要选择的力量决定了何种文化变异能够传播开来，其基本逻辑都是相同的。

为何基因没有在共同演化中胜出

你会问，为什么自然选择没有偏好于演化出那些通过限制来自父母之外的影响力从而保护自身利益的基因？或者换言之，为什么自然选择不构造出一种社会学习心理，以便让我们能够注意到来自父母之外的行为，却只会学习对我们的基因适应度有好处的东西？这些问题的答案恰恰是我们与其他许多达尔文主义社会科学研究者争论的核心。

许多演化社会科学家相信，他们可以放心地忽略出现自私文化变异的可能性。他们论证说，在原始人类谱系演化的每一步中，选择都会对不断出现的心理机制予以修正，这些机制控制了人类对文化的获取，以确保适应不良的文化变异尽可能地无关紧要。因此，选择不可能偏好于导致自私文化变异频繁传播这样的一套心理体系。[1]在人类祖先所处的环境中，我们演化出的心理机制会保护我们远离自私的文化变异。但现代环境却不是同一回事，正如我们所说的，演化学家通常喜欢对复杂社会中适应不良的行为进行非文化解释。在最后一章中，我们自己就是这种适应主义逻辑的拥趸。如果在最后一章中它是对的，那么现在又有什么问题呢？

通常适应主义的逻辑并没有什么问题，问题在于把它正确地应用于文化演化上。我们在两点上和我们同事的观点保持一致，即文化是由自然选择的产物——心理特质——所塑造的，以及这些特质将频繁地引起适应性文化变异的传播。然而，仅靠演化出来的偏倚就能决定文化演化的结果，这一结论并不遵循这两点前提。演化出来的偏倚无法阻止自私文化变异进行演化的原因在于，容许这些理念出现的结构特征**就是**产生文化传递适应性好处的那些特征。这件事的关键在于，在不放弃快速跟踪多变环境这种能力的情况下，自然选择无法摆脱文化的适应不良。

适应总会涉及权衡。[2]没有一种食草动物能够像瞪羚那么敏捷，同时像长颈鹿那么高挑，像大象那么有力量。不可避免的生理权衡使得类似于会飞的喷火巨龙这样的神奇生物无法存在。猪即使具备设计绝佳的翅膀也不能够飞行，因为它们太重了。[3]模仿是一种收集适应性信息的系统，但是它也要考虑到权衡。文化使得人类可以廉价地获得快速的累积演化，但是它同样也使我们容易受到自私文化

---

[1]　Alexander 1979, 1974; Irons 1979; Durham 1976, 1991.

[2]　Parker and Maynard Smith 1990.

[3]　飞龙目的风神翼龙很可能是曾经生活在地球上的最重的飞行生物。这种飞翔的爬行动物有长达十一米的翼展，估计重约一百千克（跟一只猪差不多）。中生代的空气含氧量比较高，很可能有助于这种大型生物的飞翔，因为这使得高水平的新陈代谢得以实现，而且高空气密度也使得飞翔更加容易（Dudley 2000）。

变异的伤害。有四种相互关联的权衡共同削弱了由基因决定的偏倚对文化演化的控制：首先，父母之外的人是适应性信息的关键来源；其次，内容偏好无法在成本较低或不牺牲社会学习所提供的适应性的情况下形成太多限制；第三，诸如遵奉偏好和威望偏好之类快速而节约的适应性启发法具有特定的、不可避免的适应不良副作用；最后，某些文化变异像无赖一样演化出了迂回的策略来规避内容偏好的影响。因为文化适应的速度与基因演化相比很快，所以这些无赖的变异常常能够赢得与基因的军备竞赛。

向父母之外的人学习是具有适应性的

大多数美国人（至少是大多数美国父母）错误地认为父母是他们孩子信念和价值观的主要来源。确实，孩子通常与父母有着紧密的联系，而且在某些文化中，父母在塑造孩子的价值观上付出了艰苦的努力，孩子和父母的信念与态度也确实常常十分相似。然而，许多证据表明，在许多领域中，父母在决定孩子最终采纳的文化变异时最多扮演了一个小角色。[1]行为遗传学研究表明，父母和孩子性格之间的相似性大多数是由于基因的遗传，而非纵向的文化传递。[2]同时，这些研究也观测到了大量不在家庭内共享的"环境中的"变异。儿童从另外的儿童和父母之外的其他成人那里学到了许多东西。在某些领域——如语言，同辈人比父母重要得多。美国的移民儿童通常从他们的同辈人那里学到了英语，并且变得更喜欢英语而非他们本国的语言。当人们从一个地区迁移到另一个地区时，他们的子女通常会使用当地的方言而非他们父母的方言。[3]在其他领域，从父

---

[1]　Boyd and Richerson 1985(53~55, 180)列举了一系列有关垂直的、水平的和倾斜的文化传递的重要性的文献。同时见 Harris 1998。

[2]　Feldman and Otto 1997主张的模型对文化传递赋予了重要的地位，他们认为文化扮演的角色比行为遗传学研究所认为的要更重要。

[3]　Labov 2001，第 13 章。

母之外的成人到儿童的传递同样具有影响力，尤其当正式教育很重要的时候。

　　既然少量父母之外的影响都能允许基因上适应不良的文化变异传播开来，那么为什么选择过程没有以另一种方式塑造社会学习的心理机制，以使得儿童优先注意到他们的父母（而不是相反，曾经做过青少年父母的人想必都知道）呢？

　　原因很简单。社会学习是从周围的社会环境中搜集有关适应性的信息，增加样本容量会增加你获得有用信息的机会，因为更大的样本能够使得所有的有偏传递都变得更为有效。和选择过程一样，这些力量依赖于各种各样的变异，所涉及的榜样越多，偏倚需要处理的变异就越多。这一点从被我们称为内容偏好的概念——这是一种根据文化变异的成就来直接判断其效用的能力——上最容易看出来。一位孩子的母亲可能是一个低效率或者孤陋寡闻的信息搜集者，但孩子的阿姨、祖母、姻亲或者朋友可能就要好得多。如果你只能向母亲学习，你就会陷入她做事的方法中。通过更为广泛的搜寻，你更有可能观察到一些值得学习的东西。人类学家 Barry Hewlett 记录了在中非的阿卡"俾格米人"中，年轻男孩是如何学会狩猎的。[1] 男孩子从他们的父亲那里学会了大多数的狩猎技术，但是随着男孩子的长大并变得更独立，他们更愿意偏离父亲的行为方式，虽然事实上每个人都像他父亲那样狩猎。不过，十字弓是 Barry Hewlett 研究时期的一项创新，且大多数的父亲都不知道如何制作以及使用它们。十字弓非常有用，因此男孩子们从那些知道如何使用它们的人那里学会了这一技能，而不管亲缘关系如何。这一"认知优势"（在我们的术语中即内容偏好）是这项创新成功传播的最大原因之一。[2] 相同的基本逻辑适用于遵奉偏好和威望偏好的传递过程。在每个案例中，人们根据一些规则对可相互替代的变异进行比较，

156

---

[1]　Hewlett and Cavalli-Sforza 1986.

[2]　Rogers 1983 (217–18).

且受偏好的变异将以高于随机的概率被选中。增加被观察到的变异样本容量提高了你获得种群中最优变异的机会。

偏倚是高成本的，因而并不完美

尽管存在着众多的演化社会科学家，Richard Dawkins 在当代演化思想家的排名中依然高高在上。（毫无疑问，他位于排名的前五位。）然而，大多数理论很少吸纳 Richard Dawkins 关于无赖觅母的论证，大多数理论将它当作用来解释文化的复制因子属性的假想工具，而非关于人类文化演化的一项严肃提议。他们倾向于认为所有形式的学习都是一种过程，有机体依赖于这一过程来探索环境中的统计规则，以发展出适应当前环境的行为。随着时间的推移，选择过程塑造了心理机制（同样还有其他过程），以使它能够利用探测出的线索产生适应性行为，社会学习仅仅是另一种探索社会环境中可得线索的机制。再简化一点说就是，大多数演化社会科学家预期人们会学习那些在更新世——或许以及那些与更新世相似的小型人类社会——中对他们有好处的东西。适应性产生于通过自然选择作用于基因而建立起来的，位于人类大脑中的信息处理能力。这些机制可能在今天会产生适应不良的行为，但是它们与文化毫无关系，而是与以下事实密切相关："环境"与我们根据先天的决策禀赋所测定出来的参数大相径庭。

这一论证忽略了一项重要的权衡。自然选择不可能创造出一种只令你得到适应性而没有适应不良变异的心理机制，因为自然选择不可能在限定的成本下产生精确而又普适的机制。为什么呢？试想把一种物质的味道当作它能否食用的指标，一方面，许多有毒的植物是苦味的，因而相应地我们倾向于拒绝那些尝起来苦味的食物；另一方面，许多有毒物质尝起来不苦，所以是否有苦味不是食用性绝对可靠的指标。进一步，许多苦味的植物，如橡子，通过烹饪或萃取可以被提取食用。再进一步，许多苦味的植物混合物具有药用价值。事实上，人们可以培养出对某些苦味食物和饮品的喜爱，比如杜松子酒和奎宁水。苦味仅仅是对什么能够食用而什么不能食用的粗略而快速的指标。原则上，如果你的舌尖上有一个现代食物化学实验室，这个实验室可以分别感受到每种可能的有害或有益的植物混合物，而不仅仅是拥有四种一般味觉的话，你能做得好很多。某些动物在这些方面比人类厉害很多，比如说我们的嗅觉就非常差。然而，自然中有机混合物的数量是无限的，选择会偏好于那些**通常**能产生适应性行为同时又不耗费太多成本的妥协。出色的嗅觉需要长长的鼻口来容纳感觉上皮，所有那些出色的感觉神经元都分布其中，并且需要充足的血流来供养它们。苦味是一种相对精确与通用的筛选工具，但是为了做得更好，你必须要冒险采用一些不好的，因为大脑应用各式各样偏倚的评估机制必然会受到限制。让我们来看看为什么。

John Tooby 和 Leda Cosmides 将适应性定义为"一种在有机体中不断发展的结构，由于它与世界周期性的结构相一致，因而能够产生对于适应性问题的解决方案"。[1] 他们给出了行为的例子，诸如避免近亲结婚，怀孕期间避免植物毒素以及有关社会交换的谈判。演化心理学家容易就自然选择所创造出来的神奇的认知适应性产生激烈的辩论。他们确实应该感到神奇；每个人都应该感到神奇。自然选择创造出来的大脑和感知系统能够轻松地解决令最优秀的工程师都为难的问题。制造一个能够在自然环境中做所有理智之事的机器人是极度困难的，但是仅有数千个神经元的小蚂蚁就能在远离巢穴数百米远的坚硬土地上找到食物并按直线返回来供养它的姐妹。人类在日常生活中能够解决许多令人震惊的难题，因为自然选择在他们的大脑中创造了无数具有适应性的信息处理模块。值得注意的是，类似于视觉处理这样的机制成了最佳的案例，因为它们包含了那些在过去的千万年演化中，我们谱系中的每个成员在每个环境中

159

---

[1]　Tooby and Cosmides 1992 (104).

都会遇到的问题。虽然那些记录完善的事例少有仅适用于人类的，但是这些心理机制上的适应性一次又一次为每个人类——也可以说是每个高等社会性脊椎动物——面对的问题提供了解决方案，比如学习语言、选择优秀伴侣和避开社会交换中的骗子之类的事情。

文化演化同样产生了非凡的适应性，然而，它们通常被用来应对由**特定**环境所引起的问题。请再次试想一下北美洲北极圈中的因纽特、尤皮克和阿留申狩猎者们制造和使用的皮艇，根据 John Tooby 和 Leda Cosmides 的定义，皮艇显然是一种适应性。这些人依靠捕猎北极圈海域中的海豹（有时是北美驯鹿）生存，为了足够接近那些大型动物以便用梭镖成功击杀它们，就需要一艘快速的小船，[1] 皮艇就是解决这一适应性问题的绝佳方案，它们细长而高效的船体设计能够支持最多 7 个位置的持续划桨，同时它们非常轻（有时不足 15 千克），但非常结实，足以安全地航行于狂野寒冷的北方海水中。[2] 它们也确实"在发展着"——每个成功的狩猎者都能制造或者获得一艘皮艇，直到火器出现使得他们能够在慢一些但更为平稳且用途广泛的木架皮舟上狩猎。在至少 80 代人的时间里，出生在这些社会中的人们能够获得所需的技能和知识，以利用可得的材料——骨头、浮木、兽皮和筋腱——来制造这些船只。

当然，并没有什么演化出来的"皮艇模块"潜藏在人类大脑的深处。人们必须利用演化出来的心理机制去获得制造皮艇所需的知识，这一心理机制与人们在其他环境中用来掌握其他关键技术的心理机制相同。毫无疑问，学习任何技艺都**需要**有一套演化出来的"制导系统"，人们必须要能评估各种替代方案，并且要能够知道不

---

[1] 因纽特人又被称为梭镖投掷者。他们用一块小木头、骨头或者大约前臂那样长的象牙，在一端装上钩子，另一端是梭镖的尾部，投掷者手拿尾部，梭镖的长度可以增加投掷的速度。这样一个又快又重的梭镖，它的击打力量比箭更强，这对于捕猎大型海洋哺乳动物来说很有用。

[2] Arima 1975, 1987. 尽管我们是在柏林一个晴朗的周五写下了这段话，但是美国气象仍然播报在白令海峡有高达 10 英尺（约 3 米）的海浪和 30 海里 / 小时的大风。

会沉没且易于划桨的船要优于那些导致渗漏和不顺手的设计。他们必须要从有意义的角度来判断谁的船是最好的，以及在什么时机怎样地把来源不同的信息结合起来。容许儿童自主地获得关于世界的一般性知识这一精妙的心理机制同样十分关键，除非人们已经知道了材料的性质以及如何将动植物分类等等知识，否则人们是不可能学会制造皮艇的。这一制导系统并不是"领域通用"的，它无法做到让人们学会**任何**事情。对地球上的生命而言，这一系统在很大程度上局限于中等大小的物体，相对适宜的温度，现存的生物，手工技能和小型社会群体。然而，在皮艇的例子当中，我们演化出来的心理机制中并没有任何特定的细节，以使得我们能够具备关于外形尺寸、材料和制造方法的知识，从而能够制造出一艘重达 15 千克且能安全地驾驶过北冰洋并能用于谋生的船，而非一艘会导致溺死或冻死的船。从这种意义上来说，这一系统又是领域通用的，这些关键的细节储存在每一代因纽特人、尤皮克人和阿留申人的大脑中，这些细节被种群——这些种群拥有着演化而来的心理机制——所具有的行为所保存下来并不断发展，但是其中采用的机制对保存大量其他种类的知识也同样有用。

160

这些具有广泛适用性的学习机制必然比那些高度特异化的，特定领域的学习机制要来得更不完美且更容易犯错。就像 John Tooby 和 Leda Cosmides 所强调的，宽泛的一般性问题比单纯的受约束问题要更难解决得多。[1]一艘皮艇是一个高度复杂的物体，其具有许多不同的属性或"维度"。例如，什么样的几何构架是最优的？是否需要有一条龙骨？框架的构件应该怎样连接在一起？哪种动物的皮最好用？是雌性还是雄性？在一年的什么时候去捕杀？设计一艘优良的皮艇意味着要找到某种为数极少的属性集合，以产生一艘高度专业化的小船。可能的属性集合随着维度的增加按几何级数增长，迅速地扩展为一个天文数字。如果我们拥有限定于这一设计的皮艇模

---

[1] Tooby and Cosmides 1992 (104-8).

块，以便让我们减少一些需要评估的选项，那么这个问题就会简单许多。然而，演化不可能采用这一方案，因为环境变化得太快且在空间上存在着太多差异，以至于选择过程无法以这种方式来塑造北极圈居民的心理机制。同样的心理机制要应用于皮艇、油灯、防水服、雪屋和其他所有在北极圈生存所必需的工具和技艺，这种机制还要应用于人类的狩猎采集文化已经演化出来的桦树皮独木舟、芦苇筏、独木舟、木板小船、猎兔、吹箭筒、哈罗德之礼和无数适用于特定环境的非凡的具体技术。

与演化不可能"设计"出一种既通用又强大的学习工具一样，选择也无法塑造出某些社会学习机制，以使得它们能够在人类所有经验的范围内完全舍弃适应不良的信念。一位年轻的阿留申人无法轻易地判断他看到的那些父亲和堂兄弟们所使用的皮划艇是否比其他替代性设计要更好。他可以尝试做一个或两个改进，看看它们是否有用，他还能比较他所看到的这些不同设计的表现如何。但是小样本属性、多维度的差异性以及噪声干扰将严重地限制他选择最优设计的能力。某种改动也许在通用性上有所加强，却又不得不在准确性上有所舍弃，需要通过一个由许多个体所组成的**群体**，且这些个体在代际之间进行文化传承，不断重复这种微弱的一般性机制就能够产生像皮艇那样复杂的适应性，但是个体必须仅以边际调整的方法来应用他们所观察到的知识。这样的结果就是，如果出于某种原因，像自然选择这样的种群层面过程会青睐于那些不由父母传递的变异，那么我们就可能常常会采取适应不良的行为。

在最后一章中，我们展现了当确定最优的文化变异存在困难时，自然选择就会青睐于那些模仿他人的行为。自然界在不同地点和不同时间是复杂而多变的：巫术有效吗？是什么引发了疟疾？在某一特定地点最适合生长的庄稼是什么？祷告能够影响自然事件吗？社会中的因果关系常常同样难以辨别：一个人应该和什么样的人结婚？多少个丈夫是最佳的？（历史上一夫多妻制下的）藏族妇女通常有两个或三个丈夫。对工作和家庭的投入按照什么样的比例才能产生最大的幸福感或者最高的适应度？研究创新扩散的学生们会注意到，"可尝试性"和"可观测性"是观念从一种文化传播到另一种文化最为重要的影响因素。[1]许多重要的文化特征，包括家庭组织等等，具有很低的可尝试性和可观测性，通常也就很保守。我们的所作所为就好像我们知道对这些行为做出理性选择很困难，并且如果我们偏离传统就很容易犯错误。

随着偏倚效应的逐渐减弱，社会学习将变得越来越像一个遗传系统。因此，个体的大多数行为都将源于从他人那里几乎原封不动习得的信念、技能、伦理规范，以及社会态度。要预测个体将如何行事，必须要了解个体的文化环境。这并不意味着作为个人学习基础的演化特质就变得不重要了，没有它们，文化演化将脱离遗传演化。它将不会提供任何能够提高适应度的优势，这些优势通常塑造了文化演化的过程并形成了适应性。不过，文化变异一旦变成可继承的，它就会导致一些降低基因适应度的行为被选择。这种对基因的选择控制着文化体系，可能它仍然会偏好于对他人进行模仿的能力和倾向，因为通常来说这是有益的。选择过程将会平衡模仿的优势与变得病态或迷信的风险。部分地来说，我们对一些危险信念的采纳是我们为了获得累积性文化变异的非凡之力所支付的成本，可能就像俗话所说，"如果你演化出某种适应性，你就得支付它的成本"。

162

适应性偏倚具有特定而不可避免的适应不良的副作用

你也许会认为些许的偏倚仅仅被用于对多种多样的、或多或少带有些随机性的信念进行选择。尽管对一些简单的启发法来说，这是正确的，但其他一些偏倚则会导致可预测的系统性病态，我们来看看这种情况的存在性及其重要性。

---

[1]　Rogers 1983 (231–32).

遵奉偏好会导致演化出适应不良的自我牺牲

回忆一下，上一章中诸如"模仿最常见的变异"之类的遵奉规则在任何青睐于社会学习的环境中都是具有适应性的。如果一个社会学习者无法确定最优的行为方式，跟着别人做大概总是安全的。遵奉有一项重要的副作用：它倾向于减少群体内变异的数量，同时增加群体间的差异。这样一来就增加了群体选择的重要性，如果出现了某种能够诱导个体牺牲自身利益来保全种群利益的文化规则，那么群体选择就能够使得这种以个体付出代价来获得群体收益的特质扩散开来。[1]

假定两个群体在宗教信念上有所不同，在其中一个群体中，大多数人相信上帝会惩治邪恶；而在另一个群体中，大多数人都是世俗的无神论者。进一步，假定上帝的信徒们会牺牲自身以增进群体利益——比如他们会在商业交易中更为诚实，更不容易沉溺于享乐主义，同时更为慷慨仁慈。（他们的宗教信念并不需要让他们变成天使，只是比他们的竞争者多增进一些群体利益。）最后，假定他们演化而来的心理机制也会引发人们对欺骗、放纵和自私的偏好，那么结果就是，内容偏好会使得无神论传播开来。如果只有内容偏好这股力量在起作用，那么与宗教信念相关联的群体利益就无法扩张，因为无神论者很快会占据主导地位。然而，如果人们同时还倾向于模仿大多数人，那么信徒就有可能在第一个群体中普遍存在，仅仅因为他们已经普遍存在了。人们的所作所为就好像他们看了看周围并思忖道："每个人都相信上帝，那么肯定存在着惩治邪恶的上帝。"结果，这两个群体将保持着差异，并且经过长期的发展，更为富有、健康和稳定的信徒群体将倾向于取代无神论者群体。[2]

163

---

[1] "自身利益"在这里指的是任何群体内过程所青睐的结果。Boyd and Richerson 1982，1985；Soltis，Boyd and Richerson 1995；以及 Sober and Wilson 1998 描述了文化群体选择的案例。

[2] Stark 1997 论证说，早期基督教精神的快速扩散正是经历了我们所描绘的大致过程，而 Wilson 2002 则举例说明了宗教改革之后的加尔文主义也是如此。

为了使这一论证保持清晰，我们必须对**适应度**的定义非常谨慎。如果文化层面的群体选择运行良好的话，使群体具有适应性的信念就可能提高每个人在繁殖方面的成功性。然而，作用于基因上的选择将仍然继续青睐于无神论者，因为他们获得了生活在一个优良社会中的收益却无须支付成本。群体所选择的制度甚至有可能会歧视自私的无神论者以及其他违背群体正统的人，并让他们付出代价，例如建立像审讯这样的惩罚体系。[1] 即使这些体系力量强大，作用于基因上的选择仍然会青睐于那些能够逃避盛行的惩罚体系的新变异。因此，对基因的选择仍然会倾向于演化出对个体有利的特质，即使宗教信念的崩塌将在长期中损害无神论者他们自己在繁殖方面的成功性，又或者即使现在群体中没有任何变异能够逃脱惩罚。

在人类演化中文化变异的群体选择一直是一股重要的力量，遵奉偏好和快速的文化适应共同产生了群体间大量的行为差异。遵奉效应解决了群体选择中的关键问题。对基因遗传系统来说，群体间的差异很容易因适量的移民而迅速消失，对利他特质来说，群体内部的选择会排斥利他主义者，从而减少了群体间在利他性上的差异。人类社会中存在着大规模的合作，这需要一种基于群体功能的解释，或许文化遗传体系的特异性可以对此做出解释。我们将在下一章中进行更为具体的论证。

威望偏好的力量会导致演化出"失控的"文化

达尔文认为性选择可以解释为什么会特化出那些适应不良的第二性征，比如孔雀蔚为壮观的尾巴。[2] 雄性的尾巴越是引人注目，它就会拥有越多的后代，因为雌孔雀偏爱拥有漂亮尾巴的雄性，即

---

[1]　Stark 2003，第3章对审讯作为早期现代社会的一种社会控制制度提供了一个有趣的观点，他并不认为其中蕴含的传统智慧是反天主教的宣传。

[2]　Darwin 1874.

使这让它们更容易被捕食。事实上，达尔文认为在性吸引中的演化潮流常常会导致在羽毛、皮毛和小虫耳部上演化出适应不良的特征。然而，他并没有解释为什么雌性会有这些偏好。演化理论先驱 R. A. Fisher 表明这并不需要任何**适应性**上的解释。[1] R. A. Fisher 的洞见在于，他认识到那些喜欢漂亮伴侣的雌孔雀的雄性后代很可能既会拥有漂亮尾巴的基因，又会拥有引发雌性喜欢漂亮尾巴的基因。因此，如果雌性的选择增加了导致漂亮尾巴的基因频率，它可能还增加了引发雌性喜欢漂亮尾巴的基因。这将导致对漂亮尾巴越来越强的选择，而这又进一步增加了对漂亮尾巴的喜爱。这个过程以一种爆炸性螺旋上升的方式进行自反馈，使得最初符合适应性的特征变得非常夸张。这个议题在演化生物学中仍然存在争议，但从理论上说这个机制确实可以运作；此外，它似乎还解释了其他类似于孔雀尾巴的神秘特性，例如园丁鸟的巢穴以及许多昆虫夸张的雄性生殖器。[2]

　　威望偏好的传播机制与此类似。记住当个体以威望为指标来选择榜样时，威望偏好就出现了。假定那些拥有某种信念（不一定是意识到的信念）以使得他们去模仿那些虔诚信徒——那些将时间和资源投入到宗教仪式中的人——的人们会明显变得节制而慷慨。这一过程将会使更多的人变得虔诚，并且会使人们更愿意模仿那些虔诚信徒，因为人们根据他们的信念来确定应该模仿谁，且最虔诚的信徒比整个群体要更希望增加虔诚度。这种动力与失控的性选择十分类似。[3] 我们已经论证了许多现象，从适应不良的演化潮流，到群体功能性宗教信念的风行，再到群体间的显著差异，它们都可能来

---

[1]　Fisher 1958（1930）. Fisher 无法解释为何这些夸张的特征能够在均衡中保留下来，不过最近，Iwasa and Pomiankowski 1995 以及 Pomiankowski, Iwasa and Nee 1991 描述了两种能解释这一问题的机制。

[2]　Eberhard 1990.

[3]　Boyd and Richerson 1985，第 8 章。

源于威望偏好的这些特点。[1]

　　人类社会中用于表明地位的夸张特征实际上已经是老生常谈了。例如，在太平洋的庞派岛上，一个男人的声望在一定程度上取决于他为定期盛宴所贡献的大甘薯。[2] 这些大甘薯需要多达 12 个男人来搬运，且从生产食物的角度来看，这种种植行为效率很低。让我们来想象一种演化情形，最初人们只是把他们最好的产物带到盛宴上，而甘薯的体积和数量则是种植能力的直接指标。接着，随着最优秀的人会贡献最大的甘薯这种想法的诞生，人们开始投入特别的精力来种植大甘薯，种植大甘薯的习俗就产生了。在我们生活的加利福尼亚州，当我们看到一辆悍马 H2 奔驰在洛杉矶大道上时，12 个人抬甘薯的画面就出现在了我们的脑海中。[3]

文化体系能够抵抗适应性偏倚

　　到后来，文化体系常常能演化出高超的方法来对抗我们演化而

---

[1]　Boyd and Richerson 1987; Richerson and Boyd 1989a.

[2]　Boyd and Richerson 1985，第 8 章。

[3]　这里面还包含着另一种适应不良的机制，即昂贵的信号。我们认为这是一种可以称为"背包里的石头"的假说。假设 Rob 能够通过背负更重的东西来显示自己的体力比 Pete 更好，那么他就可以这样做来展示他更好的基因（或者他更好的训练方法）。如果 Rob 通过背一块石头而获得了女孩子的青睐，或者获得了文化上的威望，那么 Pete 就会背两块石头作为回应，而 Rob 就不得不背三块石头。只有当他们两个人都已经背了很多无用的石头，并且谁都没法比对方再多背一点的时候，这种竞争才会停止。要判断他们中的哪一个更厉害，只有带上足够的石头开展一场正规的竞赛。在演化的背景下，不实用的展示会演化为无法作假的信号，就像 Fisher 所说的过程一样。像这样，经过几轮对声望的竞价，拥有好基因或者好文化的优势就完全被这些无用的展示所抵消了。换句话说，悍马 H2 的主人很可能拥有比较高的收入，但他们也很可能有大堆的债务。这个观点最初由经济学家 Spence 1974 提出，随后生物学家将同样的逻辑应用于性选择中（Zahavi 1975；Zahavi and Zahavi 1997；Grafen 1990a，1990b），而 Smith and Bliege Bird 2000 用这些观点来解释小型人类社会中各种各样夸张的展示。Ryan 1998 描述了第三种解释，即夸张的特征是作用于雌性感觉系统的选择过程的副产品。在这三种假说中，这些夸张的特征都是适应不良的。对现代性选择理论的非数学性论证见 Miller 2000。

来的心理机制。[1]经由父母之外的人所传递的文化和细菌很类似，我们演化出来的免疫系统能够杀死这些细菌病原体，但它也同样允许有用的细菌与我们共生。然而正如我们所熟知的，尽管有着复杂的免疫系统，微生物病原体依然很常见。一个原因在于，我们不是这场博弈中唯一的参与者，自然选择会帮助寄生虫来欺骗我们的免疫系统。由于微生物的代际交替频繁，群体总数庞大，寄生虫的适应性可以很快提高。社会学习的机制和免疫系统一样，它演化出来就是为了吸收有益的想法，同时抵制那些适应不良的想法。但是像免疫系统一样，它并不总是能赶得上快速演化的文化"病原体"。

比如，以基督教神学为例，它描绘了一幅具有永恒奖惩的图景，这幅图景令忠实的信徒们十分信服。如果我们把偏好看成是一种衡量收益与成本的权宜之计，那么一个增加了假想成本和收益的体系就能在其中做些手脚，信徒们也许会牺牲他们的适应度来维持信仰。16世纪的数学家和科学家先驱布莱斯·帕斯卡基于他与别人共同发现的概率论写下了对信仰的著名辩护。在他提出的著名赌局中，他请人们权衡人间生活的有限苦乐与天堂地狱中的无限奖惩："失败的可能性是有限的，而你下的赌注也是有限的，但获胜的那一线机会将使你赢得无限快乐的生活"，他断定，"他一定会毫不犹豫地打赌"。[2]这一精妙的论证常常被用于说服非信徒并确保信徒不产生怀疑。帕斯卡本人在1654年突然失去了对世俗的追求，并用余生来为詹森主义——这是一个简朴的，带有加尔文主义色彩的天主教分支，最终被教会镇压——辩护。[3]我们倒并不关心帕斯卡为了他的信念失去了多少适应度，只是为他在科学领域的消失而惋惜。

---

[1] Richerson and Boyd 1989b. 对溯因推理在为宗教信念提供支持时起到的作用的论证见 Boyer 1994。

[2] Pascal 1660, § 233.

[3] 如果你想接受帕斯卡的赌局，那么就有个问题，即如何确定上帝会在我们死后奖赏或惩罚哪些信念？人们相信詹森主义对实践者的灵魂来说是一个巨大的危害，但也许上帝真的会奖赏那些谦虚的人，甚至不可知论的科学家，把他们送入天堂，反而把那些自以为知道他心意的教条主义者送入地狱，比如像帕斯卡或者教皇这样的人。

帕斯卡并不是孤独的，几个世纪以来，基督教的信徒包括许多令人敬重的知识分子。[1]早期的基督教神学家从古希腊哲学中受到了启发，其中最著名的就是圣·奥古斯丁，艾萨克·牛顿对自己的神学体系至少与对他的科学体系一样自豪，证明上帝的存在也是帕斯卡同时代的哲学家——如莱布尼茨和笛卡尔——的主要议题。现代科学的优势在于，它是一个由高度受训的理性怀疑主义者所组成的，享有声望且资金充足的大型团体。即使是这样，科学家们仍然要花费精力来保证像超心理学和创造科学这样的"学科"不会逾矩。我们很难期望个体怀疑主义者能在对抗由一系列思想家殚精竭虑所支撑起来的信念体系上取得巨大进步。

166

小结：如果获取信息的成本很高，适应不良的信念就会传播

我们认为，任何可行的具有适应性的社会学习心理机制将为无赖变异留下充足的空间。仅仅关注父母会丢掉太多有用的信息，因此演化将青睐于从许多人那里进行学习。但是，就像在微生物密布的世界里张开鼻孔呼吸一样，来自父母之外的文化信息将不可避免地充斥着适应不良的想法。从基因的"角度"来看，如果某种偏倚能够在更新世的环境下从一大堆可能的"老师"中挑出适应度最大的特质，那这将是一种伟大的偏倚。但是内生于学习和认知过程中的权衡使这种偏倚难以企及，就像生物力学上的权衡导致无法演化出喷火龙和会飞的猪。演化而来的心理机制难以审查每种文化变异对适应度的贡献，因为这样做的成本太高。在最后一章中我们的主

---

[1]　正如马克斯·韦伯 1951 年所写到的，对那些终极问题，尤其是那些很容易导致困惑的有神论观点的理性主义追求，在基督教精神中比在其他宗教中受到了更多的强调。尽管如此，即使是那些十分"原始"的宗教，它们也慢慢开始寻求深刻的思想者，而不仅仅是盲目轻信，例如 Barth 1990。Stark 2003，第 2 章注意到像牛顿那样的许多科学先驱都有着堪比帕斯卡的神学思考。

要结论就是，文化是具有适应性的，因为**种群**能迅速地演化出针对环境的适应性，且并没有什么具有特定目的和针对性的演化而来的心理机制在引导他们。对文化演化的严格控制将会使得文化的演化体系变得缓慢而笨重，在更新世这样极具变化性的环境中，个体最好通过快速而节约的社会学习启发法来**立刻**习得相当合适的行为，而不是等待某种完美针对当前环境的，基因或文化上的适应性产生，因为环境可能在完美的适应性演化出来之前就已经变化了。这种启发法为自私的文化变异渗入群体中留下了空间，这只是在高信息成本的多变环境中做交易所要付的价格而已。

从这种角度看，人类演化而来的心理机制是正确的。关于社会学习的比较心理学表明，人类能够通过观察他人学会完成复杂的任务。这种能力显然是人类所特有的；迄今为止没有发现任何其他物种会依赖于这样一系列复杂庞大且高度演化的传统。第四章中展示的例证表明了文化由于其群体层面的属性而如何能够有效地解决问题，人类文化的多样性足以证明文化的力量可以解决生活在地球上几乎每个角落的问题。认知心理学家已经令人信服地说明，相对文化而言，个体层面上用于解决问题的通用机制是低效的。

人类的心理机制在很大程度上依赖于用巧妙却简单的启发法来控制文化传递过程。那么，文化就是一个复杂的认知和社会体系，它被演化出来以应对信息成本的问题，而不需要在每个个体的脑袋里都装一个解决问题的通用系统。科研单位本身就是文化能够解决极度困难的问题的终极例证，给定正确的社会制度，容易犯错的个体智力就能够逐渐揭示宇宙最深层的秘密。[1]我们对获得适应性信息的种种渴求需要我们支付价格，也就是必须接纳有时或许是惊人的病态文化变异。

---

[1]　Campbell 1974.

巫术是适应不良文化变异的简单案例

　　Pascal Boyer 提供了一个很好的例子，用以说明广泛通用的学习启发法有时会让我们误入歧途。Pascal Boyer 论证说，人们用"溯因推理"的方法来接受超自然的理念（很可能还有其他理念）。[1] 溯因推理是一种归纳法，在这种方法下，如果某个前提导致的结果被观察到，那么这个前提就被认为是正确的。[2] 北极圈内的美洲人使用皮艇来猎取海洋哺乳动物，即便用着相当原始的武器，他们仍然做得相当成功。因此，皮艇就是用梭镖来猎取海洋哺乳动物的最好船只。这**看似合理**。但是又比如人们会向上帝祈求健康和财富，许多病人恢复了健康，许多经济投机成功了，而不祈祷的人们又常常会生病，因此，祷告得到了回应，上帝确实会为了忠实的信徒而介入其中！这看起来就**不太合理**了。溯因推理忽略了那些祈祷并没有得到治愈，以及没有祈祷却得到了治愈的案例。具有替代性的假说并没有被考虑进来，比如我们常常在生病之后才会去祈祷健康。我们生活在一个复杂的世界中，由于没有考虑到其他原因在起作用，错误的假说很普遍。要真正认识自然界，就需要花费大量的时间在观察、精确计算，以及控制实验上，但要在日常生活中使用这些严格的归纳方法，成本就太高了。尽管溯因和逻辑上或经验上的成功相距甚远，它却常常揭示了真实的因果关系或相关关系，并且很容易应用。然而，如果人们持有了错误的假设，那么溯因就很容易导致他们采取错误的，并且常常是有害的信念。许多宗教理念似乎对人们的心理健康很有好处，并且能够创造出强大的团体。[3] 然而，在仪式上手持响尾蛇的适应性好处却很难解释。一些参与其中的南部灵恩派信徒

168

---

[1]　Boyer 1994.

[2]　也就是说，A 意味着 B。如果看到 B 发生了，那么 A 也发生了。

[3]　Sloan, Bagiella and Powell 1999 对心理健康的有关文献提出了质疑。群体层面的机制见 Stark 2003 和 Wilson 2002。

被蛇咬到了，有些还被咬死了。[1]

而其他一些超自然的信念似乎是有害的，例如，对巫术的迷信在社会的各个组织层次中都非常常见。人类学家 Bruce Knauft 对新几内亚的一个简单园艺社会进行了研究，那里居住着吉布斯人，他们有着一套高度正式的、复杂的巫术审讯体系。尽管这套体系很复杂，但审讯仍然依赖于溯因推理，且支持指控的"证据"很容易被"发现"。例如，巫师们很可能把树枝和树叶扎成一捆捆的，然后开始施展巫术，而确认巫师是否施展了巫术的调查者们可以很轻易地在森林里腐烂的树枝树叶堆中发现这些成捆的"证据"。在与欧洲人发生接触之前，吉布斯人以使用巫术为名处死了许多人，这个原因与疟疾一起并列为导致死亡的主要原因。尽管他们设计出了其他制度来增加"好伙伴"的数量，对巫术的怀疑降低了吉布斯人抵御邻近的百达米尼部落对他们进行掠夺的能力；吉布斯社会因为巫术指控和对它的恐惧而瘫痪了。[2]

社会学家和宗教史学家 Rodney Stark 讲述了一个类似的故事，即宗教改革期间发生在欧洲的处决巫师的浪潮。无论是新教徒还是天主教徒都发现从逻辑上看确有可能存在着黑巫术，如果上帝是仁慈的，那么必定存在着某种强大的邪恶力量，从而造成了世间的苦难生活；如果人们可以通过祈祷来获得上帝的仁慈之力，那么巫术或撒旦崇拜就同样能够有效地召唤邪恶之力。这一论证被当时的大多数优秀思想家广泛认可。这种信念导致长期的巫师审判潮流，大多数被告供认不讳并承诺不再犯错，但仍有一少部分被处死。处决巫师浪潮有时会在小型社群中突然爆发出强大的破坏性，当地无知的掌权者会采纳未经证实的儿童证词和严刑折磨下的供词，最初的受害者很容易把其他人牵连进来从而让自己少受折磨。处决常常是不加以控制的，直到掌权者处死了社群中大约 5%—10% 的人。

---

[1]　Schwartz 1999.

[2]　Knauft 1985a.

到那个时候，控告开始指向那些可靠的公民，事情就变得开始自我节制了。大多数破坏性的爆发发生在政治上分崩离析的莱茵兰，在那里，富有经验的更高级的掌权者很难干预其中。[1]

许多社会中都存在着迷信和繁复昂贵的仪式。19 世纪的学者们轻易地将适应不良的迷信归因于"原始"，之后，各个学派的人类学家就开始醉心于各种各样的实用主义解释。到了 20 世纪后期，学者开始敏感于高等社会中迷信盛行的可能性，例如，新闻工作者 Dorothy Rabinowitz 详细描述了发生在美国 19 世纪 80 年代和 90 年代的仪式性虐待儿童案例与早先的巫术迫害十分相像，这是多么可怕。看起来，像美国前司法部长 Janet Reno 这样富有经验的检察官还是相信那些都是易受操控的儿童们所做的荒唐指控。[2]当然，信念所产生的作用有时很难判断，在给出彻底的一般性概况之前，我们还需要做许多工作。

现代人口变化可能源于自私文化变异的演化

当代人口生育率的下降始于发达国家，不过现在世界上的大部分地区都出现了，这个问题吸引了人口学家相当大的注意力。他们在很大程度上用积极的术语来描绘这一现象：这是一种经济变迁的伴随物，它令工业社会的人们变得富足，并阻止了不必要的世界人口过剩。抛开全球环境不说，生育率的下降代表着最大化个体遗传适应度的失败，这需要一个解释。天主教对节育的厌恶才和演化理论通常的预测接近得多，从罗马教皇和自然选择的角度来看，现代社会的财富被浪费在了具有消费主义的生活方式上，这是在向愚蠢的唯物主义屈服。想象一种恶性的，能够降低生育

---

[1]　Stark 2003，第 3 章。

[2]　Rabinowitz 2003；另见 Linder 2003。直到现在，从网上也很容易找到那些认为仪式性虐待儿童没有发生过的论证。

率的病原体在疾控中心所能引发的恐慌，尤其当新一代的细菌开始在全球的广泛区域内引发人口下降的时候，梵蒂冈的罗马教廷也是这种感觉。

人口变化至少在一定程度上是由来自父母之外不断增强的文化传递所引起的，这种文化传递与现代化相关。现代经济需要受过良好教育的经理人、政治家和其他类型的专业人员，他们通常有着高收入和高地位。相应地，对这些职位的竞争是激烈的，那些为了将时间和精力投入到接受教育和发展事业中而推迟结婚生子的人，他们在竞争中就具有优势。高地位的人在文化传递中有着非凡的影响力，因此能导致职业成功的信念和价值观就倾向于传播开来。由于这些信念通常会导致较低的生育率，家庭规模将变小。

试想一下现代化之前农业社会中大多数人的情形，在发生转变之前的群体中，大多数人都是文盲或者受教育程度很低，而且生活在相对隔绝的村庄中。普通人接触到的精英——地主、牧师、军官和政府官员——都是生来就获得了地位，而非通过他们的功绩，也就是说，世袭的贵族控制了威望体系，而这对于普通人来说难以企及。对于大多数人来说，家庭是最为重要的社会制度和生产、消费，以及社会化的基本单位。当文化垂直传递时，作用于文化变异上的选择过程将倾向于与作用于基因上的选择过程共享同样的偏好，即经济实惠的大家庭。强大的家庭伦理观念常常鼓励生育以增强某人的家族或宗族的力量，没有孩子的夫妻是被同情的对象，一个繁荣的大家庭是普通男女所能企及的最大成就。

在大家庭中，能干的家长们会把整个家庭的劳动力集中起来，从而走向兴盛。那些能力较差的人就很难积攒下娶亲所需的财力，或者没钱来养育他们的孩子，而且更容易成为传统环境中各种各样生存威胁的受害者。这些人的死亡率常常很高，尤其是在发生饥荒、瘟疫、战争和自然灾害的时候。管理得当是一个家庭在竞争中存活下来并繁衍生息的关键，无论竞争是为了从灾难中恢复过来还是为了处于社会的高层，又或者是为了在人口接近环境承载能力的地方生存下来。[1]在这种情况下，文化适应度和基因适应度之间的冲突相对很小。[2]基因偏倚和文化规范共同影响着生殖行为，以适应不断变化的环境。18 世纪和 19 世纪的美国印证了经济学家托马斯·马尔萨斯的理论，边疆地区的人们把孩子当成关键的资源，拼命地生孩子，因为那里的土地供应并不短缺；而在人口密集的地区，如 19 世纪和 20 世纪早期的爱尔兰，推迟结婚和其他一些权宜之计导致了很低的生育率以防止家庭变得赤贫。

即使是在人口稳步而缓慢增长的东半球，现代化之前的人口体系也是很复杂的。经济人口学家 Ansley Coale 注意到在现代化之前的许多地方，死亡率和出生率相互抵消，形成了大致为零的人口增长。例如，中国的出生率比欧洲西北部国家要高，但平均寿命则更短，尽管它们事实上都是人口零增长。[3]人类人口学家 William Skinner 认为欧亚大陆的"家庭体系"——结婚、婚后定居、孩子数量、孩子性别以及家庭财产继承的标准模式——是高度多变的，并且对所有的人口统计变量都有巨大影响。[4]他提供了许多现代化之前的案例，在这些案例中，社会运用生育控制、杀婴、寄养和收养的方式来使得后代达到理想的规模和组成。此类变异行为有时候包含了那些有损于适应度的行为——我们将在本章的稍后讨论这一问题，但几乎

171

---

[1]　Lindert 1985 描述了英格兰从中世纪晚期到近代的人口周期情况。直到工业革命开始，人口一直处于马尔萨斯模式。

[2]　减少父母之外传递的重要性降低了演化出适应不良的文化变异的风险，就像减少细胞器基因组的规模就能够降低性别比例被扭曲的风险。一些证据表明，现代化之前的人们经常遭遇生育率的下降。Bruce Knauft 1986 论证说，工业化之前的城市人口由于极高的出生率和死亡率而难以统计。罗马帝国和近代早期英格兰的威望体系使得罗马和伦敦像磁铁一样吸引着乡村人。尽管这两个城市的死亡率超过了出生率，由于源源不断涌入的乡村人，它们仍然能够维持一定的人口水平。Coale and Watkins 1986（14–22，以及第 3 章）和他们的同事们发现，欧洲一些生育率低于更替水平的乡村和城市，其人口变化的发生早于多数人口转变发生的时间。在这些乡村地区，一个孩子或者两个孩子的家庭规模成为标准，而死亡率却还是维持在工业化之前的水平。在这种情况下，人口急剧减少，选择过程与导致这些行为的规则展开了斗争。

[3]　Coale and Watkins 1986，第 1 章。

[4]　Skinner 1997.

所有的传统家庭体系都能够在资源有限的时期和地方做到合理配置资源，快速成长，以及维持高人口数量。

现代工业社会的演化过程体现了两种相互关联但并不完全相关的革命。一个是在生产方面的革命，其原因在于工业化急剧提高了物质生活水平。这一现代化过程通过物质生活水平的提高和公共医药卫生领域的相关创新而降低了死亡率，但它也同样提供了技术手段使控制受孕变得更简便。第二个是发生于各类想法的传递结构方面的革命。随着学校的普及，人们的识字率提高了。生产活动从由家庭主导的农场转移到了由企业家和经理人而非世袭精英所控制的工厂和办公室。政府在人们日常生活中扮演的角色加强了，且官僚体制的改革使得政府部门成为雄心壮志又受过良好教育的男性（最终还有女性）公开竞争的岗位。高识字率和印刷业的工业化首次导致了大众印刷媒体的出现，且之后又导致了广播媒体和电影产业的不断创新。在当代社会，廉价的电子技术将好莱坞、墨西哥城、圣保罗和孟买制造的娱乐产品带到了遥远的村庄。比起传统社会，大众传媒的崛起和教育的全民化使人们突然能够接触到更多来自父母之外的文化影响。相应地，文化变异的传播与基因适应度之间的冲突范围也增加了。

自第二次世界大战前 A. M. Carr-Saunders 和其他先驱的研究工作以后，人口学家已经注意到了人口变化与现代工业社会兴起之间的联系。[1]大多数的讨论引用了长长一串经济和社会现代化之间的关联，雄心勃勃的经济学家为分析现代化对生育率降低的因果关系提供了理论框架。经济学家考虑了不同环境下生育孩子的成本和收益，并试图通过检验经济变量和观察到的生育率变化之间的相关关系来验证各种各样的假说。例如，从农场到工厂的工作转变似乎降低了儿童劳动力的价值，尤其当工厂的工作需要受过教育的劳动力的时

172

---

[1] 接下来的论证基于以下文献: Alter 1992 ; Pollack and Watkins 1993 ; Kirk 1996 ; Bongaarts and Watkins 1996 ; 以及 Borgerhoff-Mulder 1998。

候，伴随着生产领域对家庭劳动力需求的减少和支付学费的需求产生，养育孩子的收益就减少了，而成本上升了；因此，生育率就会降低。大多数这类模型都假设偏好是不变的，而生育率上的变化被假定来源于生产领域的工业革命改变了人们的机遇和约束。虽然这个模型令人信服，但经验数据表明存在着更为复杂的因果过程。

对这个经济模型最宏大的测试是由 Ansley Coale 领导的普林斯顿欧洲生育率计划，[1] 这项研究调查了过去两个世纪里欧洲 600 多个行政单元的生育率下降情况。对于大多数的区域，Ansley Coale 和他的合作者们能够估计出生育率、已婚妇女比例和已婚生育率的时间路径。结果表明经济发展和生育率开始下降的时间根本对不上，例如，最早出现生育率持续下降的省份位于法国，而法国的转型期大约开始于 1830 年。英国和德国的生育率在 50 年之后才开始下降，而德国一些地区更是一直保持着高生育率，直到 19 世纪 10 年代到 19 世纪 20 年代。这些现象对经济学家的简单模型提出了挑战，因为根据模型，生育率的下降紧随在工业化增长之后。法国经历了更为早期和极端的社会现代化，但经济现代化的速度却比英国和德国要慢得多。

生育率的变化模式体现了一种惊人的文化效应——在整个欧洲，文化上与周边不同的区域，其生育率大约在同一时期开始下降。例如，比利时法语区的生育率在 19 世纪 70 年代开始转变，而这一转变在佛兰德语区却推迟了 40 年。匈牙利的转变比奥匈帝国的其他地区要早得多，加泰罗尼亚的转变比西班牙其他地区要早得多，而布列塔尼和诺曼底的转变则比大多数法国其他地区要晚将近 1 个世纪。即使是对经济学家来说，这样的结果也并不完全出人意料。现代性对个人主义和理性的强调引发了人们对政治权利和有效经济组织的新需求。这些压力经受了特定区域已有的，关于价值观、信念、技能和环境的变异的筛选。现代性常见的系统特征使得工业生产、识字率和人口统

173

---

[1]　Coale and Watkins 1986.

计特征等方面之间存在着松散的联系，但如果文化上的历史差异具有很大的重要性，那么每个文化区域都将会在转变中有着属于自己的步调。遗憾的是，普林斯顿欧洲生育率计划并不旨在收集此类能够帮助我们理解生育率变化中文化作用的数据。事实上，人口学家习惯于关注生育率和宏观社会变量之间的关系，而不对隐藏其中的因果过程进行细致分析，尤其当这些因果过程与演化相关时。

现代的低生育率并没有最大化适应度

在人口生育率的变化降低了适应度这一假设继续推演之前，我们需要确定这个假设的正确性。演化生物学家早就知道在后代的质量和数量之间存在着演化上的权衡。在鸟类学家 David Lack 的经典研究中，他说明了欧椋鸟的最优窝卵数比最大的窝卵数要小，因为那些产下大量卵的父母比产下适量卵的父母更少喂养孩子。类似地，如果父母的财产刚够让一个孩子拥有农场以养活他自己的一家人，他们就应该只养一个孩子，而不是在他们的子女中分割财产，以至于没有一个孩子能够过上好生活。现代人十分关注生育少数健康且受到良好教育，但也十分花钱的孩子，这或许反映了为最优化适应度而以质量换取数量的妥协。[1]其中的基本想法在于，当后代的质量与数量同等重要时，适应度需要在孙代而非子代的水平上进行计算。有些父母生育了许多孩子，这些孩子身材矮小，教育程度低下，注定贫困，这些父母可能确实在子女数量上更胜一筹，但那些生养了少数却健康的后代的父母将拥有更多的孙辈。

人类学家 Jane Lancaster 和 Hillard Kaplan 在一项针对美国新墨西哥州阿尔伯克基男性生育史的大型研究中检验了对现代低生育率的这种解释。[2]他们发现，盎格鲁人通常比西班牙裔更富有，而且

---

[1]　Rogers 1990a.

[2]　Kaplan et al. 1995.

拥有更少的子女。然而，Jane Lancaster 和 Hillard Kaplan 没有找到任何证据来表明这些发现反映了数量和质量之间的适应性权衡。盆格鲁人在数量较少的子女身上投入了更多，但其拥有的孙辈数量仍然比西班牙裔要少，即使在统计上控制了经济因素时，西班牙裔男性仍然比盆格鲁人拥有更多的子代和孙代。这些种族差异和欧洲生育率计划的结果很像，在现代中产阶级中，资源与生育率之间的负相关几乎总是伴随着财富和适应度之间的负相关。在欧洲许多地方（无论是富裕还是贫困的地方），不断下降的生育率已经低于更替水平，这种情况再也无法被解释为对适应度的增进。

174

父母之外的传递假说能预测到一系列各色的无赖文化变异

那么，有关父母之外的传递过程的假说对于生育率的下降模式做出了什么样的预测呢？正如我们所看到的，文化演化的所有力量都能够支持无赖的文化变异在适当的环境中扩散开来。在现代社会，父母之外的传递过程逐渐变得重要，且随着廉价大众传媒的发展而变得规模巨大。父母之外的传递越多，适应不良的变异就越有可能传播。那些先天的或利用文化偏倚的启发法只能适应较低程度的父母之外的传递强度，当它们面对新近演化出来的各种信念和态度的洪流时就束手无策了。在这个突然变得易受侵害的群体中，自私的文化变异会开发出各种各样的策略，同时，那些接触到相同变异的小群体，其价值观的不同变化程度将被视为不同的"感染率"。不过，作用于垂直传递的那部分文化的自然选择过程将直接支持那些鼓励提高人口生育率的价值观，而这些鼓励提高人口生育率的价值观则将成为一种抵挡"感染"的手段。

在下文中，我们会放上证据表明自私文化变异影响生育率的成功策略确实多种多样，而原先的价值观和鼓励提高人口生育率的新价值观都在一定程度上抵抗着这种降低生育率的效应。

导致人口变化的信念利用了内容偏好

　　文化观念会利用存在于我们心理机制中的内容偏好，最明显的例子莫过于那些工业革命和信息革命的产品。现代化使我们花费了大量的时间和金钱来购买和使用现代产品。对物质财富和物质享受的欲望在传统社会中能提高适应度，而且几乎在所有社会中这种欲望都很强烈；人们贪得无厌的冲动好像是天生的。经过最初几个发明家的示范，余下的人很快采纳了新的产品，并且在不久之后，诸如电话或电视这样的"必需品"陆续诞生。曾几何时，我们做梦也想不到会有个人电脑和移动电话这样的设备。不过在另外一些情况下，工业产品仅仅向那些足够富裕（山珍海味）或足够有兴趣（登山装备）的人进行传播。

　　经济学家 Gary Becker 以此为线索，针对富人的低生育率提出了一个理性选择假说。[1] 只要努力工作，精英们就能挣到可观的薪水，财富让我们能消费得起许多的奢侈品，但这些消费也要消耗时间，我们的工作和消费模式挤出了我们生养孩子的时间。相反，穷人们工资很低，并且负担不起那些耗时的兴趣爱好，他们会发现生养孩子是一种既快乐又能打发时间的方法。正如富人比穷人消费更少的豆子和啤酒是因为他们能负担得起牛排和香槟一样，富人放弃生养孩子而把更多的时间花费在赚钱和沉浸于高成本的爱好中。我们对孩子、昂贵的奢侈品，以及消耗时间的爱好这三者的偏好不需要因人而异或因时间而异。随着经济层面巨大的结构变化，预算的扩张和偏好的普遍性保证了我们不会用消费集中不太偏好的东西来替换更受偏好的东西。随着直接偏倚的决策动力变得十分强大，对诸如使用电烤箱之类的"特征"的采纳几乎算不上是文化。正如我们之前所说的，理性选择模型是文化演化的极端例子。注意一下，Becker 的模型是一种隐性的文化演化模型，在该模型中所有的演化

---

[1]　Becker 1983.

动作都隐藏于引发经济增长的那些创新背后。

即便如此，现代经济确实产生了过多的产品和服务从而使我们沉溺其中，无论我们的偏好是大众的、限定于某种文化的，还是与众不同或离经叛道的，都有相应的产品和服务。现代商业管理的目标在于绞尽脑汁地建立顾客偏好与工业生产系统之间的直接联系，其结果非常成功，且毫无疑问地影响了我们的适应度。那些希望将文化剥离出来并关注那些依赖于环境的决策的人会发现，近似于理性选择模型的现象随处可见。请注意，这份努力并没有什么问题，但是当文化不断演化，以至于理性选择理论不知道它藏身何处时，问题就来了。如果确实如此，那我们就不能寄希望于人们会在不同的社会中具有相同的偏好，或者偏好不随时间而改变。

然而，现代生活的压力和纷扰不可能是生育率下降唯一的原因，因为美国人和其他工业化国家的公民仍然拥有充足的时间来养育孩子。[1] 社会学家 John Robinson 和 Geoffrey Godbey 详细记录了从 1965 年至今全美国范围内的大量样本，这些数据与基于人们回忆的数据大相径庭。一些欧洲国家和日本也有类似的数据。美国人报告的工作量比他们实际做的工作量要多，并且低估了他们的空闲时间，这导致许多媒体刻画出了美国人工作过度的形象。[2] 那些受过良好教育的富人确实比那些受教育程度低且不太富裕的人工作量大，但他们也在更大的程度上夸大了他们的工作时间。事实上，自从 1965 年以来工作时间就减少了。女性的每周工作时间大约增加了 3 个小时，因为更多的女性走出家庭参加工作，但是所有美国人平均的每周工作时间下降了 3 个小时还多。无论对男人还是女人，花在家务上的时间也大幅度下降了，这主要是因为单身的人增加了，且孩子的数目减少了，结果是，美国人每周拥有的空闲时间比 1965 年多了大约 5 个小时。然而，美国人每周看电视的时间也增加了 5 个小时，这

176

---

[1]　Robinson and Godbey 1997.
[2]　例如 Schor 1991 的著名论证。

完全抵消了增加的空闲时间，现在平均每个成年人每周要看大约 15 个小时的电视。[1]

我们的收入同样足以支撑更大的家庭。出生于婴儿潮时期的那群人，他们的收入显著高于他们的父母——当收入根据家庭中孩子的数量和生活成本进行调整之后，出生于婴儿潮时期的人比他们的父母要多 50% 的收入。这一优势反映了急剧降低的生育率和增多的女性工作者数量。出生于婴儿潮时期的人有足够的财力来负担和他们父母一样多，甚至更多的孩子，但他们却选择多做工作，同时少生孩子。[2]

除了纯粹的消费主义，还有许多明显的原因使得人们参与到现代经济体制中。先进的医药技术、更好的卫生环境、廉价的食物和优良的住所，这些都在根本上有利于增加适应度。其他一些好处，例如不需要再依赖于常常异想天开或独断专行的家长这样的事情看起来简直就是巨大的福利，即使这让家长们不再积极帮助他们抚养孩子。原则上说，人们能够认真地衡量现代那些信念和态度，并且有选择性地采纳那些能够提高适应度的态度和信念。而事实上，如同下文中论证的那样，只有少数的文化创造出了这种严格的选择系统。它们所采用的方法具有重要的理论意义。

导致人口变化的信念利用了威望偏好

工业革命产生的大多数财富都流入了那些占有诸如教育、商业、艺术、医学、大众传媒和政府官僚机构等领域中竞争性岗位的人手

---

[1]　在看电视上的这种变化十分有趣，因为这是最不吸引人的娱乐活动之一。事实上，在大多数调查中，人们报告说许多工作性的活动——包括照看孩子——带给他们的快乐和看电视一样多。电视的不间断性、低成本，以及因好奇节目的后续内容而上瘾，这些显然吸引了我们的注意力，从而挤走了许多我们更喜欢的活动，比如走出家门进行社交活动。

[2]　Easterlin，Schaeffer and Macunovich 1993.

中，少数流向了那些从事传统职业的人，尤其是从事传统乡村贸易
的人。正如我们先前所论证的，自然选择塑造了社会学习的心理机
制，使得我们倾向于模仿那些具有威望和物质财富的人。使用威望
作为模仿的指标，这将使得人们获得一整套的现代主义的价值观和
看法。现代人不仅尊重财富本身，还尊重能够带来富裕生活的事业
成就，免费和廉价的教育降低了竞争这些事业成就的门槛。当然，
并不是每个人都追求巨额的财富，但是大量的人渴望获得同行的尊
重。我们其中一位的母亲就喜欢夸耀她儿子的成就，尽管相当抽象
而模糊："他在他的领域中非常有名。"当然，我们并无讥讽之意。

　　这些对财富和事业成就的努力降低了人们生养孩子的欲望。这
一变化对女性来说最为显著。在传统社会中，女性主要依靠养育孩
子和完成其他家务工作来获得自尊和社会地位。在大多数传统文化
中，严格的性别分工显著地限制了女性获得高社会威望的可能性；
高社会威望几乎完全被男性所垄断。正规教育从根本上改变了这一
模式，与人口变化的开始关联最为强烈的原因之一就是妇女得到了
受教育的权利。[1]在学校里，女孩子们能够直接接触到教师（常常是
女性）并间接接触到其他具有高社会威望的人物，他们所展示出来
的财富和风度使他们相当具有吸引力。进一步，女孩子们明白了她
们可以通过完成家庭作业而获得成功；此外，如果她们在男女兼收
的学校里，她们会发现事实上她们比男孩子们要更胜任家庭作业。
很自然，许多受过学校教育的女孩子开始追求有偿工作，通过赚钱
来参与到现代经济中。

作用于文化变异的自然选择影响了人口变化

　　现代威望体系之所以能够通过威望偏好来广泛地改变人口生育
率，这依赖于现代职业成就和"小家庭"模式之间的紧密关联。如

---

[1]　Kasarda，Billy and West 1986，第6章。

果现代社会出身于小家庭的人在学业和之后的威望竞争中具有优势，那么他们将在极大程度上占据那些高威望的社会角色，并将对父母之外的传递过程产生举足轻重的影响。已故人口学家 Judith Blake 呈现了强有力的证据来表明家庭规模与智力和教育成就之间存在着权衡。[1] 为了检验兄弟姐妹会分散父母资源这一假说，她对相当大范围内的数据进行了调查，这些数据主要来自于 20 世纪 50 年代到 20 世纪 80 年代在美国进行的大范围问卷调查。家庭规模的效应在以各种方式测度的因变量上都是一致的。大家庭对智力和教育成就有着普遍的负效应。有着众多兄弟姐妹（超过七个）的孩子比只有一到两个兄弟姐妹的孩子少受两到三年的教育。独生子女和只有一个兄弟姐妹的孩子受教育年限相同，但是当兄弟姐妹增多时，受教育年限就会以线性递减。独生子女和拥有六个兄弟姐妹的孩子之间的差异比黑人和白人之间的平均差异或连续几代黑人和白人之间的差异还要大。[2] 兄弟姐妹数量对智力，尤其是语言能力有着相当大的影响，甚至在统计上控制父亲的受教育程度（为了对孩子的先天智力进行部分控制）时也是如此。青少年的受教育意愿也直接和间接地受到兄弟姐妹数量的影响，这又反过来负向地影响到了他们对各种各样课余知识的追求，例如减少了花在文化活动和阅读上的时间。

对养育子女行为的直接观察同样表明，在较大的家庭中，母亲对每个孩子投入的时间很可能较少，这支持了数量与质量的权衡理论。[3] 相比于那些以惩罚为手段的或漠不关心的抚养方式，支持性的、非惩罚性的中产阶级抚养方式产生的孩子在学校中表现更为出色，当然后者也需要父母花费更多的时间。[4] 不过看在老天的份上，

---

[1]　Blake 1989.

[2]　如果人们具有多生育子女的信念，那么家庭规模的效应就会减小。天主教徒，尤其是具有高社会地位的受过教育的天主教徒，他们比新教徒表现出了更小的兄弟姐妹数量对受教育程度的效应，不过家庭规模的效应仍然显著。

[3]　Hill and Stafford 1974; Lindert 1978.

[4]　Witkin and Berry 1975; Witkin and Goodenough 1981; Werner 1979.

如果你想提高孩子的遗传适应度，千万别帮他们做作业！

现代数据表明，生育率模式和其他现代文化的相关产物，其传递的媒介是学校和工作岗位。[1] 在美国，社会学家 Melvin Kohn 和 Carmi Schooler 调查了工作环境对人们心理的影响。有着强自我导向性的职业男性会在同事们的心里强化低生育率的模式。[2] 欧洲的人口变化始于 19 世纪，大概也是因为这种影响。

大量的证据表明，接受高等教育的人大多来自小家庭。而受教育水平较高的人又倾向于拥有小家庭，他们明确表示偏好于小家庭，并正确地将他们事业上的成功和他们孩子未来的成功归因于较小的家庭规模。

传播渠道的增加正在引起低社会经济水平上的人口变化　179

人口学家 John Bongaarts 和 Susan Watkins 表明，目前出现于拉丁美洲和亚洲的人口变化与欧洲先前的变化十分不同。[3] 当代的变化出现得更为迅速，并且根据联合国人口司的人类发展指标——该指标是预期寿命、识字率和人均国内生产总值的加权平均，这种变化开始于社会经济发展的较低水平。对此，最有可能的原因是那些新发明的出现使得当地社群更早地受到国内和国际的影响。正如 John Bongaarts 和 Susan Watkins 指出的，技术的发展使传统的当地社群网络和现代化组织之间的沟通渠道日益增多。例如，在亲朋好友之间的日常闲聊中，他们常常会交换关于避孕和生育率的新观点。只要这些渠道无法运作，变化就不会发生。而社会的发展会通过教育、移民和其他与现代化部门——它们就像是新观念的批发商——相互接触的形式将新观念带进来。

---

[1] Inkeles and Smith 1974; Jain 1981.

[2] Kohn and Schooler 1983.

[3] Bongaarts and Watkins 1996.

最近几十年来，有三种大批量接触新观念的形式在当地变得十分重要。首先，廉价的电子媒介使许多偏远地区的村民们能够接触到国内以及发达国家生产的娱乐节目。其次，大多数国家的政府采用了新马尔萨斯主义的政策。当地的卫生工作者和其他政府变革的代理人促进了避孕的推广，并宣传了小家庭的优势。第三，像计划生育组织这样的国际性非政府组织也在发动它们自己的宣传攻势，从而对政府的新马尔萨斯主义政策进行了补充。在 John Bongaarts 和 Susan Watkins 看来，当地政府关于计划生育可能性的立法讨论就是走上家庭规模普遍下降之路重要的第一步。我们来看看全国性肥皂剧的影响，它们所描绘的人们过着现代城市繁华而让人心动的生活，其中可能少有对计划生育的公然讨论，但是其营造的浪漫气息和少有孩子的场景都暗示了这一点。我们其中的一位经常会去墨西哥乡村旅游，在那里，路边和小镇的餐馆工作人员常常寸步不离地守在电视机前看那些浪漫肥皂剧。除此之外，还有政府和非政府组织直截了当的新马尔萨斯主义宣传，他们不会放过一点空隙。

180 　　创新的扩散绝不是一个简单或自发的过程。[1]然而，通过多种多样渠道接触到的现代观念最终将开始打动人心，除非当地的非正式交流网络具有针对现代主义的强大偏倚。在过去数十年中，这些渠道的增长正起到了父母之外的传递假说所预测的作用，即生育率更早和更为迅速的降低。

少数亚文化成功抵挡住了人口变化

在现代社会中，一些亚文化相比于其他文化仍然具有较高的生育率。像那些保守的新教徒、天主教徒和正统派犹太人群体，他们有着强大的多生多育观念，且大家庭能够得到强大的社会和物质保障，他们的行为在某种程度上延缓和削弱了现代观念对家庭的影响。

---

[1]　Rogers 1983.

直到 20 世纪 60 年代，受过教会高中和教会大学教育的天主教女性仍然要比受过一般性教育的天主教徒想多要一个孩子，而接受一般性教育的天主教徒又比新教徒想要更多的孩子。[1] 社会学家 Wade Roof 和 William McKinney 的数据表明，天主教徒和保守的新教徒仍然对其他的宗教教派保有生殖优势。[2] 另一方面，以前生育率很高的意大利天主教社会，其生育率在最近这些年已经降到了人口替换率以下。中东和北非的伊斯兰国家比大多数发展中国家具有更高的生育率，但大多也开始了变化。一旦生育率开始下降就无法自我逆转。[3] 正如我们之前所看到的，种族而非收入水平为美国阿尔伯克基人的生育率差异提供了最优的解释。

这里，我们把注意力集中于两个有着极高生育率的再洗礼派群体：阿米什人和哈特派。我们认为这两者是上述机制的例外。尽管有着大量的财富，这些社会中的人们并没有经历人口变化，因为再洗礼派的习俗抑制了那些感染了几乎所有现代社会的文化演化特征。

再洗礼派群体中的生育率可以比得上人口变化之前那些国家中最高的生育率，尽管他们的死亡率也在工业化社会的平均水平之上，[4] 结果，他们的人口增长率非常高。阿米什人的人口从 1900 年的 5000 人左右增长到了 1992 年的 1.4 万人左右，最近这些年，他们的人口每 20 年就可以翻一番。哈特派每年的增长率在 4% 多一点，每 17 年就能翻一番。那些叛教的哈特派和阿米什成员人数就不得而知了。有些人倒向了传统的保守新教教会，这似乎是一个日益突出的问题，虽然这不会对再洗礼派社群的壮大能力构成直接影响。这些社会非常繁荣，但是它们非常严格地限制了对奢侈品的消费以便支持极高的人口增长。

181

---

[1]　Westoff and Potvin 1967.

[2]　Roof and McKinney 1987.

[3]　Bongaarts and Watkins 1996.

[4]　我们的讨论基于以下文献：Peter 1987；Hostetler 1993；Kraybill and Olshan 1994；Kraybill and Bowman 2001。

不过，再洗礼派并不是盲目的繁衍者；他们会通过降低生育率来完美应对经济约束。最近几年，高昂的地价极大地影响了哈特派和阿米什社会。随着创造新聚集地变得越来越困难，哈特派的总生育率已经从第二次世界大战之后 15 年中的多于 9 个孩子降低到了20 世纪 80 年代早期的多于 6 个孩子。[1] 为了应对地价的上升，阿米什人并没有降低生育率，而是开始从事其他一些工作，包括在工厂工作和开展非农业的家庭生意，尤其是向游客兜售手工艺品。

再洗礼派是 16 世纪拒绝了宗教与国家之间制度纽带的德国新教徒的后裔。作为成人洗礼与和平主义的拥护者，他们对教堂应免于国家干预的坚决拥护导致了欧洲国家权力当局的残酷迫害，不过少数群体幸存了下来，并且其中一些人移民到了美国（18 世纪的阿米什人和门诺派）和加拿大（19 世纪的哈特派）。尽管再洗礼派不再向教外成员传教，他们仍然强调耕作应当是人们的生活方式。在许多方面，他们仍然与他们的先辈，即 16 世纪欧洲中部的农民社会十分相似。哈特派拥有一套公有的经济体系，而阿米什成员则是独立的家庭农场主。

尽管阿米什人以前的生活特征——四轮马车和马拉的农用设备——广为人知，但认为这些群体与现代经济相隔绝就是一种错误了。哈特派会使用现代化设备，但是对于在家庭生活中使用现代设备却非常保守，例如，手机通常被禁止使用。然而，这两个群体确实十分紧密地融入了现代经济，他们会从较大的经济体那里购买许多供给品，也销售许多产品。此外，他们的高生育率需要大量的资本积累来扩张他们的土地，以容纳他们的子女。他们的企业必须至少要和普通企业一样有效运营，以支持快速的人口增长。因此，尽管再洗礼派与外部世界之间的经济联系程度很高，但仍能够维持他们和外界的文化隔离。同样，尽管再洗礼派的文化非常保守，并且在一定程度上与流行文化绝缘，但是它既没有变得僵化，也没有与

---

[1]　Nonaka, Miura and Peter 1994.

主体文化完全绝缘。

再洗礼派的文化信念和实践能够成功地左右他们对主流社会文化的获取，对于每一种可能接触到降低生育率信念的途径，它们都有着应对的措施。

再洗礼派的文化传递模式是非现代的

早先，阿米什人把他们的子女送到乡村的公立学校，现在的哈特派社群也仍然如此。在这两个群体中，他们的老师常常是认同其文化的人，有时就是再洗礼派信徒，其中一部分原因在于他们聚居在一起，再洗礼派成员哪怕不是在学校里占主导地位，也是人口众多。阿米什人和哈特派相信，八年制的教育对于再洗礼教信徒的生活方式而言就足够了，并且认为年长的孩子应该致力于现实事务以及参与到社区和精神生活中去。他们同样认为，现代观念对他们的侵犯在高中里比在初中里更为严重和危险。在 20 世纪 60 年代和 70 年代，美国公立学校课程的"改革"引入了许多创新，诸如电影的普遍运用，且出台了强制就学的法案，这与阿米什人早早结束教育的想法有所冲突。在 1972 年，美国最高法庭决定赋予阿米什人在 14 岁结束教育的权利，阿米什人开始构建一个教会学校体系，时至今日这一体系教育了他们的许多子女。在这一体系中，孩子们很少接触到电视和电影，这意味着再洗礼派的年轻人（当然还有成年人）比其他孩子接触到的现代观念要少得多。

再洗礼派的家庭非常传统，劳动的性别分工很明显，父亲是家庭中最重要的权威。男孩子从他们的父亲和其他常常是他们亲属的成年男性那里学会"男人"应有的技能和态度。女孩子从她们的母亲和社群中其他女性那里学会"女性"应有的技能。他们鼓励女性从抚养子女和管理家庭经济中获得主要的满足感。男性同样为他们的家庭和自己为家庭提供生计的能力而自豪。人口统计学家的数据强烈表明，现代职业通过教育对女孩子的吸引是促进人口变化的强大力量，如果这属实的话，保守且被缩短了的教育和高度传统的家庭结构则限制了再洗礼派的女孩子接触到现代化的影响。

183　　　再洗礼派遵循的教育和家庭生活模式提供了针对驱动人口变化的文化力量的一种保护方法，但这只是一种方法。其他的乡村群体和保守派群体已经受到了彻底的，即使有些延迟的影响，而再洗礼派信徒仍然有着非同寻常的增长率，一定有更重要的机制在起作用。[1]

再洗礼派信徒保持了早期加尔文主义教派的禁欲主义

在哈特派的意识形态中，"**顺其自然**"的概念得到了极大的强调，这是一种与上帝合为一体从而排除世俗纷扰的精神状态。再洗礼派认为，肉体的堕落世界注定会灭亡，而只有信徒才能期望得到永生的嘉奖，对精神世界的关注与对肉体世界的排斥一样被尽可能地强调。我们注意到这些观念可以追溯到 16 世纪，它们并不是被创造出来以避免人口变化的，这也不是它们存在的明确原因。这些价值观起到了很好的效果，以至于我们认为那些理所当然的小工具、舒适和娱乐对他们而言没有什么吸引力。一些现代的消费项目确实渗入了再洗礼派信徒的社会中，但实在是很少。电视，这个专门消耗我们时间的家伙被他们避开了。他们对现代技术进行了彻底的详细检查，并根据再洗礼派的宗教价值观来决定采纳哪些符合他们社群目标的技术。例如，阿米什人拒绝使用汽车并不是一种不假思索

---

[1]　即使是现代社会，家庭对打算要几个孩子的影响也是显著的。心理学家Lesley Newson 收集了一些关于当代英国养育孩子和文化传递模式的有趣数据。问卷数据表明，和亲戚接触越多的男男女女，结婚得越早；和亲属接触较多的女性，生育第一胎的年龄越小，生育的孩子也越多。在一个角色扮演实验中，Lesley Newson 让成年女性写下她们认为在四种不同的情境下，一位年长的女性会给年轻的女性（她的女儿或者年轻的朋友）什么样的建议。在每种情境下，那些假想自己在给女儿建议的女性们都倾向于建议女儿做出那些能导致繁育上的成功的行为（Newson 2003）。如果有来自再洗礼社区的相应数据一定会更有趣。

的传统主义，相反，它产生于细致的分析。拒绝汽车是因为，即使是最基本的汽车在阿米什人的标准中也是奢侈的，这些汽车上装有收音机，它会用世俗的观念来诱惑司机，并且汽车会使得人们能够居住在远离他们社群的地方。阿米什人中最强调禁欲主义的分支，其遭受的叛教损失最小。对禁欲主义保持一种高标准是对抗来自肉体世界一波又一波观念的重要工具。再洗礼派的价值观使他们免于受到耗费时间的兴趣爱好和对昂贵物品的欲望的侵蚀。对于再洗礼派信徒的心智来说，工业设计和广告宣传的吸引都是徒劳无功的。

再洗礼派社会与主流社会相隔离

最初，再洗礼派与主流社会相隔离是因为他们的教义不同于其他新教徒，再洗礼派的信徒们想要保护自己免受罪恶世俗的影响。欧洲政府对再洗礼派的迫害使得那些坚持信念的信徒们高度团结在一起，象征着隔离的标记就演化了出来。再洗礼派信徒穿着与众不同的服饰，说着古德语方言，并以他们的意识形态为标准，在社群内保持统一状态。再洗礼派的威望体系与主流社会的体系有所区别。这一威望体系将在主流社会中获得的成功和地位定义为罪恶的，且反对与世俗世界的人发生任何不必要的接触。在再洗礼派社群中，数种制度的设计使得人们很少会为了追求地位而牺牲对子女的生养。哈特派社群的领导机构全部由男性组成，其中包括牧师、高级经济管理者和学校教师。阿米什人的教区（25—35 个家庭）则由一位主教、两位牧师和一位执事领导。最符合阿米什人道德观念的男性会被提名成为这些具有威望的角色，但是那些被提名的人由抽签进行选择，这是为了防止人们为公职而竞争，同时避免被选中的候选人过于骄傲或过于自大，因为这些状态对他们的灵魂来说很危险。因为社群的规模很小，相当多的男性会在中老年的时候占据有威望的位置。对谦逊的要求能防止这些领导者要求过多的权力，因为许多男性都能得到受人尊重和具有权威的地位，作用于任何自私文化变异的选择过程就很微弱了。位于当地社群之上的组织力量很薄弱，且不存在超越社群的角色来诱惑有抱负的人牺牲家庭以追求更高的公职。

再洗礼派的追随者们对他们的信念高度自信，当接触到神奇的现代科学技术时，大多数人都不后悔也不怀疑。正如大多数再洗礼派信徒所承认的，科学的力量毫无疑问是伟大的；并且他们感谢现代医学进步给他们带来的益处。但他们认为上帝的力量更伟大。因此，威望偏见机制仅仅对再洗礼派造成了微弱的影响，其主要的影响被社群中明显青睐于再洗礼派规范的制度所抵消了。

再洗礼派要求遵从社群规范

再洗礼派养育孩子的方式相当古老，并强调尊重父母和教师的权威，不遵守社群标准的行为会受到权威人物的抑制，首当其冲的就是那些要求孩子服从自己的父母。在这些小型社群中，偏离规范的行为非常明显。成人洗礼的传统使社群中完整的成员身份需要基于个人对社群价值观的庄严承诺。在哈特派中，申请者必须展现出对再洗礼派意识形态的深刻了解，并经历年长者们关于过去行为和未来打算的严格审判。当然，罪恶的肉体世界确实深深吸引着再洗礼派的年轻人。在他们的社群里，生活非常简朴乏味，此外，这些社群并不总是能够顺利运作；冲突和异议削弱了人们的信念。

正如任何社会中偏离于传统的行为特征一样，年轻人构成了其中的主体。对阿米什人来说，年轻人在16岁到20出头是由父母严格控制以及履行教会洗礼义务的阶段。这一人生阶段用"宾夕法尼亚荷兰语"的术语描述就是"**拉姆斯普林格**"。[1] 在拉姆斯普林格阶

185

[1] 见《魔鬼的游乐场》(*The Devil's Playground*)，这是一部有关拉姆斯普林格的出色纪录片，其制作者为 Lucy Walker。网址：http://www.wellspring.com /devilsplayground/。

段，许多阿米什青年会在几乎没有父母或教会干预的情况下尝试世上的乐趣。再洗礼派关于成年洗礼的教义强调成年人对教会的**自愿**承诺，而拉姆斯普林格则用来强调放弃世俗生活是自愿的。在宣誓了洗礼的誓言之后，社群成员会积极且正式地与那些背离教义的人隔离开来。他们的家庭被要求拒绝与这些人接触，尽管在拉姆斯普林格阶段，与更过分的背离者接触别人也管不着。背叛者只要能完全忏悔并重新投入到社群实践中，就能返回社群，而且许多人也确实这么做。再洗礼派社群对遵循其教义的严格要求防止了主流社会的价值观通过零零碎碎的创新而进行渗透。实际上，仅仅经过全社群同意的社会变革才会施行。

再洗礼派最终能抵挡住现代化吗？

无论是哈特派还是阿米什人，他们都受制于现代化的强大力量。正如我们先前提到的，由于农业工业化的推进和不断上涨的地价，再洗礼派扩张性的传统农业体系受到了预算上的约束。农业工业化的力量逼迫再洗礼派的农民接受了许多现代创新以维持经济水平，而这些创新则有可能导致再洗礼派社群的分裂。例如，电话对于做生意必不可少，于是它们就被试图用于社交，而更为复杂的机器设备也需要使用者接受更高的教育。高昂的地价迫使许多阿米什人转向了非传统的职业，为游客服务和在非阿米什人的工厂中工作就造成了他们每天与外部世界的接触。在哈特派中，保守的基督教牧师在传教时会欢迎一些持不那么简朴的生活态度的叛教者，只要他们的生活方式不和他们的意识形态产生太大冲突。或许所有的再洗礼派社群最终将追随"新秩序阿米什人"的脚步，他们不太严格的规则导致许多现代技术更快地渗透进来，且有着很高的教徒流失率。

有一种可能性是，再洗礼派会逐渐消失，这些教派最终将并入主流的保守派新教中。当然这只是一种可能性。例如，玛莎葡萄岛旅游业的拓展事实上增加而非减少了岛民们心目中与大陆新英格兰

186

人的社会距离。[1]面对迫害以及主流社会的诱惑，再洗礼派已经维持了长达四个半世纪的隔离状态。或许再洗礼派会降低他们的繁殖率，以在保留其他古老习俗的前提下适应他们农业经济有限的扩张能力。这样一来，即使他们的生育率有些降低，他们或许仍能在更严峻的经济约束下保有最优的适应度。又或者，阿米什人开创的那些新经济活动将保持人口的快速增长，并允许他们维持保守的生活方式。迄今为止，从农业到工薪阶层和游客贸易的显著转变似乎并不会给阿米什人带来什么问题。然而，只有保持与现代社会的文化分离和经济参与之间的良好平衡，再洗礼派才能保有适应性。

再洗礼派的例子表明，要抵挡那些使得现代生育率降低的信念和价值观传播开来，需要多么复杂的一种适应性——或者，在本例中是一种预适应性。通信和运输上的创新产生了意想不到的后果，它们解放了那些适应不良的文化变异，使这些变异能够通过多种途径渗透到文化中去。迄今为止，似乎只有再洗礼派和少数类似群体——如极端正统犹太人——对现代性的感染具有很强的抵抗力。再洗礼派犹如一艘航行于波涛汹涌的现代主义海洋中的坚固皮艇，它看起来很脆弱，却存活了下来，因为尽管面临巨大的压力，它却没有渗漏。无论在哪里出现一个严重的文化漏洞，它都会沉没。我们无法预测再洗礼派的演化未来或者诸多可能的未来。对此，我们只能赞叹造物主的神奇美妙！

文化演化揭示了人口变化的文化复杂性

极力抵抗着现代社会的再洗礼派，部分抵抗着现代社会的天主教徒、保守派新教徒和穆斯林，以及如今在许多发展中国家发生的过早转变，有这些作为例子，欧洲的人口变化随着文化的不同而不同就不那么令人吃惊了。经济和社会角色的现代化是一个复杂的过

---

[1]　Labov 1973.

程，并且必然会受到工业化前的文化差异的影响。包括人口变化在内的一些现代化现象，其驱动因素是经济和社会现代化的相互作用，尽管这种作用有些混乱。社会现代化可以跑在工业化生产之前，比如法国，工业化也可以缓慢地导致社会现代化，比如英国。社会现代化创造出了受过良好教育的个人主义者，他们很容易适应流水线式的工厂，即使他们一开始的抱负是从事商业或公共服务。工业化需要那些具有教育背景和利己主义内在动机的劳动力和经理人。然而，这一过程可以在一定程度上依赖于传统教育体系所产生的那些个体。贵族精英可以从政府服务转移到商业中；中产阶级的牧师、医生和律师能够提供管理才能；而传统的手工艺者只要能从中产阶级管理者那里学一点数学，就能成为不错的工程师。在长期中，社会和经济现代化的协同作用创造了二者之间的强大关联，但也足以保留不同现代化社会之间的巨大差异。

随着工业生产和社会现代化从其在英国和法国的中心地带分别开始扩散，它们就遭遇了非常不同的抵抗以及接受模式。抵抗的力度和效度依赖于信念、价值观和经济活动如何塑造了父母之外的文化传递模式，以及是否存在支持或抵抗现代观念的力量。就对现代主义的接受情况而言，再洗礼派代表了一种极端，而美国的天主教徒和保守派新教徒则表明了一种更为温和，但仍十分显著的，对现代化的一般性抵抗和对人口变化的针对性抵抗。而现代的第三世界，既包括大众传媒和女性基础教育导致生育率开始快速变化的国家，也包括延续着相对较高生育率的穆斯林社会，也许是因为这些社会倾向于赋予女性传统的、高度性别化的角色。

结论：文化的产生是为了速度而非舒适

所有的适应性都包括了妥协和权衡。飞行让鸟类更容易从各种各样的捕食者手中逃脱，并使远距离迁徙得以实施。然而，鸟类的身体必须具备多种设计，以使得在低密度、低黏度的空气中飞行成

188 为可能。例如，它们的骨头必须又轻又硬，为了满足这一点，它们的骨头被设计成空心管，尽管这些骨头又轻又硬，但是当弯曲时就变得十分脆弱，就像铝制器具一样。

在本章中，我们已经论证了文化上的适应不良产生于设计中的权衡。文化让我们能够快速适应各种各样的环境，但也导致系统性的适应不良。我们换个角度来看 Willie Dixon 的经典蓝调歌曲，文化的产生是为了速度，而非舒适。[1]学习机制关键依赖于先前的知识，如果就某一问题你已经知道了许多，学习就会既简单又有效；如果你并不知道多少，学习可能就无法进行。对于短期内经历了巨大变化的环境来说，这一事实给通过学习来适应环境造成了困扰。因为自然选择无法跟上快速的环境变化，它无法赋予个体一种适合他们当前环境的心理机制；它仅能赋予他们关于各种各样环境的一般性统计规律。我们认为文化（包括它的心理基础和它所传递的观念集合）是一种演化出来解决这一问题的适应性。精确的教学和模仿以及相对较弱的通用型学习机制，让种群能够以比选择改变基因的频率快得多的速度来积累适应性信息。这种能力有着巨大的好处，它使得人类狩猎采集者比其他动物物种能够适应广泛得多的环境范围。然而，就像飞行需要脆弱的空心骨头一样，文化这种适应性也需要在设计上作出妥协。在运用模仿来代替基因以创造出一种模拟的达尔文主义系统的过程中，自然选择创造了条件使得自私的文化变异得以扩散。如果我们从经验案例中得出的结论是正确的，那么我们确实看到了这一假说所预测的自私变异。

我们的文化很像我们的肺，它们都在为演化出来的职能而工作，但它们也同样使我们容易受到病原体的感染。如果你尽可能地远离

---

[1] 第一段落：
　　有些人长成这样，有些人长成那样
　　我长成这样，你可不能说我胖
　　因为我为舒适而生，又不为速度而生
　　但我有一切品质来吸引一个好姑娘。

其他人，你将大大降低你感染严重呼吸道疾病和自私文化变异的可能性。我们甘愿承担感染这两种疾病的巨大风险，是因为与其他人接触有许多好处。文化让我们能够模仿那些人类生活所必需的行为，但它同样使我们得到了一些损害，就像我们呼吸的空气一样。

大错特错假说是解释人类适应不良现象的一次认真尝试，它表明，构建文化所需要的大多数信息潜藏于我们在更新世环境下演化出来的基因中。它的支持者认为，这些信息被整合进入我们的决策系统，用以在更新世产生适应的行为。而在后更新世，文化变异的突然加速改变了我们的"环境"，以至于它们现在远远脱离了演化而来的决策体系的掌控。不同的演化社会科学家对于这些错误发生的频率和方式持有不同的观点。例如，John Tooby 和 Leda Cosmides 似乎认为，没多少后更新世的行为可以从适应性的角度予以解释。[1] 相反，人类行为生态学家们援引了大量的证据以表明相对于现代社会，人们在传统全新世社会的行为似乎常常具有适应性。[2] 不过无论在哪种情形下，对适应不良的解释都是基于个体心智和"环境"之间的直接作用，而非文化的演化动力。

要区别这两种解释适应不良行为的假说，即大错特错假说和文化演化假说，有两个重要的原因。首先，文化演化假说对文化上的适应不良如何产生做出了细致的系统性预测，而一般的"大错特错"假说并没有做出这种预测，也没有具体说明同一适应不良的各种不同表现形式，例如 Kaplan 对人口变化的解释就具有特定性。确实，某种高度演化的，复杂的适应性出错的可能方式有很多，大错特错假说实在是有些特定性。当然，特定的解释不一定是错的；不同于某个物种演化时期的环境很有可能造成一大堆适应性上的问题。然而，人类并不是产生这些问题的最佳案例，因为正如我们在全新世时期的巨大成功所证实的，我们在各种各样的环境中都相当适应。

189

---

[1] Tooby and Cosmides 1989 (34–35).
[2] Borgerhoff Mulder 1988a, 1988b.

在这里，我们认为人口变化的那些细节更契合我们的解释，而不是仅仅解释为对财富和威望的偏好在现代社会中变得适应不良了。我们的解释提供了一个有关适应不良的一般性理论，并符合所有的细节。

其次，这两种假说对于更新世的狩猎采集环境做出了非常不同的预测。大错特错假说预测更新世狩猎采集者的行为在大多数时候都是具有适应性的，相反，我们的假说认为一旦文化传递变得重要起来，作用于文化上的选择过程就开始青睐于父母之外的传递途径，无赖文化变异就不可避免地出现了。在我们看来，由于父母之外的文化影响相比于来自父母的文化影响发生了大幅度的增长，现代社会适应不良的文化变异频率更高。一方面，大众传媒为那些降低适应性的产品做广告已经演化成了一种艺术；而另一方面，读写能力和科学也通过增强内容偏好的力量从而消灭了许多有害的迷信思想。

要对这两种假说进行彻底的验证，就要考察由文化演化所预测的那些适应不良是否存在于更新世。当然，这很困难。当代狩猎采集社会中的行为很有用，却并不完美，因为全新世的环境与更新世晚期的环境大不相同。不够细致的古人类学记录使我们很难进行直接的检验，一种可能会允许真正大范围的、持久的对最优适应度的偏离机制就是基因—文化共同演化。一旦文化传统创造了新的环境——可以影响由基因传递的变异的适应度的环境，基因和文化就能够共同演化。在极端的情况下，由文化决定的社会传统可以选择那些使文化传统得以永存的基因型。[1] 由于要保证文化运转必须要有一群人存在，这种共同演化所产生的适应不良就会倾向于自我约束，因此在本来就少得可怜的更新世证据中很难被观测到。最容易

190

---

[1] Laland，Kumm and Feldman 1995 对此提供了模型和测评案例，即那些存在杀死女婴现象的社会。由于对男性的偏好，这些社会中的出生性别比例被扭曲了。然而，Skinner and Jianhua 关于 1998 年中国的数据表明，真实的出生性别比例并未被扭曲，统计得到的扭曲是由人为导致的，而不是遗传变化。无论如何，这个模型对我们有些启示作用。

探测到的适应不良是那些虽然不利于个人适应度，但实际上却增加了种群平均适应度的奇特变异。人类的合作是一个潜在的例子，人类十分擅长于在大型群体中与陌生人和几乎陌生的人合作，而基因选择理论却表明，合作应该被局限于亲人或者非常熟悉的人。正如我们之前所说的，遵奉偏好提供了一种可能的机制来产生群体层面的稳定变异，而选择就可能青睐于群体的内部合作。人类合作的天赋是这些似乎自相矛盾的适应不良的一个例子吗？我们是否能对可追溯到更新世的人类合作模式充满信心？我们将在下一章中讨论这些问题。

第六章　文化和基因共同演化

　　曾经美国市场上的牛奶与这么一条广告词一同出现："人人需要牛奶。"这很抓人眼球，但却不是真的，大多数人不仅不需要牛奶，他们甚至无法容忍它。世界上的大多数成年人缺少消化牛奶中的乳糖所必需的酶，如果他们喝了牛奶，乳糖将不会被胆吸收，而是会被细菌发酵，这将导致令人不适的胀气和腹泻。直到20世纪60年代我们才知道了这一点，那时我们认识到了科学家是如何受他们的文化背景所误导——大多数营养学家来自那些成人乳糖不耐受症发生率极低的国家。这同时说明了演化在生物医学中多么不受重视，因为哪怕只有一点点的适应主义思维也会想到是消化牛奶的能力不正常，而不是反过来。牛奶往往被用作哺乳动物的婴儿食品，而乳糖一般只在母乳中存在，因此成年哺乳动物不需要能够分解乳糖的酶。所以，一向节俭的自然选择过程在几乎所有哺乳动物断奶后都停止了这些酶的生成，这一点毫不令人奇怪。大多数人都表现出了哺乳动物的标准发展模式：他们还是婴儿时能消化乳汁，长大后则失去了这一能力。真正的演化之谜在于：为什么在一些人类种群中大多数成年人能够消化乳糖？

　　在20世纪70年代早期，地理学家Fredric Simoons提出是乳制品业的发展历史导致演化出了消化乳糖的能力。[1]欧洲西北部的人们

---

　　[1]　Simoons 1970, 1969. Durham（1991，第5章）回顾并重新分析了有关成人乳糖吸收的数据。

长久以来保持了养奶牛和消费新鲜牛奶的习惯，"雅利安"侵略者将乳制品业带到了印度，这一产业随后被西亚和非洲的牧民们延续了千年，在这些地区，大多数成年人都能饮用新鲜牛奶。地中海地区的人们消费牛奶以酸奶、奶酪和其他去除了乳糖的乳制品为传统，其中的一些成年人能够消化乳糖，而其他人则不能。在世界上的其他地方罕有或根本没有乳制品业，且很少有美国印第安人、太平洋岛民、远东人和非洲人能够吸收乳糖。Fredric Simoons 的观点一度充满争议，但随后的基因数据证明成人的乳糖消化能力主要由单个显性基因控制，且细致的统计结果表明乳制品业的历史确实最好地预测了这一基因的普遍性。进一步计算表明自从乳制品业产生以来，这一基因有着充分的时间扩散开来。[1]

　　成人乳糖消化能力的演化是"基因—文化共同演化"的一个例子。生物学家提出"共同演化"这个概念来指代由两个相互构成对方生存环境重要组成部分的物种所构成的系统，在这样的系统中，一个物种的演化变迁会导致另一个物种相应的演化变动。[2]这会导致一种复杂的共同演化之舞，并且常常有着令人惊异的结果。例如，通常具有捕食性的蚂蚁会靠近蚜虫，保护它们免受捕食者袭击，作为回报，蚜虫会分泌出高糖分的蜜汁供蚂蚁采食。

　　人类种群所携带的文化演化信息和基因演化信息就如同跳着华尔兹的一对舞伴一样，基因演化创造出来的心理机制使得复杂文化适应性的累积文化演化得以进行。在某些环境下，这一过程引发了乳制品业的发展。这一全新的文化上演化出来的环境随即增加了使得成年人能够消费全脂乳品的基因的相对适应度。随着这种基因的扩散，它可能反过来改变了由环境所塑造的文化行为，或许是促进

---

[1]　Cavalli-Sforza, Menozzi and Piazza 1994; Holden and Mace 1997.

[2]　Paul Ehrlich and Peter Raven 1964创造了"共同演化"这一概念，用以描述蝴蝶和植物之间的演化关系。毛毛虫以植物为食，植物随之演化出分泌防御性化学物质的能力以缓解昆虫的危害，这反过来又导致毛毛虫演化出了耐药性。这一概念随后被用于描述任何两种独立演化系统之间的有趣交互。

了全脂牛奶的消费，甚至可能在无意中让冰激凌得以出现。

我们认为基因—文化共同演化在人类心理机制的基因演化中也扮演了重要的角色。如果累积文化适应性必然会导致遗传上适应不良的文化变异，那么人类种群的文化信息和基因信息将分别在它们自己的动态演化中做出回应。自然选择、突变和漂变决定了基因的频率，而自然选择、引致变异和各种各样的传递偏倚都会影响文化变异的分布。然而，这两个过程并非相互独立，这个共同演化之舞中的每一方都会影响对方的演化动态。由基因演化出来的心理偏倚会引导着文化演化向增进基因适应度的方向发展，[1] 而文化上演化出来的特质则会在很多方面影响不同基因型的相对适应度。仅仅考虑以下几个例子：

　　·文化演化出来的技术能够影响生物形态的演化，例如，现代人类比早先的原始人类要脆弱得多。古人类学家认为这种变化是因为在文化上演化出了高效的投掷型狩猎器具。[2] 在投掷型武器发明出来以前，人们需要近距离杀伤大型动物，从而使得强壮的基因更受自然选择所偏好，而一旦远距离杀伤猎物成为可能，选择就会偏好于脆弱一些（同时廉价一些）的体格。

　　·选择过程可能会偏好于增强获取和使用有用文化信息的能力，语言提供了一个典型的例子。毫无疑问，为了增强产生和理解口语的能力，人类的声道和听觉系统都已经发生了改变。我们似乎拥有专门的心理机制来学习词汇含义和语法规

---

　　[1]　另一种思考基因—文化共同演化的方式是从"区域构造"（Odling-Smee et al. 2003）的角度来看。一旦某种有机体影响了环境，那么自然选择将根据被影响后的环境来进行选择，例如海狸所建造的堤坝会大大影响水域中的水生生物。这样看的话，文化的产物成为基因所处环境的组成部分，正如基因的产物变了文化所处环境的组成部分一样。我们要注意弄清楚哪些过程像遗传系统那样运作而哪些不像。海狸的堤坝不能自我复制；尽管原则上海狸能够通过观察其他海狸筑的堤坝来进行学习，但关于如何建造堤坝的信息还是存储于海狸的基因中而非堤坝里。

　　[2]　Klein 1999 (474–476); Berger and Trinkhaus 1995.

则。在没有口语的情况下，自然选择无法产生这些特性。由文化传递的简单语言首先产生，随后选择偏好于一些特定的、能够产生语音的喉咙形态，以及用以学习、理解话语并发言的特定心理机制。这反过来为更加丰富、复杂的语言的产生打下了基础，进而催生了更多有利于习得和产生语言的特征。这或许是目前最有说服力的解释了。

· 文化上演化出来的道德规范可能以惩罚违规者的方式来影响人们的适应度。那些不能控制反社会冲动的人要么在小型社会中被放逐到荒野，要么在现代社会中被投入监牢。举止不合社会规范的女性将难以找到丈夫。[1] 在这一章，我们将讨论那些从根本上重新塑造了人们先天社会心理机制的共同演化力量。

基因—文化的共同演化之所以能够造成如此显著的基因变化，是因为它已经持续了很长的时间。在具有乳糖消化能力的成年人占比很高的种群中，乳制品业已经持续了大约 300 代。在第四章中，我们所展示的证据表明复杂文化适应性的累积演化能力大约已经有 50 万年的历史。这意味着复杂的文化传统已经通过共同演化的选择力量对人类的基因造成了约 2 万代的影响。在这个时间维度上，文化上演化出来的环境能够通过共同演化对人类基因的演化产生巨大的影响。

我们希望基因—文化共同演化的想法对大多数读者来说是符合直觉且有说服力的，但是请注意，你面前的这条道路被许多演化社会科学家看作是一条狭路。这些研究者强调是我们演化而来的心理机制决定了文化演化，而不是反过来。正如心理学家 Charles Lumsden 和演化生物学家 E. O. Wilson 所指出的，基因用绳子拴着

194

---

[1]　有关这一过程的模型见 Richerson and Boyd 1989b；Laland 1994；以及 Laland, Kumm and Feldman 1995。

文化，[1]文化可以有些自由，然而一旦它可能失控，基因就会把它拉回来。我们认为这只是故事的一部分。正如我们在上一章中详细讨论的那样，可遗传的文化变异会反作用于它自己的演化动态，这时常会导致演化出那些不被作用于基因的自然选择所偏好的文化变异，由此产生的文化环境又会进一步影响基因的演化动态。文化确实是被绳子拴着，但绳子的那端是一条体型巨大、智商超群而又我行我素的狗。在任何一件事情上，我们很难区分到底是谁在牵引着谁。

最好把基因和文化看作互惠的共生关系，就像两个共生的物种运用各自的专长协力完成它们其中任何一个都不能完成的事情。[2]比如人类自己不能消化青草，奶牛自己不能抵御猛兽，而奶牛和人类则能够互利共生。不过这样的互利共生远非完美，人类总是想要牺牲牛犊来获得更多的牛奶，而奶牛则往往受自然选择的作用而倾向于"做空"——让人们先喂饱它们的后代。只要合作中存在着正的净收益，每一方都会对合作乐此不疲。人类往往傲慢地将这种合作视为驯养，而奶牛可能也沾沾自喜于它让人类为它做了这么多事。基因和文化之间的关系也类似于此。基因自身不能轻易地适应快速变动的环境，而文化变异自身不能脱离大脑和躯体行事。基因和文化被紧密地绑在一起，但是它们各自的演化动力却拉扯着行为去往不同的方向。

生物学家 John Maynard Smith 和 Eörs Szathmáry 指出，互利共生对生物组织层面的一些重大转型产生了重要的影响。[3]真核细胞的起源就是一个很好的例子。[4]直到大约 20 亿年前，地球还是由原核生物——这种生物没有细胞核和染色体，很像现代的细菌——所统治。接下来，真核细胞作为原核生物紧密共生的结果而出现了：其中一个物种终于演化成了细胞核，而其他物种则变成了像线粒体和

195

---

[1]　Lumsden and Wilson 1981 (303). 另见 E.O.Wilson 1998。

[2]　Corning 2000（1983）详细讨论了协同的演化结果。

[3]　Maynard Smith and Szathmáry 1995.

[4]　Margulis 1970.

叶绿体这样的细胞器。由这些共生生物共同演化出来的真核细胞体积更大、功能更加复杂，能够在当时的生存区域中打败原核生物，并拓展出新的生存空间。

在本章后面的部分，我们将论证人类种群中基因和文化的共生关系导致了生命史上类似的重大转型：人类社会演化出了复杂的合作行为，而这一行为在最近 1 万年中迅速地改变了几乎整个世界环境。

基因—文化的共同演化和人类的超社会性

人类社会在动物世界中是一个惊人的异象，他们在以身份作为标识的群体内部开展广泛合作。这些群体的经济依赖于大规模的劳动分工，并和身份不同的外部群体进行竞争。现代社会正是如此：以军队、政党和教堂为代表的庞大官僚机构以及各种公司管理着各类复杂的事务，同时人们需要依赖于世界各地生产的一系列种类繁多的资源。不过狩猎采集者们也是如此，他们有着广泛的交易网络，并常常在家庭和群落外部分享食物和其他重要物资。

对大多数动物而言，合作要么不存在，要么只局限于极小的群体，同时只存在很少的劳动分工。[1]少数能够进行大规模合作的动物有蜜蜂、蚂蚁和白蚁等社会性昆虫，以及裸鼹鼠这种生活在地下的非洲啮齿类。多细胞植物和很多种多细胞无脊椎动物也能被认为是由个体细胞组成的复杂社会。然而在这些例子中，进行合作的个体之间存在着基因上的关联。通常来说，多细胞生物中的细胞是单个遗传细胞的复制体，而昆虫和裸鼹鼠的个体之间则互为兄弟姐妹。

由此我们产生了另一个演化谜团。600 万年前我们在第三纪中新世的祖先很可能会像现在的灵长类动物一样，在主要由亲属组成的小群体内进行合作，没有交易、少有劳动分工，结盟只会限定于少数个体之间。正如我们接下去将论证的那样，这些模式与我们对

196

---

[1] Kaplan et al. 2000.

于自然选择是如何塑造行为的理解是一致的。从那时到现在的某一时刻，一定发生了一些事，从而导致人类开始在以身份作为标识的群体内进行复杂的大规模合作。到底是什么导致了人类变得如此与众不同呢？

我们认为基因——文化的共同演化最有可能是这一谜团的答案。我们分两部分进行论证。首先，文化具有的适应性加强了关于合作和群体身份标识的文化演化。人类文化允许复杂的适应性进行迅速的累积演化，尤其是在多变的环境中。这种迅速的适应性急剧增加了人类种群之间的可遗传文化差异，这意味着群体间竞争（这种竞争总是出现）会产生能够促进群体成功的文化特质的累积演化。由于更大、更具合作性和更有凝聚力的群体能够在竞争中战胜那些不太团结的小群体，从而群体选择将演化出由文化传递的合作精神和集体主义规范，以及能够保证人们遵守规范的奖惩体系。群体间的稳定差异也将导致演化出那些使得个体能够选择模仿和合作对象的身份标识。

其次，由文化演化产生的社会环境青睐于和其相适应的先天心理机制。在这些社会环境中，奖惩系统保证了亲社会规范得以落实，而个体选择又会偏好于让人们获得社会奖励，同时规避社会惩罚的心理倾向。类似地，在一个由许多文化上各不相同，以身份作为标识的紧密群体——这些群体要求其成员对群体保持忠诚——所组成的世界中，个体选择会偏好于让人们能够分辨世界中的各个群体，并识别出同类成员的心理机制。

结果，人们生来就有了两种先天倾向，或者称为"社会本能"。[1] 第一种是我们和我们的灵长类祖先共同拥有的原始本能。这

---

[1] 对"本能"这一概念有两类常见的批评。首先，一些批评者认为这一概念十分空洞，将某种既有的行为模式标记为"本能"无助于我们的理解。对此，我们的回答是我们希望能够区分那些影响行为的基因因素和文化因素。其次，一些人认为"本能"这一概念只能限定于那些没有受到环境偶然性和文化影响的先天行为模式。Wilson 1975（26-27）指出这种用法只存在于极端情况，因此我们在这里使用的概念是没问题的。

种原始社会本能产生于我们所熟悉的亲缘选择和亲缘互惠的演化过程，它使得人类能够拥有复杂的家庭生活，并常常在个体之间孕育出深厚的感情纽带。第二种是"部落"本能，[1]它使得我们能够与更大范围内的，以身份作为标识的人们——即"部落"——进行合作。部落社会本能产生于我们之前提及的部落层面的基因—文化共同演化过程。正因为此，人类能够与一群没有近亲关系而只有共同文化的人联合起来，这是其他灵长类所做不到的。[2]

　　本章后面的部分，我们将描述这一假说并进行论证。首先，我们将对合作演化的理论进行简要介绍。我们的目标是说服你相信人类的社会性确实是一个谜团，同时为理解我们的共同演化假说和另一些来自演化心理学的竞争性假说提供必要的背景说明。接着我们将更详尽地描述基因—文化的共同演化是如何产生了部落社会本能。

197

---

　　[1]　我们很清楚人类学家在各种各样的情况下使用"部落"这一概念，以至于许多人觉得这个概念一片混乱。英语的"部落"一词通常有很多含义，我们抱着极简主义的原则来使用这一概念。部落是一种社会组织的单位，它是许多没有什么亲缘关系的人聚集起来形成的常见社会体系，并且不依赖于正式的权威。部落的维系依赖于广义的亲缘关系、情感和非正式制度，而不是由强制力所保障的法律和领导阶层。Birdsell于1953年的经典研究估计澳大利亚的狩猎采集部落平均有五百人左右，这种由分散居住且没什么亲缘关系的狩猎采集家庭所组成的社会单位是人类特有的，他们往往有一位虚构的共同祖先，这是社会凝聚力的核心，也是集体行动的源泉。一些人认为"部落"指的是一些具有中等规模和复杂度的社会，每个社会大概有几千人，有着十分精巧的正式政治制度，但仍缺乏具有强制性权力的全职领袖（Service 1962）。我们相信哪怕像肖松尼这样的社会——近似于 Steward（1955，第 6 章，尤其见 109 页）理想的"家庭游群"——通常也隶属于一个能够维护当地和平、抵抗外来侵略、提供生存救急的多游群团体，尽管在一些极端情况下这些功能相当有限。Murphy and Murphy 1986 和 Thomas et al. 1986 认为 Steward 从家庭游群社会的角度对肖松尼社会进行描述低估了它的复杂性，尽管 Steward 声明了其研究的有限性。无论如何，肖松尼族很迟才适应了干燥的大盆地，且这种适应性相对于极简主义来说是相当复杂的（Robert Bettinger，私人交流）。所有民族志中的社会都存在着某种形式的整合，从而形成高于家庭或游群的更大单位。简单社会中的社会组织会在几个维度上连续变化（例如 Jorgensen 1980），因此无法进行明确的分类。出现在那些非共同居住的、没有什么亲缘关系的人中的社会游群需要有一个方便的称呼，要么用"部落"，要么就生搬硬造一个新词。

　　[2]　Boehm 1992; Rodseth et al. 1991.

然后我们将概述心理学研究的数据来证实这一本能确实存在。之后
我们将展示民族志和历史学证据来表明近代的狩猎采集者社会中存
在着部落层面的社会组织。最后，我们将利用复杂社会的演化作为
自然实验，以此来检验这一假说。

合作常常局限于亲属和互惠的小群体

在 20 世纪 60 年代末和 20 世纪 70 年代初，当我们还是研究生
时，生物学课本往往通过描述动物行为对物种的好处来解释这些行
为：高声报警有利于保护社会群体免遭捕食，而有性生殖则保持了
种群保有适应性所必需的遗传变异。40 年来，生物学所取得的一项
重要进步就是发现了这些解释大多是错的。自然选择通常并不会演
化出对种群甚至社会群体有益的特质，选择过程常常青睐于能够提
高个体繁殖成功性，或者有时是个体基因的特质。当个体和群体的
利益发生冲突时，选择过程总是会演化出对个体有利的特质。

自然选择偏好亲属之间的合作

然而，当群体是由血亲组成的时候，上述规则会出现重大的例
外。只要某些行为能够对群体的适应度产生足够的提升，那么尽管
个体的适应度有所下降，自然选择还是会偏好于这些行为。请想象
一个种群，这个种群中的每个人都生活在由全球随机抽取的 9 个人
所组成的小群体中。进一步假设有两种个体类型：利他者和自利者。
利他者的行为是亲社会的，这种行为以自己降低 1/2 单位的效用为
代价，分别提高群体中另外 8 个人每人 1/4 单位的效用。这种行为
无疑是有利于群体的——它增加了群体中另外 8 个人每人 1/4 单位
的效用，因此群体适应度的净增加为 $8 \times 1/4 - 1/2 = 1^1/2$ 单位的效用。

没有接受过演化生物学训练的人们经常误以为有利于群体的行
为会被自然选择所偏好，但是仅仅有利于群体是不够的。假设群体

是随机构成的，接下来假设每一种亲社会行为都会同等地增进利他者和自利者的适应度。这意味着亲社会行为对利他者和自利者的相对适应度没有影响，因为利他者就像圣人一样一视同仁地帮助好人和坏人。在这种情况下，这两种类型的人在人口中的比例将不会发生变化。同时，因为亲社会行为的成本完全由利他者承担，这就会降低他们相对于自利者的适应度。

现在假设这个群体完全由兄弟姐妹组成。每个兄弟姐妹之间都有 50% 的基因相同，因此利他者将发现群体的其他 8 个人中平均有 4 个人携带有利他基因，另外 4 个人则将随机携带种群中的其他基因。现在，亲社会行为将使利他基因获得 $4 \times 1/4 = 1$ 单位的效用，而只要付出 1/2 单位效用的成本。自然选择将偏好于这种行为，因为这些亲社会行为的收益更偏向于携带相同基因的人。

这一简单案例说明了一条基本的演化定律：对群体有利而自身又需要承担成本的行为，除非其利益倾向于分配给携带产生该行为基因的个体，否则这种行为不会演化出来。自然选择偏好于针对亲属的利他行为，这是因为血亲在基因上很相似。已故的伟大演化生物学家 W. D. Hamilton 在 1964 年研究出了亲缘选择的基本微积分，[1]进而推导出了它对社会演化的许多重要影响。正如你所看到的，全部兄弟姐妹因他们的血缘关系而共享一半的基因，因而能够承担帮助其兄弟姐妹延续基因的任务，只要适应度的收益是成本的两倍，关系更远的亲属则需要更高的收益—成本比。[2] 这一定律往往被称为汉密尔顿法则，它成功地解释了广泛有机体中的许多行为与形态。[3]

---

[1]　Hamilton 1964．我们在上一段中给出的计算遵循了原文的大意。

[2]　伟大的人口遗传学家 J.B.S. Haldane 对这一定律作了也许是最精辟的概括。当一名记者问他对演化的研究是否使得他更可能为了他的兄弟而牺牲生命时，Haldane 回答说："不，但我会为了救两个兄弟或八个堂（表）兄弟姐妹而牺牲生命。"尽管与本书的主题无关，我们仍然忍不住再介绍一则 Haldane 的逸事，Haldane 还被一个记者——可能是同一个记者——问到研究演化是否让他多少领会到了造物者的些许意志，他回答道"他实在太喜欢甲虫了"。

[3]　Silk 2002; Keller and Chapuisat 1999; Queller and Strassmann 1998; Queller 1989.

199　　自然选择偏好互惠小群体内的合作

　　当动物们重复交互时，过去的行为也能导致非随机的社会交互。试想动物们居住在社会群体中，同一对个体在一段时间内重复交互。这些固定关系中的一方经常能够有机会帮助另一方，不过需要自己付出一些代价。假设动物中存在两种类型，一种是背叛者，它们从不合作；另一种则是互惠者，它们采取的策略是"首先伸出援手，然后只要对方帮助自己就伸出援手，否则再也不帮助对方"。一开始，每对伙伴都是随机组成的，所以相对于背叛者，互惠者更不容易获得帮助。但是在第一次交互之后，只有互惠者能够获得帮助。只要交互持续的时间足够长，在这种配对中互惠者的高适应度将足以使得互惠者战胜背叛者。

　　事实上在这个基本的故事背后，科学家们关于互惠如何运作少有共识。将它和亲缘选择理论进行对比是具有启发意义的。汉密尔顿法则所说的简单定律使得生物学家能够解释相当多的现象。尽管已经做了大量的工作，演化理论学家（包括我们在内）仍然无法提出任何能够解释互惠演化的广泛通用的定律。更糟糕的是，鲜有证据能够证明自然界中互惠的重要性。[1] 只有少数几项研究提供了互惠的证据，且其中没有一种互惠是决定性的。[2]

　　尽管存在着许多问题，理论研究在这方面确实做出了一个相当清晰的预测：互惠能够在小群体中支持合作，但在更大的群体中却不行。[3] 让我们暂且抛弃个体成对交互的假设，而假设它们居住在群体中，每种帮助他人的行为都将对群体中的所有成员有好处。例如，

---

　　[1]　相反，《自然》（*Nature*）认为存在很多证据。

　　[2]　Hammerstein 手稿。

　　[3]　小群体中的互惠见 Axelrod and Dion 1988 和 Nowak and Sigmund 1993，1998a and 1998b；大群体中的互惠见 Boyd and Richerson 1988a，1989a 和 Joshi 1987。Glance and Huberman 1994 提出了一个描述大群体中互惠演化的模型，但模型的结论依赖于人们只能从一系列可能的策略中进行选择这一假设。简单的无条件背叛就能够入侵合作性的演化稳定策略。

这种帮助他人的行为可以是提醒其他成员注意捕食者迫近的高声报警——这将暴露报警者，使其更可能丧生于捕食者之口。假设群体中有一个背叛者从来不发出警报，如果互惠者遵守之前的策略，只在其他人都合作的情况下才合作，那么这些背叛者的行为无疑将使得互惠者不再合作。背叛产生了更多的背叛，恶性循环。因为惩罚背叛的方法只有不再合作，这使得无辜的合作者和肇事的背叛者一样身陷困境。更何况如果互惠者容忍了背叛者的行为，那么从长远看背叛者将获得优势。

理论研究表明这种现象使得互惠行为局限在相当小的群体中。尽管缺少好的实证数据，这个结论确实和我们的日常经验相符。我们都知道互惠在友谊、婚姻和其他二元关系中扮演了重要的角色。我们最终将不再邀请那些从来不回请的朋友；我们将对从不愿意承担照顾孩子责任的配偶生气；我们将不再光顾那些要价过高的汽车修理厂。但大规模群体中的合作无法建立在同样的规则上，不是每个千里挑一的工会会员都会坚守在罢工警戒线上，即使他们知道自己的背叛会导致罢工失败；不是每个恩加战士都会坚守在战地前沿，即使他们知道自己的退却很可能导致战线的崩溃；也不是每一个人都会循环利用瓶子和报纸，即使他们知道乱扔废物会加速地球的毁灭。

一些学者强调存在着其他惩罚方式，比如地位的降低、更少的朋友、更少的交配机会等等[1]——这些被演化生物学家Robert Trivers称为"道德惩罚"。[2] 尽管道德惩罚和互惠总是被放在一起，它们其实有着非常不同的演化特质，在促进大规模合作方面，道德惩罚比互惠更有效率，这主要基于两个原因。其一，惩罚是有针对性的，这意味着当互惠者拒绝与背叛者合作时，对背叛者的惩罚将不再带来恶性循环般的背叛行为；其二，通过停止互惠所实施的惩罚力度取决于个体不合作所能带来的效益损失，且会随着群体规模的上升

200

---

[1]　例如 Binmore 1994。

[2]　Trivers 1971.

而下降。道德惩罚能够给背叛者造成更大的损失，因此即使天生的互惠者并不多，他们也能够引导大规模群体中的其他成员进行合作。懦夫、逃兵和骗子可能会遭到他们同类的攻击，被社会中的其他人回避，被人们指指点点，甚至被流放或找不到配偶。因此相比于互惠，道德惩罚貌似提供了一种有效得多的维持大规模合作的机制。

但是，还有两个问题。[1]首先，为什么个体要实施惩罚？如果惩罚是有成本的，且合作的收益是整个群体的，那么实施惩罚将是一项有利于群体却要个体付出成本的行为，因此自私的个体将只合作，不惩罚。惩罚了懦夫的恩加人自己支付了成本，为部落的其他成员谋得了收益。对逃兵嗤之以鼻的恩加女人可能错失了一个理想的婚姻对象，尽管这能确保恩加人中不会懦夫成群。因此，只要个体实施的惩罚对整个战争的结果不产生什么重大的影响，那么自私的个体将不会进行惩罚。其次，道德惩罚会滋生**一切**专断的行为——如必须打领带、善待动物，或吃掉死亡近缘物种的脑子。这些行为能否对群体带来好处并不重要。重要的是，当道德惩罚的实施者人数众多时，受到惩罚将比犯错误要付出更大代价，无论是什么样的错误。当任何行为都能在稳定的均衡状态中持续下去时，那么合作是一种稳态并不能确保它是最终的结果。

尽管关于道德惩罚的许多争论都聚焦于第一个问题，我们却认为第二个问题是大规模群体中合作演化的更大障碍。如果道德惩罚很普遍，且惩罚足够严厉，那么合作将对惩罚者做出补偿。大多数人可能在生活中不怎么需要惩罚他人，这说明和不惩罚只合作的倾向比起来，惩罚的倾向所需的成本并不太高。因此，相对较弱的演化力量能够维持道德惩罚，从而能够维持有利于群体的行为。但是，如果演化仅仅由个体的成本和收益所驱动，那么道德惩罚就能够维持合作，但同时也能维持任何状态。看起来社会确实经常通过道德惩罚或威胁进行道德惩罚的方式来推进某些没有明显意义的社会规

[1] Boyd et al. 2003 和 Boyd and Richerson 1992b。

范，比如打领带上班。既然合作行为仅仅是人们所有可能行为的一个小子集，惩罚并不能解释为什么大规模合作如此普遍。换句话说，道德惩罚可能足以解释为什么大规模的合作得以维持，但它不能解释为什么大规模的合作得以产生。

在部分隔离的大规模群体中自然选择并不有效

群体选择可能是演化生物学家最热衷的话题。相关的争论始于1960 年代初，当时鸟类学家 V. C. Wynne-Edwards 出版了一本从行为有利于群体的角度来解释许多令人困惑的鸟类行为的书。[1] 举例来说，他认为上千只群栖欧椋鸟在夜晚的盘旋盛况让这些鸟儿能够了解种群规模，进而控制自己的生育率以避免食物短缺。尽管这种解释在当时并不罕见，但是 Wynne-Edwards 比他的同行们更清楚这种群体适应性的产生过程：这么做的鸟群不仅生存了下来，还繁荣昌盛，而没这么做的鸟群则将食物消耗殆尽，最终灭亡。这本书产生了巨大的争议，生物学界的泰斗 David Lack，George Williams 和 John Maynard Smith 都发表了批评意见，解释为什么这一在日后被称为群体选择的机制是无效的。[2] 与此同时，Hamilton 新提出的亲缘选择理论为合作提供了一个替代性解释。这些争论的结果是，我们对动物行为演化的理解开始产生革命性的转变——这一转变根植于我们对个体和群体行为及其功能的深入思考，并且相当成功。

在 1970 年代早期，一位叫 George Price 的古怪的退休工程师发表了两篇论文，以一种全新的思路来重新审视演化，[3] 在那之前，大多数演化理论仍基于对不同基因适应度的解释。为了理解特定特质的演化，人们需要明白其他人的行为是如何影响携带着特定基因

202

---

[1]　Wynne-Edwards 1962.

[2]　Maynard Smith 1964; Williams 1966; Lack 1966.

[3]　Price 1972, 1970.

的个体的，并综合评估所有可能出现的场景（就像我们之前解释亲缘选择和互惠时那样）。George Price 认为应当考虑在不同层面发生的选择过程——对个体内部基因之间的选择，对群体内部个体之间的选择，以及对群体之间的选择。他还提出了一种能够描述这些过程的强大数学工具，现在这个工具被称为普赖斯协方差等式。利用 George Price 的方法，亲缘选择能够被抽象为发生在两个层面：选择在家庭内部（群体内）偏好背叛者，因为他们往往在自己家中比别人更容易获得优势；而选择在家庭之间（群体间）则偏好于那些拥有更多互惠者的家庭，因为更多的互惠者能够提高家庭的平均适应度。最后的结果取决于群体内和群体间差异的相对大小。如果群体内的差异很小，那么大多数差异都是群体间的，最明显的情况就是群体由克隆个体组成（就像群生的无脊椎动物，如珊瑚），此时群体内部几乎没有基因差异，所有差异都存在于群体之间，因此选择会产生最大化群体利益的行为。

George Price 的多层选择方法和传统的以基因为核心的方法在数学上是等价的。在某些演化问题上，其中某种方法可能更具有启发性，或者在数学上更容易操作，但是只要计算无误，两种方法将获得相同的结果。[1] 采取多层选择的方法并不意味着动物们多多少少会为了群体的利益而行事，因为这两种方法是等价的。

近些年来，多层选择方法导致了群体选择领域的一场复兴，并在群体选择理论的反对者和支持者之间引发了新的争论，[2] 这一争论的主要焦点在于怎样的演化过程才能**被称为**群体选择。一些人用"**群体选择**"来指代 Wynne Edwards 所设想的过程，即由基因上关联不大的个体所组成的大规模群体之间的选择；而其他人则用"**群**

203

---

[1]　Price 的方法卓有成效，大大加深了我们对许多演化问题的理解，比如 Alan Grafen 在 1984 年关于亲缘选择的研究以及 Steven Frank 在 2002 年关于免疫系统及多细胞演化的研究。这个方法也能被用于研究文化演化，见 Henrich，出版中，以及 Henrich and Boyd 2002。

[2]　Sober and Wilson 1998.

体选择"来指代多层选择分析中的任何群体——包括由近亲构成的群体——之间的选择。

　　真正的问题在于：哪种人口结构能够在群体间产生足够大的差异，以至于在这一层面上的选择能够起到重要的作用？答案相当直接：由无关个体所组成的大规模群体之间的选择在有机体演化中通常不是什么重要的力量，即使是少量的迁移行为也足以将群体间的基因差异减少至选择不再发挥重要的作用。[1]但是正如我们将在下面所说的那样，对文化差异不能得出相同的结论。

灵长类动物的合作局限于小群体中

　　演化理论预言非人类的灵长类动物和其他拥有小型家庭的物种，其合作会局限于小群体中。只有存在着大量关联紧密的个体，亲缘选择才会产生大型的社会系统，不过由少量雌性产生大量不育子代的社会性昆虫和群生无性脊椎动物则是例外。灵长类社会充满着裙带关系，但是合作主要局限于规模相对较小的亲属群体中。理论表明互惠只在这种小群体中有效，而在大群体中无效。互惠可能在自然界中起到了一些作用（尽管不少专家并不认同这一点），但没有证据表明互惠在大规模社会的演化中发挥了作用。如果人类不存在，那么这一切都很完美。而人类社会恰恰是建立在由小群体组成的规模庞大、高度合作的社会系统之上，即使是狩猎采集社会也是如此。

快速的文化适应性强化了群体选择

　　为什么人类不像其他灵长类动物那样只有小规模的社会呢？我们认为最可能的原因是快速的文化适应性导致了群体间的行为差异大幅增加。在其他灵长类动物中，由于自然选择的作用弱于迁移的

---

　　[1]　Eshel 1972; Aoki 1982; Rogers 1990b.

效应，群体间的可遗传差异很少，这就是为什么在所有灵长类中群体选择并不是一种重要的演化力量。相反，人类群体之间存在大量行为差异，这种差异是我们为什么要有文化的**原因**——为了允许不同群体积累不同的适应性，以适应各种各样的环境。这些差异本身并不足以使群体选择发生重大作用，还需要一些能够在群体间维持差异的机制。我们认为至少有两种这样的机制：道德惩罚和遵奉偏好。让我们看看它们是如何运作的。

204 道德惩罚能够维持差异

正如我们之前所解释的，道德惩罚可以维持各种各样的行为。假设一个种群被细分为很多群体，文化实践在群体间的扩散要么是因为人们相互迁移，要么是因为他们有时会采用邻近群体的想法。种群中存在着两种竞争性的、由文化传递的道德规范，规范由道德惩罚强制实施。让我们将这两种规范分别称为规范 X 和规范 Y。这两种规范可能是"工作时必须穿西装"和"工作时必须穿大喜吉装"，或者是"人应当首先忠于血缘"和"人应当首先忠于群体"。在采用其中一种规范的群体中，违反规范的人将受到惩罚。假设人们的先天心理机制使他们更偏好于规范 Y，那么 Y 就倾向于扩散开来。尽管如此，如果规范 X 已经足够盛行，那么惩罚的效应将抵消这一偏好，使人们倾向于采用规范 X。在这样的群体中，具有其他信念的新移民（或接受了"外来"理念的人们）会迅速发现他们的信念给他们惹了麻烦，进而将遵循已经盛行的规范。当更多相信规范 Y 的人加入群体时，他们会发现自己是社会中的少数派，尽管规范 X 与他们演化而来的心理机制并不完美契合，但他们仍会迅速学会并遵循当地的规范 X。

这种机制只会在适应性快速产生时发挥作用，并且不太可能成为基因演化中的重要力量。演化生物学家一般认为选择的作用很有限，尽管存在着许多例外，但在他们看来这确实是一种有用的概括。因此，如果一种基因型相对于另一种基因型有着 5% 的选择优势，这将被视为是一种强大的力量。假设产生了一种对群体有利的新基因型，并且机缘巧合在某个当地群体中普及开来。在这个群体中，它相对于整个种群中的主流基因型有着 5% 的优势。为了让群体选择变得重要，新的基因型必须在足够长的时间内占据主导地位，从而依靠群体选择扩散开来，且前提是每代的迁移率要远远少于 5%。[1] 否则，迁移的效应将抵消自然选择的效应。但 5% 的迁移率真的不算高，相邻灵长类群体之间的迁移率大约为每代 25%，尽管迁移率出了名的难以测量，但在那些经常灭绝的小群体中迁移率很可能会非常高。大群体之间的迁移率会低得多，但灭绝率也低得多。

遵奉式社会学习能够维持差异

遵奉偏好也能够维持群体间的差异。我们在第四章中论证过自然选择会偏好于模仿大众的心理倾向，这种倾向是一种演化力量，它能够使普遍的文化变异变得更加普遍，而使稀少的文化变异变得更为稀少。如果这种效应要强于迁移的效应，那么群体间的差异就得以维持。

像之前一样，以由迁移而聚在一起的群体为例，现在假设有两种变异会影响人们的宗教信仰："信教者"相信善良的人将在死后升入天堂，而邪恶的人将在死后受到可怕而永恒的惩罚；"无神论者"则不相信任何死后世界。出于对惩罚的恐惧，信教者比无神论者表现得更加高尚——他们更诚实、更慷慨、更无私，结果，以信教者为主的群体比以无神论者为主的群体更加成功。人们在决定采纳何种文化变异时会受到内容偏好的轻微影响。人们确实会追求舒适、快乐和闲暇，而这倾向于使他们为非作歹，但是，对舒适的渴求会让信教者担心死后被困于地狱的烈焰中。因为人们对死后世界是否存在并不确定，他们对这两种文化变异的好恶并不强烈，结果，他

---

[1]　细节见 Boyd and Richerson 1990。

们会受到社会大众的严重影响。在信教者环境中长大的人愿意信教，而在无神论者中长大的人则不会信教。

206　　对以下这个问题的不同答案揭示了道德惩罚和遵奉式学习之间的差异，这个问题是：假定人们成长于一个虔诚的基督教社会，为什么他们会拥有基督教的信仰？如果文化差异主要是由道德惩罚所维持，那些没有在虔诚的基督教社会中信奉基督教的人将受到教徒的惩罚，而那些拒绝惩罚异教徒（比如继续跟他们来往）的人自己也会受到惩罚。人们采纳主流的信仰是因为在当前的情况下，这种信仰能获得最高的收益，即使把遭受惩罚的成本算在内。如果文化差异主要由遵奉传递和类似的文化机制所维持，那么年轻人信基督教是因为这种信念得到了广泛的认同，与某种基于内容的偏倚相一致，并且对个体来说很难证明或证伪。（当然，遵奉和惩罚效应的混合也可能发生，这时答案是定量而非定性的。）

　　遵奉传递只有在强大到足以战胜逆向的内容偏好时才能强化群体选择的作用，这只有在个体难以评估可选择的文化变异之间的利弊时才会发生。在某些情况下，评估并不困难：你应该逃税吗？你应该装病以逃脱兵役吗？惩罚的威胁可能足以让纳税人和被征兵者保持诚实了。但是，许多信念难以判断：对孩子来说是严格要求还是万般宠爱更好？吸食大麻对人的健康有害吗？走学术道路一定能有所成就吗？哪怕是在信息开放的今天，这些问题仍然很难回答。对大多数时代大多数地方的大多数人来说，甚至一些更加简单的问题也会很难回答：喝脏水会致病吗？向神灵祈祷能影响天气吗？对这些困难问题的选择结果经常深深影响着人们的行为和福利。[1]

---

　　[1]　在遵奉主义和道德惩罚之间存在着有趣的互动。如果存在着广泛的道德惩罚，大多数人就会合作，这反过来意味着很难判断惩罚到底对个人有利（因为不参与惩罚的人将被惩罚）还是无利（因为不参与惩罚的人搭了别人的便车）。让我们回想当很难判断两个备择选项孰优孰劣时，像内容偏好这样的决策动力将很微弱，这意味着即使是很微弱的遵奉传递也会变得很重要。在这种情况下，遵奉主义就可以维持要求人们参与道德惩罚的道德规范。这样的规范会造成许多成本高昂的惩罚，且将维持那些对群体有利的行为。更多细节见 Henrich and Boyd 2001。

群体间可遗传变异 + 群体间冲突 = 群体选择

在《物种起源》（*On the Origin of Species*）中，达尔文提出了自然选择塑造适应性所必需的三个条件：必须有生存竞争，即不是所有个体都能生存和繁衍；必须存在着变异，这样就会有某些类型更容易生存和繁衍；变异必须是可遗传的，即后代应当与其父母相似。

达尔文总是聚焦于个体，但多层选择方法告诉我们这三个条件同样适用于**任何**复制主体——如分子、基因和文化群体。在大多数动物群体中，只有前两种情况被满足，例如长尾猴的群体之间相互竞争，且不同群体的生存繁衍能力不同。但是——这里有一个很重要的转折——影响群体竞争力的那些群体层面的变异并不能遗传，因此不存在累积的适应性。

一旦人类社会中快速的文化适应性能够产生稳定的群体间差异，那么各种各样的选择过程就能够在群体层面上产生适应性了。正如达尔文所说：

> 我们不应当忘记，尽管较高的道德水平并不会让个体和他的子女在面对部落其他人时占据多少优势，但更多的道德楷模和更高的道德水平无疑会让一个部落拥有相对于其他部落的巨大优势。如果一个部落中有很多成员都热爱部落、忠诚勇敢、服从指挥且具有同情心，那么他们在有需要时一定会团结互助，并随时准备为部落利益而做出牺牲，这样的部落将打败绝大多数的其他部落，这就是自然选择。[1]

---

[1] Darwin 1874 (178-179). 当然，达尔文并不理解有机体遗传，尽管他使用了与现代的文化概念很相关的概念。他并没有察觉出基因和文化之间的微妙差别，但他确实理解选择往往会偏好于自私的行为。见 Richards 1987 和 Richerson and Boyd 2001a。

达尔文所说的是最简单的机制，即群体间竞争。第二章提到的努尔人对丁卡人的征服提供了一个很好的例子，回想一下：努尔人和丁卡人是两个居住在苏丹南部的大规模种族，这两个种族在 19 世纪各自包含了很多政治上独立的群体。两个种族间社会规范的差异使得努尔人相比于丁卡人更容易形成大规模群体间的合作，为了获得更多的牧场，努尔人不断征战邻近的丁卡部落，占领他们的土地，将成千上万的丁卡人吸收进了他们的族群。

这个例子表明了通过群体间竞争来实现文化群体选择的前提条件是什么。与最近的一些批评观点[1]相反，群体不必是边界明确的、类似于个体的实体。唯一的前提条件是，群体间一定要存在着持久的文化差异，且这些差异必须能够影响群体的竞争力。胜出的群体必须要替代落败的群体，不过落败者并不一定要被杀死。落败群体的成员要么一哄而散，要么被获胜的群体所吸收。如果落败者因遵奉或惩罚效应而重聚起来，那么哪怕是很高的人口迁移率也不一定会导致文化差异的消亡。

208 哪怕群体规模很大，这种群体选择也可能成为一种强大的力量。一种对群体有利的文化变异要想传播开来，首先必须在子群体中变得普遍。在规模较大的群体中，文化变异想要通过类似于随机漂变的过程来成为主流比较困难。[2]不过，只要有一次机会就足够了。有几种过程可能会让最初的变异得以传播。即使群体规模一般很大，那些会导致群体规模下降的偶然事件也能让被群体所偏好的变异得到发展的机会。哪怕是几个子群体间的环境差异也能为群体选择提供原始动力。小型非主流群体如果成功，是有可能成长为大群体的，比如历史上屡见不鲜的教派崛起。就像努尔人和丁卡人，还有许多其他例子一样，相互接触的社会之间的差异常常很大，无论这是出

---

[1]　Palmer, Fredrickson and Tilley 1997.

[2]　关于文化漂变的模型见 Cavalli-Sforza and Feldman 1981；关于基因漂变导致的人口均衡状态变化的速率见 Coyne，Barton and Turelli 2000 以及 Lande 1985。

于什么原因。

在小规模社会中，群体竞争很常见。和一些浪漫的故事相反，民族志和考古学的数据表明袭击和战争在觅食者社会中很常见。[1] 例如，人类学先驱 A. L. Kroeber 和他的学生在 20 世纪前半叶搜集的数据表明，战争在 19 世纪北美洲西部的狩猎采集者中十分常见，每年发生的武装冲突常常超过 4 起。但是这些数据太少了，再加上殖民统治的影响，完全无法评估这些冲突与群体灭绝之间的因果关系。来自新几内亚高地的数据质量更好，是硕果仅存的有关简单社会的大样本数据，且人类学家对这些社会的研究要早于它们与欧洲人接触从而发生剧烈变化之前。尽管新几内亚人是园艺实践者而不是狩猎采集者，他们仍然生活在简单的部落社会中，这和狩猎采集者非常相似。此外，新几内亚群体间的竞争仍持续不断，或者至少当民族志学者到达时，被采访人仍然对这些竞争记忆犹新。

人类学家 Joseph Soltis 通过新几内亚高地早期的民族志记录搜集了相关数据。许多研究都提到了数量可观的群体间冲突，其中大约有一半提到了当地群体社会的灭亡，有 5 项研究包含了足以估计周边群体灭绝率的数据（表 6.1）。典型的模式是：群体在与邻居的长期斗争中逐渐衰落，最终被一举消灭。当足够多的成员相信他们所属的群体不足以对抗将来可能遭到的袭击时，他们会向其他群体的亲友寻求避难，即使死亡率远远低于100%，这一群体在社会意义上也已经灭绝了。与此同时，成功的群体不断成长，最终分裂。群体的社会性灭绝是很常见的（表 6.1）。在这些群体灭绝率下，创新从一个群体传播到当地其他群体需要 20—40 代人的时间，即 500—1000 年。

---

[1] Keeley 1996; Otterbein 1985; Jorgensen 1980.

地区	群体数量	灭绝数量	所用年数	每25年的灭绝率	来源
美恩加	14	5	50	17.9%	Meggitt 1977
马林	13	1	25	7.7%	Vayda 1971
门迪	9	3	50	16.6%	Ryan 1959
福尔/尤赛尔法	8–24	1	10	31.2%–10.4%	Berndt 1962
图尔	26	4	40	9.6%	Oosterwal 1961

引自 Soltis et al. 1995。

209

表6.1 新几内亚五个地区文化群体的灭绝率

这些结果表明文化的群体选择是一个相对缓慢的过程。不过根据我们从历史学和考古学记录中所看到的，政治和社会复杂度的实际增长率也同样缓慢。毫无疑问，新几内亚社会是一个积极演化的系统，[1]但即使这样，他们对更新世祖先的社会复杂度的发展也是很有限的。那些最终会产生像现代社会这样的大规模社会系统的文化传统变迁，其速度往往很慢。这些能够解释农业社会的出现与最早的城市国家之间超过5000年的时间差，以及简单国家的出现和复杂的现代社会之间5000年的时间差。

对成功邻居的模仿会导致有利于群体的文化变异扩散开来

群体间竞争不是导致有利于群体的文化变异传播开来的唯一机制，模仿成功邻居的倾向也能够做到这一点。到目前为止，我们主要关注于人们对群体内其他成员行为的认知，但是人们其实对相邻群体的规范也有所了解。他们知道在这儿人们能和堂（表）兄弟姐妹结婚，但在那儿就不行；或者在这儿所有人都能摘取果实，但在那儿果树是私有的。现在假设有一套规范相比于其他规范更容易给人们带来成功，无论是理论还是实证结果都表明人们有很强的倾向

---

[1] Wiessner and Tumu 1998.

去模仿成功者。因此，更好的规范将传播开来，因为人们会模仿更成功的邻居。

你或许会怀疑这一机制是否真的有效。它要求群体之间有足够的相互渗透，以使得有利于群体的想法扩散开来；同时它还要求渗透程度不能太高，否则群体之间将难以维持足够的差异。同时做到这两点是否可能？我们同样对这一点有所怀疑，因此我们对这一过程进行了数学建模。我们的结果表明，有利于群体的信念能够在广泛的条件下传播开来。[1] 模型还表明这种传播的速度很快，大致说来，有利于群体的特质在群体间的传播所需时间是有利于个体的特质在群体内的传播时间的一倍。这一过程远远快于简单的群体间竞争，因为它取决于个体对新策略的模仿速度，而非群体的灭亡速度。

基督教在罗马帝国中的快速传播为这个过程提供了一个范例。从基督之死到君士坦丁大帝执政大约相隔 260 年，在此期间，基督徒的数量从寥寥无几发展到了 600 万人到 3000 万人之间（具体多少取决于你认可哪种估计）。这个增幅听起来大得惊人，但其实只相当于每年 3%—4% 的增长率，与过去一个世纪中摩门教的增长率大致相当。根据社会学家 Rodney Stark 的说法，[2] 许多罗马人之所以皈依基督教是因为他们被更高品质的生活所吸引。在异教徒的社会中，穷人和病人往往无依无靠，而基督教社会则与此相反，慈善和互助的传统在缺乏社会服务的罗马帝国中创造了一个微型的"福利之家"。[3]

在罗马帝国晚期瘟疫肆虐之时，这种互助显得尤为重要。没得瘟疫的罗马异教徒们拒绝帮助病人，也不愿埋葬死者，这有时会导致无政府状态。而在基督教团体中，强有力的互助规范使得患者能够得到尽心的救治，因而死亡率就降低了。基督教和异教徒中的意见领袖都将许多变化归结为这种救助的感召力。比如憎恶基督教的

210

[1] Boyd and Richerson 2002.
[2] Stark 1997.
[3] Johnson 1976（75）引自 Stark 1997（84）。

尤利安皇帝在写给他的一个牧师的信中提到，如果异教徒们希望在宗教竞争中胜出，就需要模仿基督徒的善良美德。他在信中提道："他们的道德水平很高，哪怕是虚情假意"以及"他们对陌生人很仁慈"。[1]中产阶级女性特别愿意皈依基督教，很可能是因为她们在基督教团体中地位更高，且婚姻能够得到更好的保障。罗马的规范允许纳妾，且已婚男性可以随意发展婚外情，相反，基督教规范要求忠诚的一夫一妻制。非基督教的寡妇必须再嫁，而这意味着她们将失去对自身财产的控制权；信奉基督教的寡妇不仅能保有财产，且一旦陷入贫困还会得到教会的资助。在基督教的崛起过程中，一些人口因素也很重要。互助在瘟疫期间导致了低得多的死亡率，而对杀婴的禁止则大大提高了基督徒中的人口增长率。

要通过这一机制进行传播，行为必须是相对容易被观察到和进行尝试的。[2]像基督教和伊斯兰教这样的传福音宗教都在煞费苦心地帮助潜在的皈依者学习自身宗教的社会体系，并热忱欢迎那些略显笨拙的新来者。尽管如此，现代社会中的大多数转变——想必古代社会也是如此——仍然发生在家庭成员、亲密伙伴以及其他亲密关系之间。

快速的文化适应性产生了以身份作为标识的群体

人类社会最显著的特征之一是以身份作为标识的群体边界。[3]一些身份标识看起来似乎很武断，比如独特的穿着或话语，还有一些则是复杂的仪式系统，伴随着精心设计的意识形态。社会关系受群体中神圣化的信仰系统所规范，这种情况并不鲜见。[4]哪怕是在原始的狩猎采集社会，以身份作为标识的群体规模也是庞大的。种族作

---

[1]　Stark 1997 (83–84).

[2]　见 Rogers 1995 的解释，他认为这些特征是创新顺利扩散所必需的。

[3]　Barth 1969, 1981; Cohen 1974.

[4]　Rappaport 1979.

为一种典型的身份标识，其划分千差万别且难以定义。种族可以转化为阶层、地区、宗教、性别、职业和其他无数人们用以调控利他范围的身份标识系统。

　　大量证据表明以身份作为标识并不仅仅是文化传承的副产品。儿童从同一位成人那里可以获得许多特质，如果文化的边界不可渗透——就像物种的边界一样，那么这就能解释身份标识和其他特质之间的联系。例如，如果居住在加利福尼亚州的墨西哥移民儿童只模仿他们的墨西哥同胞，而有着盎格鲁血统的加利福尼亚人也只模仿他们的同族，那么种族边界的持续存在将很容易得到解释。然而，有大量证据表明种族身份是有可塑性的，且种族的边界可以被渗透。[1]加利福尼亚州的奇卡诺儿童操着流利的英语，并拥有许多盎格鲁习俗，而有着盎格鲁血统的加利福尼亚人的英语也掺杂着不少西班牙词汇，相比于番茄酱，他们更喜欢洋葱辣酱。他们在生日聚会上击打彩饰陶罐，还零零碎碎地采取了一些其他墨西哥习俗。群体间到处有人在流动，有思想在交互，这将减少群体间的差异。因此，群体边界的持续存在和新边界的不断产生，这意味着有其他社会过程在抵抗由迁移带来的融合以及对种族身份的战略性同化。

　　群体标识的持续存在可能是快速的文化适应性造成的。首先，我们注意到以身份作为标识使得人们能够识别群体内成员。群体内标识有两个作用：其一，识别出群体内成员的能力使选择性模仿成为可能。当文化迅速产生适应性时，当地种群将成为如何适应当地环境的重要信息来源。如何做到只模仿当地人，而不被那些初来乍到的移民所误导，这就变成了一门重要的学问。其二，识别出群体内成员的能力使选择性社会交互成为可能。正如我们已经讨论过的那样，快速的文化适应性能够维持不同群体间道德规范的差异。人们最好和那些有着相同信念——例如，什么是对什么是错，什么是公平什么是可贵——的人交互，以避免莫名其妙的惩罚和享受社会

212

---

[1]　Barth 1981.

生活带来的好处。因此，一旦存在可靠的身份标识，选择就会偏好于那些选择性地模仿相同身份者或与他们交互的心理倾向。

　　其次，我们应该注意到这些倾向同时也会维持身份标识之间的差异，这一点相对不太明显。[1]假设有两个群体，分别称为红色群体和蓝色群体，在每个群体内部各有一种盛行的社会规范，称为红色规范和蓝色规范。遵守相同规范的人们之间进行交互比遵守不同规范的人们之间进行交互要更加成功。以与财产纠纷相关的社会规范为例，拥有相同规范的人们显然比拥有不同规范的人们更容易化解财产纠纷。同时，这两个群体有两种中性的，但是很容易被观察到的标志性特征，也许这个特征是方言，比如说红色语和蓝色语。假设红色语在红色群体中更加普遍，而蓝色语在蓝色群体中更加普遍。进一步假设人们倾向于和使用相同方言的人交互，那些拥有更常见的特征组合——比如在红色群体中信奉红色规范、说红色语，或者在蓝色群体中信奉蓝色规范、说蓝色语——的人最有可能和那些具有相同特征的人进行交互。因为他们有着相同的规范，这些交互会相当成功。相反，拥有不常见特征组合的人就没有那么成功。只要文化适应性能导致那些成功策略的扩散，那么红色群体中具有红色特征的个体会更加普遍，而蓝色群体中具有蓝色特征的个体也会更加普遍。当然，真实的世界要复杂得多，但同样的逻辑依然适用。只要人们倾向于和那些看起来或听起来类似于自己的人交互，且这种倾向能够导致更多成功的社会交互，那么人们的标识将倾向于和社会群体绑定在一起。

　　基于同样的道理，身份标识还能够让人们有选择地进行模仿，[2]那些模仿具有当地更普遍标识者的人们将更可能获得在当地更具优势的变异。如果人们同时模仿标识本身和具有标识的个体的行为，那么平均说来，拥有当地更普遍标识的人将更成功。这将进一

---

[1]　McElreath, Boyd and Richerson 2003.

[2]　数学方面的细节见 Boyd and Richerson 1987。

步增加这些标识的普遍程度，而这又使得他们看起来**更加值得**模仿了。如果存在着明显的环境梯度，或者是明显不同的社会规范，那么不同的标识特征将进一步极端化，直到文化之间足够疏离以使得群体能够最优化其平均行为。[1]

很多人认为种族标识的产生是为了让利他主义者能够识别出其他利他主义者。[2]这种想法的问题在于标识很容易伪造，嘴皮子不可轻信，头发的颜色也不可轻信（可以染色）。昭告天下你是个利他主义者是很危险的，因为坏人很容易伪造标识来伪装成好人。如果你在胸前写一个大大的"善"，你很可能会吸引一些伪善的朋友，他们利用你的好心肠却从不报答。事实上，反社会的人看起来很善于模仿好人的行为，以便实现他们的阴谋。[3]只有那些能够证明你从属于一个合作群体，且受到道德惩罚所约束的标识才能够演化出来。这时，利他是你自己的利益所在，且昭告天下你属于一个合作团体并不会使你遭受反社会主义者的无情伤害，因为你所属的团体会惩罚那些伤害你的人，而佩戴团体的徽章——在团体中利他受道德规范和道德惩罚所保护——也为你动动嘴皮子增加了可信度。[4]

由文化所塑造的社会环境中演化出了部落社会本能 214

快速的文化适应性开启了全新的社会世界，并驱动着我们演化出新的社会本能。文化演化创造了具有合作性的、以身份作为标识的群体。这样的环境偏好于一系列与这种群体相适应的新社会本能，

---

[1] 作为这种过程的一个例子，Logan and Schmittou 1998 描述了大平原上克劳族的艺术作品。

[2] 例如 van den Berghe 1981；Nettle and Dunbar 1997；Riolo，Cohen and Axelrod 2001。

[3] Harpending and Sobus 1987.

[4] 参见 Ostrom 1990 有关公共品提供背景下的惩罚机制的讨论；另见 Gruter and Masters 1986 关于放逐的研究以及 Paciotti 2002 关于一个拥有复杂惩罚机制的非洲部落的研究。

包括"期望"生活由道德规范所调控并能够学习和内化这些规范的心理机制，那些能够提高规范执行率的新情绪（如羞愧感和负疚感），以及"期望"社会世界被划分为以身份作为标识的群体的心理机制。[1]缺少这些新社会本能的个体更可能违反社会规范，进而遭到逆向选择。他们也许会被流放，被拒绝享用公共物品，或者更难找到配偶。在发生群体间冲突时，合作和群体身份认同导致了一场军备竞赛，进而使得社会演化向更极端的群体内合作发展。最终，人类社会和其他猿类社会分道扬镳，成为民族志记录中的狩猎采集社会。证据显示大约在10万年前，大多数人都居住在部落级别的社会中，[2]这些社会依赖于几百到几千人之间的群体内合作，以语言、仪式、服饰等作为身份标识。在这些社会中，人与人的关系是平等的，政治权力是分散的，人们乐意惩罚违背社会规范的行为，哪怕这些行为并没有直接损害他们的个人利益。

但是，为什么选择会偏好于亲社会行为？人类是聪明的，那么给定被惩罚的风险，他们为什么不简单地计算出合作和背叛的最优混合策略？我们认为答案是人类的聪明才智尚不足以完全理性地进行计算。例如，有足够的证据表明包括人类在内的许多生物都会在决策中过高地评价当前的收益。比如大多数人在马上得到1000美元和明天得到1050美元之间选择马上得到1000美元。但当选项变成30天后得到1000美元和31天后得到1050美元时，大多数人则选择了后者。这意味着熬过头30天后，人们将对他们的选择感到后悔。这种偏好会让人们做出将来会后悔的决定，因为和未来相比，他们在当前会低估未来的成本。[3]正如我们先前所假设的，设想文化

---

[1]　像Boyer 1998那样的认知心理学家会说我们是"天真的本体论"，以身份作为标识的群体是一种错误的分类。

[2]　Kelly 1995; Richerson and Boyd 1998, 2001b; Richerson, Boyd and Henrich 2003.

[3]　犯罪学的一个经典假设是认为现代社会中的很多犯罪行为是冲动或社会人格缺陷的产物。学者们对为什么一些人会比其他人更容易遭受惩罚有着不同的观点，但大量数据表明囚犯和其他流氓比一般人要更加冲动（Caspi et al. 1994；Raine 1993）。

演化创造了不合作者将受到他人惩罚的社会环境。在许多情况下，　215
不合作带来的收益能马上被享用，而惩罚总是在之后才进行。这样
一来，那些高估当前收益的人们就不会合作，即使合作是他们的利
益所在。如果合作行为被大多数社会环境所偏好，那么选择过程将
偏好于某种由基因传递的社会本能，这种社会本能使人们倾向于在
更大的社会群体中识别同类并进行合作。比如说选择将偏好于内疚
感这样能够提高背叛的心理成本的感受，因为这将提高当前的背叛
成本，从而使得人们能够更准确地比较背叛与合作的成本。

这些新的部落社会本能成为人类心理机制的一部分，但那些偏
好于亲朋好友的心理机制依然存在。因此，在人类社会生活中存在
着一种与生俱来的冲突。部落本能有助于在大规模群体中相互识别
和合作，但这往往与自私自利、裙带关系和面对面的互惠相互矛盾。
有些人偷税漏税，有些人有借无还，也不是每个收听公众广播的人
都付了费用。人们感到自己必须深深忠诚于亲朋好友，但也会感到
自己需要忠诚于宗族、部落、阶层、种姓以及国家，这不可避免地
带来了冲突。在内战中，家庭要做出撕心裂肺的抉择，父母要么痛
苦而纠结将他们的孩子送上战场，要么痛苦而纠结地不将他们的
孩子送上战场。会有高度合作的犯罪团伙密谋攫取公众的劳动果实，
也会有社会精英利用他们在社会网络中的关键位置捞取过多的好处，
这样的例子数不胜数。问题在于，人类不得不忍受这些冲突所带来
的折磨，而大多数其他动物因为只受自私和裙带关系的驱使，反而
能够免遭这一痛苦。

一些演化学家朋友曾经向我们抱怨说，这个故事太复杂了。如
果假设文化是由一种适应于小亲属团体的心理机制所塑造的，会不
会简单一些？也许是会简单一些，但是同样这批人几乎都相信关于
语言本能是如何演化出来的故事，而这个故事也很复杂。乔姆斯基
原则和参数语法模型 [1] 认为儿童拥有特定目的的心理机制，这使他

---

　[1]　Pinker 1994 (111–112).

们能够快速而准确地学习他们所听到的语言中的语法，这些机制包含的语法规则使得儿童对他们所听到的句子的理解方式是有限的。当然，存在着足够多的自由参数，以使得儿童能够学会所有的人类语言。

这些语言本能必定是和由文化所传递的语言共同演化出来的，就好像我们假设社会本能是和由文化所传递的社会规范共同演化出来的一样。最有可能的是，语言本能和部落社会本能一起演化出来。最初，学习语言所依赖的机制一定不是特定用来学习语言的，语言提供了一种全新且有用的交流形式，那些天生具备学习更多原始语言的能力或学得更快的个体将拥有更为丰富和有用的交流系统。那么选择就会偏好于那些更专业化的语言本能，这使得更为丰富和有用的交流系统成为可能，以此类推。我们认为，人类社会本能对我们所构建的社会产生了类似的影响，而其中的重要细节则由当地的文化进行填充。[1]当文化参数被设定好之后，本能和文化共同产生了社会制度。与其他猿类相比，人类社会的基本偏好在任何地方都是相同的，但同时人类社会的多样性也是相当惊人的。就像语言本能一样，社会本能与这些社会制度也在过去的几十万年里共同演化着。

理论就说这么多，有什么证据能证明这些本能确实存在呢？

利他主义与同情心

大量详尽的证据表明人们容易被利他的情绪所感染，这驱使着他们对陌生人伸出援助之手，即使在没有奖惩的时候也是如此。[2]人们常常会做好事不留名，或是冒着生命危险救人于危难之中。自杀式袭击者宁死也要伸张他们的诉求。人们愿意付出鲜血的代价。

这样的例子有很多，但仍不足以说服很多对利他动机抱有怀疑

---

[1] Steward 1955，第 6–8 章; Kelly 1995。
[2] Mansbridge 1990 的修订版提供了一个很好的采样工具。

216

的人。对于这些人来说，例子中所有的利他行为实际上都是由自私行为所伪装的。做好事从来不会没人知道；英雄会上电视；自杀式袭击者的家人往往会得到慷慨的补偿；当你付出鲜血时，你能得到一枚勋章。按照生物经济学家 Michael Ghiselin 的说法，"刺穿利他主义者的身体，你会看到伪君子的血"。[1] 在真实世界的例子中，隐藏自私的动机总是有可能的。

但是近年来，心理学家和经济学家的实验研究令坚持对这些善行的动机进行怀疑变得越来越难。这些实验仔细地排除了自身获得好处的可能，即使是这样，人们依然会做出利他的行为。心理学家 Daniel Batson 认为同情心是解释利他主义的关键，[2] 一旦同情心被激发，人们天生的无私动机就会驱使他们努力帮助受害者减轻痛苦。他并未质疑（我们也没有！）自私动机的重要性，问题在于由同情心所驱动的利他主义是否也很重要。为了探究同情心在利他行为中的作用，Daniel Batson 进行了一系列实验。被试被分别编入实验组和对照组，实验员要求实验组的被试从受害者的角度进行实验记录，以此诱发他们的同情心，控制组则被要求保持中立，接下来通过实验操作以检验实验组的被试是否更可能提供帮助。比如在一个实验中，一个假想的受害人"Elaine"遭受了多达十次令人痛苦的电击——无论对受害者还是旁观者来说这都令人难受。一些被试被告知在旁观了两次电击后他们可以离开，不再观看；其他被试则被告知不得不旁观所有十次电击。在 Elaine 接受电击之前，所有被试都被告知由于儿时的受伤经历，Elaine 对电击极为敏感，痛苦不堪。实验员向被试表达了这一顾虑，并告诉被试他们可以选择代替 Elaine 接受惩罚——电击对他们而言固然是难受的，但多少总比 Elaine 要好一点。

Daniel Batson 解释说，一方面，如果帮助他人的行为是由避免

217

---

[1]　Ghiselin 1974 (247).

[2]　Batson 1991.

看到他人受罪的自私动机所驱动的，那么在观看了两次惩罚后就能离开的被试将更少代替 Elaine 受罪。另一方面，如果被试天生想要帮助受害者，那么能够提前离开的被试也会伸出援手。在控制组，即低同情心的那组，能否提前离开显著地影响了被试是否会伸出援手——不能提前离开使得帮助 Elaine 的比例从 1/5 提高到了 3/5。这说明人们在旁观 Elaine 受罪时会觉得很不舒服，当他们发现帮忙是减少这种不适的最好方法时，他们会伸出援手。在同情心被唤起的情况下，提前离开并不会对是否伸出援手造成显著影响——几乎人人都帮忙了。在这种情况下，人们对受害者的同情似乎是他们行为的决定因素。

　　Daniel Batson 同样为以下事实提供了证据：人们并非为了满足自己的心理感受而帮忙，而是真诚地想要帮忙。在实验中，试图帮忙的被试会被实验人员以不同的理由阻止，那些因别人抢先帮忙而不必继续帮忙的被试心情大好，而那些被告知自己不能帮忙且没有别人帮忙的被试心情低落。当同情心被唤起时，人们显然由衷地想要无私地帮助他人，这种态度有点类似于"总要有人下地狱"。举个极端的例子，这种态度经常出现于退役士兵的回忆录中。几乎没有老兵想要继续打仗，战争的回忆对他们而言满是折磨，但是他们尽了他们的职责。

　　这种实验并不能说服大多数经济学家，博弈论学家和其他理性选择学派的学者。首先，心理学家通常会对被试说谎——Elaine 并不会真的被电击。因为被试经常是从心理学课堂中招募的，有理由认为他们看过了指定的阅读材料，因此不一定会相信实验员告诉他们的一切，也许大多数 Daniel Batson 的被试怀疑 Elaine 只是实验员的同伙。其次，实验中的成本和收益是如此含糊不清和难以度量，被试声称他们的心情变好了，但我们怎么知道他们没撒谎？最后，互惠和声望的效应常常没有得到很好的控制，被试可能会期望在校园里再次遇到 Elaine，进而因他们的仗义相助而得到某种奖赏。利他主义可能只是形成互惠纽带最便利的心理机制之一。

　　这些质疑让经济学家们着手设计他们自己的实验，以便更好地控制上述因素的影响，独裁者博弈是个很好的例子。被试被招募到实验室中，所有被试都能获得一笔"出场费"。接下来其中的一些被试得到了一小笔钱款，即捐赠款，钱款的数额一般不大，比如说10美元，不过在一些实验中捐赠款要高得多。每个获得捐赠款的被试都要决定将这笔钱款中的一部分或全部分给另一名被试，被试做出选择后可以带着他们自己决定保留的钱款离开实验室。交互完全是匿名的，被试之间互不见面，也不知道关于彼此的任何信息，在一些实验中甚至连实验员也不知道被试做了什么。至于博弈的结果，经济学理论有着清晰的预测：以收益最大化为目标的自私理性人将一毛不拔。

　　独裁者博弈在不同的背景下被重复了数百次。美国、欧洲和日本的大学生一般会保留80%的捐赠款并分掉20%，年龄更大的非学生（即成年人）则愿意给予更多，有时平均会分掉一半。在非西方的小型社会中也进行过一系列的独裁者博弈，相比于西方社会，这些社会给予的数额差异更大，但即使是这样绝大多数被试都多少给了些钱。[1]这一结果对那些认为人类只有自私动机的人来说真是太糟糕了。

道德惩罚与奖励

　　大量的间接证据也证明人们倾向于惩罚那些违反了社会规范的群体成员，即使惩罚需要付出成本。路怒是一个典型的例子，想象一下当你遇到别人非法变道或者在你前面随意左转时的感受，如果你属于大多数，你会生气甚至暴怒，哪怕你知道可能再也不会碰上那个乱开车的人，你也很希望能给他点颜色看看。或者想象一下有人在电影院插队到你前面，大多数人会非常生气，哪怕这些人就排

---

[1]　Camerer 2003; Henrich et al. 2004.

219

在队列前面，一定都能找个好座位。这些情感会鼓励人们自发地对那些违反社会规则的人进行非正式惩罚，但是在复杂的社会现实中，我们很难估计非正式惩罚在维系社会规范方面的作用，因为警察和法院也会惩罚那些违规者。很多原始的社会缺乏正式的法律制度，因此他们只能依靠于自发的非正式惩罚。在小型社会中，大量民族志证据说明道德规范是由惩罚所维系的。[1]

经济学家 Ernst Fehr 和他的同事们在苏黎世大学所做的一系列实验强有力地表明，许多人即使无利可图也要惩罚违规者。[2]其中一个实验——这个实验注定会成为经典——基于实验经济学家常用的公共品博弈。按照实验经济学的惯例，被试是匿名的，且报酬是真实的钱款。在博弈的每一轮，被试都被随机分成四组，每名被试会分到一笔钱款，他们可以选择保留或是将这笔钱贡献给一个公共基金，之后，实验员将公共基金中的钱款数额增加 40% 并平均分配给被试。这意味着如果一个被试贡献了 10 美元，那么实验员会把这一数额增加到 14 美元，而每个小组的被试都将分到 3.5 美元。随后，新的组别将随机生成，下一轮博弈开始。这一过程将重复许多轮。

在这个博弈中，如果每个人都将所有钱投入公共基金，那么他
220 们的平均收益是最高的；但是对于个体而言，如果别人将所有钱都投入公共基金而自己却不投钱，那他的收益是最高的。这个自私的个体不仅能够留下自己的那份钱，还能从其他贡献的傻瓜那里分得一份收益。事实上 Ernst Fehr 实验中的被试和之前公共品博弈中的被试表现类似：一开始，许多被试都会向公共基金投钱，但随着时间的推移，贡献越来越少，直到第十轮几乎没有被试会投钱。

但是 Ernst Fehr 并不满足于这一结果。在另一个实验组中，每一轮实验都包含两个阶段，第一阶段还是之前说过的公共品博弈，第二阶段，每名被试的贡献都将被公开（被试的身份不会被透露）。

---

[1]　Boehm 1993; Eibl-Eibesfeldt 1989 (279–314); Insko et al. 1983; Salter 1995.

[2]　Fehr and Gachter 2002.

被试能够选择减少任何其他被试的收益，不过自己也要负担一点成本。因为每次博弈的分组都会被随机设定，因此惩罚并不能让被惩罚者在下次遇到惩罚者时表现好一些。尽管如此，还是有许多被试惩罚了那些贡献很少的人，结果贡献越来越多，以至于到了第十轮大多数被试都倾其所有地投钱。实验后的访谈表明，被试正是被我们之前所谈到的道德情感所驱动，Ernst Fehr 提到一些被试对其他人的恶劣行为十分愤慨。

这类实验最常受到的批评是，人们并不真正相信他们是在和陌生人进行一次性博弈。我们的心理机制并不善于处理这种情况，因此我们的所作所为总是好像我们的邻居在盯着我们似的。或许就是这样，但是 Ernst Fehr 的实验说明，某些盯着我们的邻居在惩罚我们的越轨行为时会得到一种病态的快感，或者至少是觉得有义务进行惩罚。人们很有必要担心一下这些充满正义感的邻居！尽管这些冲动是为了保证小群体内的重复博弈所产生的，但在匿名的非重复博弈中似乎也很容易擦枪走火。我们认为文化规则利用了这种倾向，使这种擦枪走火成了惯例。

只要这些实验不具有高度的误导性，那么即使你和陌生人不会再次交互，他们也会善待你，除非你不善待他们。我们做的很多事都立足于此，比如旅行。只要你不胡作非为，孤身一人穿行于陌生的城市之间通常不会受到什么伤害。我们曾去过一些第三世界的城市，那里的警察效率低下，腐败横行，而我们随身携带的现金和人身价值在当地是一笔不菲的财富。不过，我们的经历常常很愉快。每当我们不小心踏足于危险的边缘，比如去错了酒吧时，我们总是会得到来自店主、招待和好心妇女的低声忠告。举个更极端的例子，让我们回想有关 1998 年 8 月肯尼亚大使馆爆炸或美国纽约 "9·11" 袭击的录像，其中的伤员们相互帮扶着逃离爆炸现场。在各种各样的灾难中都可以看到，除了训练有素且收取报酬的紧急服务人员，其他人也都会来参与营救。

221　**一些证据：社会本能与以身份作为标识的群体相关**

　　最后，有许多证据表明作为群体边界的身份标识会产生一些重要的行为。部落本能导致人们以身份标识来定义群体边界，同时建立起各种心理倾向，例如谁值得同情，谁应该被怀疑，以及在一些可怕的情况下谁应该被杀掉。[1]

　　有证据表明觅食者之间的民族语言学边界是以身份作为标识的，而各群体成员的特征也是相当明显的。人类学家 Polly Wiessner 从一些卡拉哈里沙漠的布希曼群体那里收集了各种各样的箭头，其中有些群体连她所研究的昆申人都不知道。Polly Wiessner 让昆申人对箭头的不同风格做出评价，[2] 面对不熟悉的箭头，昆申人认为这些东西的制造者和他们很不相同。一方面，他们报告说如果在自己的领地中发现这些箭头，他们会非常警觉，因为这可能是那些未知的人们遗落的，因此具有潜在的危险性。另一方面，在群体内部交换串珠和其他有价值的东西能够增强昆申人的社会认同感，建立群体内人与人之间的社会关系。在昆申人这样简单的游群社会中，将部落成员凝聚为一体的制度是非正式的，但也是非常重要的。在一个残酷而又不可预知的世界中，在灾难中是否能够得到及时的救援往往意味着生死之别。礼物交换、仪式活动、异族婚配的规则等都力图构建起一个由可信亲友构成的大规模群体，从而提供有效的保险。这些证据加上那些至少有 10 万年历史之久的形态各异的史前物件，表明了在相当长的时期内，高区分度的标识是人类管理社会生活的一种重要策略。[3]

　　在心理机制层面，由社会心理学家 Henri Tajfel 创立的"最小群

---

　　[1]　从 20 世纪初 William Graham Sumner 的研究开始，社会学家就对民族中心主义投入了高度的关注。著名的概述包括 Robert LeVine and Donald Campbell 1972 以及 Nathan Glazer，Daniel Moynihan and Corinne Schelling 在 1975 年的修订版。

　　[2]　Wiessner 1984, 1983.

　　[3]　Bettinger 1991.

体"实验系统提供了有趣的视角，可供研究用标识来区分群体以及 222人们基于群体身份的种种行为中包含的认知机制。[1]在社会心理学实验中，群体成员亲近彼此，歧视外人，这和现实生活中一模一样。Henri Tajfel 传统的社会心理学家关注分离群体成员身份本身的效应和群体内人际关系的效应。比如社会心理学家 John Turner 比较了两类解释群体导向行为的假说之间的差别。[2]功能性社会群体可能完全由人际关系网络构成，这些人际关系包括私人关系、共同利益或者其他以个体为中心的关系纽带。群体可以是由相互的人际吸引而聚集在一起的一群人，这种吸引多多少少包含了功能性的相互依赖和相互帮助。另一种假说则认为仅仅身份标识本身就足以使得人们接受群体身份，并且亲近彼此，歧视外人。

在 Henri Tajfel 的典型实验中，他告诉被试他们所参与的是一项审美能力测试。首先他们需要从 Paul Klee 和 Wassily Kandinsky 的画作之中选出他们更喜欢的一个。接下来，这些被试被告知他们按照对画作的偏好被分成了两组——其实分组是随机的。被试的任务是将一笔钱款在群体内成员或群体外成员之间分配。结果显示被试会照顾他们的群体内成员：那些被认为（事实上并没有）拥有与他们相似偏好的人能得到更多的钱。对此，最有可能的演化解释为：人们对群体成员身份的敏感是因为在遥远的过去这些身份代表着重要的社会单元。当实验员去除有关群体本质的所有信息后，被试们就会表现出群体心理机制的"初始设定"。从这个角度看，最小群体实验表明人们非常擅于在以身份作为标识的群体生活中对应当采取的行为做出快速的直觉判断。在实验室外的复杂现实生活中有不少显著的群体，人们试图在给定的环境中准确判断哪些信息值得深思熟虑，在这一点上社会学习有着重要的影响，无论人们的遗传倾向是怎样的。

---

[1] Tajfel 1982, 1981, 1978; Robinson and Tajfel 1996.
[2] Turner 1984; Turner, Sachdev and Hogg 1983.

最近，心理人类学家 Francisco Gil-White 在蒙古做的田野实验表明，人们区分种族群体所使用的认知策略和他们区分动植物种类的策略是一样的。许多证据表明人们相信每个物种中的成员都拥有潜在而重要的共同点，即本质，且这些本质可由父母传递给子女。这些本质是不变的，举个例子，假设一匹斑马接受了严格的训练和细致的整容，使它的外表和行为就跟一匹马一样，即使是小孩子也会坚持认为它仍是一匹斑马。因为人们会下意识地相信这些本质是重要的，所以常常会将他们对个体的观察推广到这个物种的所有成员身上。

Gil-White 的实验表明，我们对于种族的民间理论也是本质主义的。他采访了蒙古人和哈萨克人——这是他所在地区最大的两个民族，询问了他们一系列精心设计的问题，看看他们是否认为哈萨克人普遍拥有与蒙古人不同的不变特质。当问到一个从出生起就被蒙古家庭抚养长大的哈萨克儿童的种族时，大多数受访者认为这孩子是哈萨克人。尽管无论是生物学家还是人类学家都不认为本质主义是区分种族或文化的合适依据，但在日常生活中这已经够用了。Gil-White 认为哈萨克人和蒙古人之间的差异主要在风俗上，这可能导致了他们之间的日常接触不那么令人愉快。两个民族之间家庭生活的风俗、饮食习惯、卫生习惯、寒暄习惯和日常礼仪之间的差别足以使社交变得令人尴尬。比如说，礼貌和含蓄是蒙古人待客之道的核心，而哈萨克人则喜欢粗鲁地戏弄他们的客人，而客人们会按照传统戏弄回去。Gil-white 的第一个房东是个蒙古人，他说尽管他觉得自己的性格和哈萨克风俗很接近，但他着实花了好几天才适应了哈萨克式的戏弄。这些差异在文化的快速演化中很容易产生，同时也促进了种族身份认同的演化。[1]

我们认为，人们无疑对现实中的大规模群体——爱尔兰新教徒、塞尔维亚人、犹太人、德国人、胡图人、图西人等等——抱有强烈的感情。在某些情况下，他们会为了群体不顾一切。当这种群体认

---

[1] Gil-White 2001，私人交流。

同趋于极端时，一个群体的成员可能会狠下心来对抗他们曾经的朋友和邻居，只因为他们属于另一个群体。纳粹德国时期，只有寥寥可数的德国人挺身而出保卫他们的犹太朋友，这些人现在被尊为英雄。[1]第二次世界大战期间，愿意帮助日裔美国侨民的欧裔美国人也是寥寥无几，他们的帮助让前者铭记于心。如果群体总是建立在非此即彼的基础上，我们将难以解释为什么对规模庞大的、抽象的群体的忠诚会比个人友谊更加重要——这正是许多民族中心主义暴行的原因。哪怕经过长时间的蛰伏，群体认同也足以唤起我们的情感。历史上总有一些具有侵略性的群体，它们出于自身的原因会突然攻击曾经并不太相关的其他群体，例如近来对波斯尼亚穆斯林的攻击，以及 20 世纪中叶对德国犹太人的攻击。以身份作为标识的群体之间如果存在着长期的冲突，则很有可能导致沙文主义的滋生，这又进一步为冲突埋下了伏笔。尽管如此，相对和缓的民族关系还是比种族灭绝性战争常见得多。[2]

224

更新世的社会规模与社会本能假说相一致

演化社会科学领域的许多人对文化是否与包括同情心和民族中心主义在内的社会情感有关深表怀疑。相反，他们认为人类的社会本能是在小型觅食群体中演化出来的，在这些群体中，亲缘关系和互惠偏好于合作行为的演化。[3]此类观点有很多，我们认为其中最有说服力的是以下这个：在最近一万年农业成为主流之前，人类很可能一直生活在小群体中。在这样的环境下，自然选择通常会偏好于同情心、义愤感之类的心理机制，这是因为群体很小，利他主义的潜在受益者往往是自己的亲属或者互惠伙伴。在现代的大规模匿名

[1]　Paldiel 1993.

[2]　Brewer and Campbell 1976.

[3]　Alexander 1987, 1979; Cosmides and Tooby 1989; Dunbar 1992.

社会（或实验经济学实验室）中面向陌生人的无条件利他主义，其产生的动机正是我们演化而来的社会心理机制所偏好的——在小型的狩猎采集社会中可没有什么陌生人。在那个时候，群体内的亲缘和互助纽带要远远强于群体间的纽带，这导致群体间对领土和其他资源的争夺。如果相邻但没有亲缘关系的群体有着非常不同的方言、习俗和人工制品，那么选择也许会青睐于这样一条准则："对那些说话、穿着和行为都像你的人好些，对那些不像的人保持警惕。"当农业使得规模更大的单一文化社群成为可能，这些社会情感就产生了部落层面的社会组织。那些小游群的文化特征被大规模的群体所继承，而原先适应于亲属的情感也随之扩大了范围。这是我们上一章所讨论的"大错特错假说"的另一个变体。如果确实如此，那么现代社会中的几乎一切——如贸易、宗教、政府和科学——在自私的基因看来都是错误的。[1]

　　到底是"部落社会本能假说"更有说服力，还是这个"大错特错假说"更有说服力？这取决于更新世觅食社会的规模。部落社会本能假说要求这些社会已经具有了相当复杂的社会组织，其中的成员具有共同的道德规范和群体身份标识。部落社会本能是针对部落社会生活的一种适应性。与此相反，如果觅食社会的规模相当小，那么大错特错假说的可信度更高。这个理论认为只有在很小的群体中才能演化出互惠，特别是公共产品生产过程中的互惠，比如战争中的合作以及对道德规则的执行。[2]根据人类繁衍的生物学特性，亲缘群体正好足够小。

　　所以现在的问题是，更新世的觅食社会到底是什么样的？不幸

---

　　[1]　这一假说最早由 Pierre van den Berghe 1981 提出，且这可能是有关这一假说最为清晰的论述。

　　[2]　许多人将 Nowak and Sigmund 1998a, 1998b, 解读为间接互惠能导致大规模群体中的相互帮助，这一结论恐怕存在问题。首先，Nowak and Sigmund 的模型具有技术缺陷（Leimar and Hammerstein 2001）。其次，尽管间接互惠在修正后的模型中仍能演化出来，但其约束条件变得严苛多了，另见 Panchanathan and Boyd 2003。最后且最重要的一点是，这一模型仍然局限于成对交互，而并没有解释公共品供给的演化。

的是，这个问题很难回答。民族志研究为我们提供了当时觅食者的经济和社会组织的一些细节和定量描述。然而，这些有关觅食社会的民族志样本是有偏倚的，因为它们所研究的群体生活在像喀拉哈里沙漠，澳大利亚中部沙漠和亚马孙热带雨林那样的非生产性环境中。我们的历史，特别是北美洲西部的历史告诉我们，生活在更富饶环境中的觅食者相比于那些民族志的研究对象来说有着更为复杂的社会组织。[1] 在欧洲发现的那些更新世晚期的壮丽洞穴壁画，其中所显示的精巧仪式 [2] 强有力地表明至少某些更新世社会相当复杂。不过，我们对于任何有关狩猎采集者的社会生活的论断都应该持保留意见。历史记载的准确性难以保证，且民族志学者在 20 世纪初采访的那些老人们，他们的整个生活环境事实上已被现代社会所影响了。还有一个问题在于我们不知道如何将这些民族志样本和历史案例与更新世联系起来。相比于中更新世和晚更新世，过去一万一千五百年以来的气候更加温暖湿润，也不再剧烈变化。

　　带着这些问题，让我们试着用那些延续至今的觅食社会的相关资料来估计更新世晚期觅食者的社会组织规模。民族志和历史记录中最简单的游群社会位于北美洲的大盆地、非洲南部的喀拉哈里沙漠，以及澳大利亚中部的沙漠。[3] 大盆地的社会由自治的家庭游群组成，具有简单和非正式的部落制度，其成员已经具有了更愿意与语言相同或相似的人合作的普遍倾向。游群之间经常因社会化或共同事业而聚集起来，比如猎兔或猎羚羊。因此，即使是在这些已知的最简原始社会中，也存在着部落层面的重要合作。亲缘关系和朋友关系也许已经足够解释游群层面的社会组织，但在部落层面，对社会组织的忠诚普遍存在，这与部落本能相一致。

　　其他一些游群社会有着属于自己的部落制度。比如非洲南部的

226

---

[1]　Jorgensen 1980.

[2]　Price and Brown 1985.

[3]　R. L. Bettinger，加利福尼亚大学戴维斯分校，私人交流。

昆申人拥有一种礼物交换体系（包括那些类似于更新世晚期的艺术产品），这个体系使得很小的游群聚合在一起形成大得多的部落。[1]整个部落就像是一个迷你的现代国家，所有人从来都不会聚集在同一个地方，但他们往往能清楚地区分出部落成员和非部落成员。人们与那些属于同一部落但不同游群的成员保持着密切的联系，因为在一些紧急情况下，他们需要在部落中其他游群的地盘上觅食，有时还需要他们的紧急救援。人类学家 Aram Yengoyan 认为，相比于那些住在澳大利亚富饶地区的人，那些居住于中部沙漠——这是整个大陆上最恶劣的环境——的人往往会利用更加精巧的制度来维系他们与其他游群的团结。沙漠中的险恶生活意味着一个人往往需要向陌生人或远亲求助。[2]

一方面，这种简单游群社会中的部落制度是很简陋的，我们没有在其中发现政府或者非正式理事会的存在。被强邻包围的昆申人并不好战，但是部落内部的暴力冲突相当频繁，因为私刑是惩罚那些违规者的唯一机制。[3]尽管已经做了大量努力来维持人们之间的友谊纽带，这些平等而缺少复杂政治的觅食社会仍然很难维持内部的安定并做到一致对外。[4]然而，如果我们将视野放宽一些，就不难发现民族志中记录的觅食社会大多打过仗，且军事合作很可能是更新世社会中部落制度的一项重要职能。[5]

227　　　另一方面，一些民族志中的觅食者生活在复杂的阶层社会中。比如说，在北美洲西北海岸的一些社会——如著名的夸丘特尔人——有着规模庞大的永久性居所、大量的社会分工、社会阶层体系、世袭的政治地位以及规模宏大的战争，而这些往往是农业文明的特征。他们精巧的艺术品足以与更新世洞穴中的画作媲美，这表

---

[1]　Wiessner 1983, 1984.

[2]　Yengoyan 1968.

[3]　Knauft 1987.

[4]　Knauft 1985a; Otterbein 1968.

[5]　Keeley 1996, 28.

明晚更新世的狩猎采集者们可能已经建立了复杂程度相近的社会政治结构。尽管一部分的复杂性可能是由于他们与欧洲殖民者之间的贸易才产生的，但大量的历史证据和考古证据都证明了在许多其他地区也存在着复杂的觅食部落。[1]看起来旧石器时代晚期的欧洲社会已经达到了相似的复杂程度。欧洲西北海岸线的丰富海洋资源为当地密集的人口以及随之而来的社会复杂性提供了基础，利用地理优势捕猎大型迁徙猎物也为大量的人口提供了保障。[2]

在这些极端的案例之间，还有许多记载于民族志或历史上的觅食社会，这些社会也许代表了更新世晚期的主流。一个典型的例子是北美平原上那些专门猎捕大型猎物的群体，他们所处的环境寒冷且半干燥，类似于最后一个冰川期。他们的经济主要依赖于猎捕大型哺乳动物，这更类似于更新世的觅食经济，而不是像昆申人这样以植物为主的生存策略。马匹于18世纪被引入了这些平原部落，有一些史料记载了在这之前的情形。在随后的两三代中，皮毛商人与这些群体建立起了定期的联系，因而历史资料就更丰富了。[3]与其他平原部落半耕半猎的祖先不同，黑脚族的祖先是纯粹的觅食者，他们生存的核心是猎杀美洲野牛，为了制作陷阱并将牛群驱赶进这些陷阱，往往需要好几个家庭的合作。一次成功的捕猎意味着可以吃到大量的肉，但捕猎失败也是常有的事。因此，捕猎失败的群体经常要依赖于那些成功者的施舍，从而驱使游群之间保持部落层面的亲密关系以规避风险，这也是昆申人和澳大利亚中部群体的做法。在这些群体中，可持久保存的干肉很可能是一定范围内游群定期集中的前提。

---

[1] Arnold 1996; Price and Brown 1985.

[2] 小规模社会制度的多样性，其原因与生态环境并不显著相关。Knauft 1985b, 1993和Jorgensen 1980描述了简单社会之间的高度差异性，且显然与环境无关。

[3] 例如，有一位商人于1787年首次造访位于西北平原的黑脚族，那时距离最初拥有马匹的年代已经过去了长达一代人的时间，只有少数几个经历过徒步狩猎时期的老人还活着，他们向这位商人描述了当年的历史（Ewers 1958）。

黑脚族的战争是部落层面的制度。黑脚族与从大盆地北部南下来猎杀野牛的肖松尼族一直保持着持久的游击战，其中绝大多数的战斗都只停留在游群层面，这得归咎于徒步的猎人有限的移动能力。不过，早年的访问者留下了当年部落中年轻人的访谈记录，被访谈者声称有时会发生每边各有超过两百名战士参与的战斗——这可占据了一个部落武装力量的相当比重。黑脚族中的三个分支（皮埃甘人，布卢德人和正统黑脚人）各自由若干个游群组成，它们相互之间和平共处。在引入马匹之后（或许更早一些），黑脚族曾与文特和赛尔这两个部落结盟，因此一直保持着和平。

这些原始战争的记录者并不总是会描述和平的区域，[1]尽管内部和平的规模和程度相比于战争本身的规模和频率来说是衡量部落制度力量更为重要的指标。后勤问题限制了觅食者的战争规模，但是和平的范围无疑能惠及更多不同地方的人。在黑脚族这样的社会中，纠纷往往由受害方的暴力复仇解决。这些证明了部落本能和相关文化制度的力量，表明缺少正式领导阶层的社会并不会陷于霍布斯所说的"自然状态"。[2]

哪怕是在拥有马匹的时代，黑脚族部落的治理机制仍然很不正规。人类学家 Christopher Boehm 认为这样的平均主义社会具有逆统治阶级的特征，即民众反过来控制了领袖的行为。[3]黑脚族游群中的"领袖"——即所谓的和平酋长——往往是拥有很多马匹的老人。愿意慷慨解囊将马匹和食物借给穷人的富人能够赢得极大的尊重，且只有那些能做出可靠决策的人才能维持这一尊重。即使是这样，酋长也只能引导人们达成一致，而不能强迫民众行事。一旦大众偏爱另一个人的意见，那么酋长将被新人取代。单独的家庭如果对当前游群的生活不满意可以自由地迁移到其他游群，由若干家庭组成的

[1]　Otterbein 1968; Boehm 1984.

[2]　Service 1966 (54–61).

[3]　Boehm 1993.

群体甚至可以分裂重组为新的游群。战争酋长一般比和平酋长年轻，他们专门负责组织战斗，以获取马匹、俘虏和荣耀。战争酋长并不隶属于和平酋长，反之亦然。

　　尽管马匹使得黑脚族拥有了更强的移动能力，以至于能够获得更多的食物，但是它们尚来不及影响部落的基本制度。因此，刚刚步入马匹时代的黑脚族相比于那些徒步的大型猎物猎手来说，其部落规模仅有略微的扩大，生活水平仅有略微提高，同时马匹主人的政治地位也仅有略微上升。我们有理由相信更新世最晚期社会的复杂度可以匹敌黑脚族社会的复杂度。当然，我们很难说黑脚族社会到底和更新世晚期的主流社会之间有多大差别。

229

　　我们将民族志证据一一列出，是为了说明有很多，甚至大多数更新世社会都是以小游群聚合成的多层次的部落结构。其中的一个极端是简单社会，比如肖松尼和昆申人这样由游群聚合成的松散部落。而另一个极端则是那些有着富饶物资——丰富的渔业资源或狩猎资源——的部落社会，它们的规模可达数千人，拥有复杂的文化制度。比如说努尔部落的规模介于不到 1 万人和超过 4 万人之间，依靠广义的亲缘意识形态和其他制度来维持团结，[1]这一规模很可能超过了所有的更新世社会。处于相对富饶地区的更新世社会更可能类似于黑脚族，它们利用规模相对有限的部落制度使得成百上千人能够在一起为了生存与战争而合作。如果这一点是正确的，那么依赖于亲缘和互惠的大错特错假说似乎就不足以说明为什么典型的更新世晚期社会组织会有这样的规模了。

现代制度依赖于部落社会本能

　　适应主义者的推理往往会走在时间前面，即根据对过去环境的了解来预言当下的行为。然而，人类环境的剧烈变化以及考古学记

---

[1]　Evans-Pritchard 1940 ; Kelly 1985，第 4 章。

录的匮乏使得这一策略难以被用来预测人类社会行为。不过，适应主义者的推理也可以"向后退"，即根据现在的行为来推测过去的环境。在这种情况下，环境的剧烈变化反而对我们有利。不妨将全新世的复杂社会演化想象为一场宏大的田野实验，此时原先适应于小规模社会的那些社会本能不得不面对各种各样新环境的考验。文化演化如何让那些适用于像苏丹南部的牛营这样的小规模社会的本能变得能够创造出古罗马或现代洛杉矶？无论是从劳动分工的规模和程度还是阶层化的程度来看，罗马和洛杉矶都超过了最复杂的觅食社会若干个数量级。如果大错特错假说和部落本能假说中有一个是正确的，那么我们演化而来的心理结构应当仍有着过去的蛛丝马迹。

在过去的 1 万年中，社会竞相变得更大且更为复杂。在适宜的环境下，觅食足以支撑一个相当庞大的定居性阶级社会，但在大多数环境下觅食社会的复杂性是有限的。觅食可能是更新世人类的唯一选择，因为当时气候干燥，大气中的二氧化碳含量偏低，且气候变化剧烈，并不适合农业。直到近 1.15 万年以来，温暖、湿润且稳定的气候才催生了农业，进而使得规模更大、更加复杂的社会纷纷出现。规模更大的社会将拥有规模更大的军队，进而在战场上击败更小的社会；更大的规模也形成了经济上的规模效应，而劳动分工则大大提高了生产率。这些都有助于政治和军事上的成功，进而吸引了许多模仿者和移民。根据历史资料，努尔—丁卡式的征服和吞并在有文字记载之初是很常见的，这导致了社会规模和复杂程度的稳步增长，直到现在。[1]

人类社会规模和复杂度的提升很可能并没有伴随着我们社会本能的显著变化。尽管自然选择有时能在几千年的时间里导致基因的剧烈变化，大多数生物学家仍然认为那些有关复杂特征的重要变化所需的时间要久得多。我们先天的社会心理机制很可能就是拜我们更新世的祖先所赐。

---

[1]　Richerson, Boyd and Bettinger 2001; Richerson and Boyd 2001c.

如果我们是对的，那么孕育出现代社会中的阶层、领袖、不平等社会关系和广泛劳动分工的制度，其建立的基础就是原先为了适应部落生活而产生的那些社会"文法"。为此，人类建构了一个社会世界，这个世界看起来似乎就像我们演化出社会本能的世界一样。与此同时，除非人类的行为能够与他们在小规模部落社会中完全不同，否则大规模社会很难发挥出其优势。在大规模社会中，劳动分工是必要的，服从命令也是重要的，且领袖必须要有令人服从的正式权力。大规模社会还需要陌生人之间定期的和平交互。这些要求与原始社会本能和部落社会本能相矛盾，因此会导致情感上的冲突、社会混乱和低效。

这就导致那些既能使大规模社会有效运转，又能同时使生活类似于部落社会的创新得以扩散开来。如果我们认为自全新世以来社会本能变化不大的话，那么复杂社会的演化完全是由利用了我们的社会本能的那些制度变革所造成的。人们会偏好于这些制度并采纳它们。拥有这类制度的社会其内部冲突会少得多，相应地，这样的社会在与其他群体的竞争中也更有效率。换句话说，这些由原始社会本能和部落社会本能所支撑的制度是演化出复杂社会的基石。

然而，这些基石并不特别合适。比如说，大规模合作所必需的命令与控制制度无疑将滋生不公平，那些地位高的人将占据特别多的社会资源。我们的社会本能并不能使我们屈服于命令或忍受不公，因此，我们的社会制度就像是一双不合脚的靴子，穿着它我们能迈向复杂社会，但社会中的某些部分也将因此受损。

在后面的部分中，我们将描述我们所认为的主要变革机制，以及它们所引起的冲突、妥协和不同的失败模式。

暴力对保证权力来说必要却不充分

为了使一个复杂的社会运行起来，部落的道德惩罚必须要有制度化的强制力作为后盾，否则，社会合作和劳动分工所带来的好处将完全被掌握暴力的个人、游群、阶层或种姓所窃取。然而，恰恰是制度化的强制力使得个体、阶层和亚文化群体拥有了将强制力变为一己私利的可能。总要有某种形式的社会制度来制约强制力的拥有者，以使他们服务于社会大众。不过这些制度远非完美，有时候还糟糕得很。精英们总是会为自己谋求好处，这表明个体、亲属和自身部落的狭隘利益总是有着很大的影响力。

尽管暴力制度非常普遍，但是至少有两个原因表明它们自身可能并不足以维系一个复杂社会。首先，精英阶层本身一定是一个复杂的合作性集团。此外，部落本能和基于部落本能的制度经常让各个阶层有着很强的团结意识。军队在许多国家政治中的重要性表明为了维持对一个复杂社会的控制，需要多么复杂和强有力的制度。正如我们现在在索马里、阿富汗、哥伦比亚、扎伊尔（刚果）和一些苏联成员国看到的那样，组织松散的强制力精英集团会导致军阀横行，甚至会导致社会近似于无政府状态。

仅有暴力的第二个问题在于，被镇压和剥削的人很少会永久地屈服于暴力而不进行任何激烈的反抗，独裁统治的不稳定就是强制力本身不足以永保政权的例子。对社会制度明显不公的怨恨将导致被压迫者的拼死反抗，这会大大提高统治的成本，以至于短期内社会的力量将被削弱，而长期内则无法维持。[1] 像现代欧洲民族国家、中国汉朝或罗马帝国那样长久的征服者则采用了亲社会制度潜移默化地渗透其强制力，中国的儒家体系、罗马的法律体系远远比他们所取代的那些纯暴力体系更加复杂和高效。

---

[1] Kennedy 1987. Insko et al. 在 1983 年关于社会演化的精巧实验表明相比于具有一定合法性的领导阶层，暴力统治会受到显著的抵抗。他们同时说明了统治和对统治的抵抗是如何降低了整个群体的生产力。

阶层是分隔的

自上而下的控制一般都是通过分隔的等级制度来实现的，在相同等级内部保持几乎平等的关系。正如我们之前所说的，更新世晚期的社会使得游群聚合成更大的民族语言学单位，从而在缺少正式政治组织的情况下提供社会职能。复杂社会也运用同样的原理来深化和强化阶层的控制力，其中的奥妙在于建立起一个正式的嵌套式阶层制度，在阶层内部产生各种各样的归属感和成就感。每一个阶层都复制了狩猎采集游群的结构，每个阶层的领袖都主要与阶层内的人合作，在少数情况下会与低一个阶层的领袖接触，新的领袖一般都从次一级的领袖中选拔，且经常是那个阶层中的非正式领袖。具有个体互惠和小群体合作精神的游群缓和了等级制度产生的独裁权威，即使是现代等级社会中的那些高级领袖，也需要采用那些常见于酋长获取领导权时的谦逊技巧，[1] 像比尔·克林顿那样具有个人魅力的人往往天生懂得应该如何拉近与下属和民众的距离。正如马克斯·韦伯的著名论断所说的那样，官僚体系试图通过培训、象征性手段和法律规定等方式将个人领导魅力惯例化，以便为命令和控制系统提供合法性。[2]

制度和社会本能之间的不完美契合经常导致分隔的阶层很低效。自私和裙带关系——腐败的官员、无能的贵族、虚荣的将军、追求权势的官僚——都损害了社会组织的效率。在复杂社会中，领袖必须向下发布命令，而不能仅仅试图与成员们达成共识。必须在细节上非常注意才能让下属们觉得如果他们在一个平等的决策环境下，也会达成同样的共识。在规模庞大的复杂社会中，命令的传导链很长，以至于高高在上的领袖很难向他的众多部属——展现人格魅力。

233

---

[1]　Eibl-Eibesfeldt 1989 (314).

[2]　Slater 1995 细致地分析了复杂社会中的统治系统是如何操控了我们演化而来的心理机制。

沿着命令的传导链将部分权力下放给次一级的领袖就形成了许多具有合法性的小领袖。然而，如果不同层级的领袖目标不一致，或低层领袖仅仅被视作傀儡，那么代理制可能会降低效率。等级制度通常会导致阶层边界的固化，这将埋没那些本应被提拔至高阶层的人才，进而造成人力资源浪费以及滋生对社会的怨恨和不满。

群体内身份能促进复杂社会系统的团结

在复杂社会中，较高水平的人口密度、劳动分工和通信技术的发展产生了各种各样的身份系统——例如存在于现代民族主义中的庞大身份系统，[1]这类似于部落成员的徽章和仪式。建造纪念性建筑以进行大量仪式活动是考古学对复杂社会的最早判断依据之一。宗教组织往往对复杂社会的制度起着支撑的作用。同时，复杂社会利用人们对群体内身份的本能划定了一系列亚文化群体，在这些群体的内部常常能实现高效的合作。军事组织一般都会设立一系列部落大小的中层组织，并赋予其成员显著的身份标识。一个班或一个排的团结可以依赖于游群内的互惠，这种互惠同时会受到亲社会领导阶层的强化，而团、师则完全根据身份标识来划分。这种类似于种族的认同感在单位规模达到一千人到一万人之间（英国、德国的团和美国的师的规模都在这个区间内）时达到顶峰，这与部落社会的规模相仿，而我们认为部落社会正是部落本能的源头。[2]在日常生活中，以身份作为标识的单位包括地区、部落组织、种族、种姓、大

234

---

[1] Benedict Anderson 1991 提出当读写能力和报纸的普及允许运用本国方言的文化政治作家大行其道时，国家就在政治舞台上扮演了主要的角色。在我们的想象中，那些以宏大的公共建筑——现在我们尊之为遗迹——为核心的仪式系统是古代城邦的模拟，参与这些复杂建筑的建造，出席这些建筑中庆典的玛雅人和希腊人能够轻易地将自己想象为共同体的一员。今天，穆斯林朝圣（前往麦加的朝圣之旅）是现存规模最大的仪式，它很可能对在穆斯林这个如此庞大的群体中建立归属感产生了重要的影响（Peters 1994）。

[2] Kellett 1982 (112–117)。

型公司、宗教、社会组织，当然还有大学。[1]

以身份作为标识的群体，其演化特征带来了许多复杂社会中的问题和冲突。具有自身标识的亚群体有着足够的凝聚力组织起来，通过牺牲整个社会的利益而牟利，比如军人在前线与敌人私下停火，或者政治精英支持采用高度剥削的制度。"特殊利益群体"往往会为了他们自己的意识形态或物质利益而扭曲政策。那些魅力超凡的改革家往往会发明新的信念和威望体系，有时是要求新成员保持极度忠诚，有时是以现有制度为代价进行新的主张，有时则是急剧扩张。一个当下的例子是，一方面，原教旨主义信仰在全球范围内的扩张对现代国家制度形成了挑战；[2] 另一方面，强烈的忠诚感既可以是好的也可以是不好的，比如现代民族主义和伊斯兰教。

社会制度的合法性往往需要广泛的支持

一方面，制度常常让人们觉得法律和习俗是公正的。合理执政的官僚、充满活力的市场、对产权的保护、对公共事务的广泛参与等等经常为公众和私人提供了效率，同时保证了个人自由和村庄层面上某种程度的自治。在现代社会中，个体往往感到自己从属于某个具有某种文化意义的、部落大小的群体——例如当地的政党，并且通过层层阶级对遥远的统治者产生影响。在一些更古老的复杂社会中，村委会、地方权贵、部落酋长或宗教领袖对下主持正义，对上代表社群。只要大多数人都认为现有的制度是具有合法性的，且可以通过平常的政治活动实现革新，那么社会集体活动将获得足够大的发展空间，包括逐渐演化出新的社会制度。

另一方面，复杂社会中的制度具有不可避免的缺陷，这使得维

---

[1] Garthwaite 1993; Curtin 1984; Gadgil and Malhotra 1983; Srinivas 1962; Fukuyama 1995; Putnam, Leonardi and Nanetti 1993; Light and Gold 2000; Light 1972.

[2] Marty and Appleby 1991; Roof and McKinney 1987; Juergensmeyer 2000.

系合法性困难重重。那些否认现有制度秩序具有合法性的个体倾向
235 于聚集成反抗组织，比如那些认为世俗现代主义不具有合法性的当
代原教旨主义者和其他群体。某些固执的部落民众——比如生活在
阿富汗和巴基斯坦的帕坦人——已经在一千年的时间里有效地抵御
住了更大社会体系的吞并。在复杂社会中，人与人之间的信任度有
着很大的差别，而正是信任度的差别造成了社会中幸福感的差别。[1]
哪怕是最具合法性的制度也可能会落败于少数人的阴谋反对，这正
是所谓的现代民主的特殊利益。[2]

结论：共同演化让文化与基因交织在一起

　　本章的主要目的在于说明在基因—文化共同演化的过程中，文
化对人类社会制度的演化产生了重要的影响。短期来看，文化演化
一部分由原始社会本能和部落社会本能所驱动，一部分由作用于群
体间文化差异的选择过程所驱动，这些共同产生了我们所看到的制
度。长期来看，文化演化创造了新的环境，并导致人类演化出了独
一无二的社会本能。

　　这一假说为复杂人类社会的演化提供了一致的理论解释，而且
与很多经验证据相符。它解释了人类社会制度无可争辩的功能性，
也在同一理论框架中解释了复杂社会明显的粗糙性。如果没有原始
社会本能，我们就无法解释我们的社会体系与其他灵长类社会的诸
多相似点；如果没有部落社会本能，我们就无法解释为什么我们的
社会和其他灵长类差别巨大，如对部落群体的强烈认同感，以及这
种认同感在社会组织和社会冲突中的重要作用。这两种社会本能塑
造了社会制度的演化，形成了人类社会的特殊模式，同时解释了制

---

　　[1]　Inglehart and Rabier 1986.
　　[2]　根据对环境和问题的分类，我们另外查阅了两组比较案例，分别是第二次世
界大战的军队管理制度和村庄居民的管理制度（Richerson, Boyd and Paciotti 2002；
Richerson and Boyd 1999）。

度演化的时长和人类社会的周期性冲突模式。复杂社会的制度显然建立在原始本能和部落本能之上，且在文化演化的过程中造成了许多可以预见的不契合。

尽管我们为这一假说感到自豪，但也要承认它忽略了很多细节，比如未来的研究最终肯定能更好地描述文化和基因过程如何在我们大脑中协调运作。社会心理学家将能告诉我们这种协调运作如何指引着我们的日常社会交互——这正是社会制度的基础。社会学家、人类学家和历史学家将能更好地揭示我们演化而来的心理机制是如何通过文化演化而产生我们今天见到的社会制度的。尽管如此，我们相信哪怕以后有更好的解释，这一解释中也将保留我们所提出的假设中的很多关键要素。特别的是，新的解释将依然是既综合考虑基因和文化的作用，又基于演化的解释，而且还能解释人类社会的功能和功能失调。

236

第七章　文化在演化视角下才有意义

文化只有在演化视角下才有意义。

——Theodosius Dobzhansky，1973

　　当 Dobzhansky 在 20 世纪 70 年代写下这个题记时，只有为数不多的几个生物学家专注于演化的研究，如今演化生物学家的数量也远远少于分子生物学家、生理学家、发展生物学家、生态学家和其他生物学家。尽管如此，演化在生物学中扮演了核心的角色，因为它能够回答"**为什么**"的问题。为什么人类有这么大的大脑？为什么马用趾尖行走？为什么斑鬣狗中是雌性统治雄性？要回答这些问题需要生物学各个方面的知识。要解释为什么马用趾尖行走，我们需要把有关第三季中新世草原的生态学、脊椎动物肢干的发展生态学、数量性状的遗传学、角蛋白的分子生物学和生物物理学等等知识融会贯通。演化为有机体为何会变成现在这个样子提供了终极的解释，它将生物学其他领域的研究成果融汇成了一个单一的、令人满意的解释框架。正如 Dobzhanzky 所说的，如果没有演化，那么
生物学将变成"一堆杂乱的事实碎片，尽管其中不乏有趣或令人好奇的内容，但总体来看毫无意义"。[1]

---

　　[1]　Dobzhansky 1973 (129).

我们相信，演化在解释人类文化时也能扮演同样的角色。对文化现象进行终极解释的前提是要充分理解产生它们的基因演化过程**和**文化演化过程。基因演化的重要性在于文化和人类生物学的某些方面有着错综复杂的关系。我们思考、学习和感知的方式塑造了文化，影响了哪些文化变异会被学习、记忆和教授，进而影响了哪些文化变异能够延续和扩散开来。父母爱自己的孩子要甚于爱他们朋友的子女，这必然是婚姻体系存在的部分原因。但是为什么人们更珍爱他们自己的孩子？显然，一个重要的原因是在遥远的过去，这样的情感更受自然选择所偏好。

要理解文化的本质，文化演化也很重要。因为文化需要被传递，所以它会受制于自然选择。一些文化变异之所以能够延续和扩散开来，是因为它们提高了人们生存下来和被他人模仿的概率。至于为什么父母会选择将他们的孩子送上战场？这很可能是因为有这种规范的社会群体在竞争中战胜了没有这种规范的社会群体。

最后，基因演化和文化演化有着复杂的交互关系。我们看到，社会心理学家和实验经济学家——他们有着非常不同的研究传统——已经提供了有力的证据来说明人们拥有产生利他行为的亲社会倾向。那么为什么我们会有这种倾向？演化理论和其他灵长类中大规模合作的缺乏意味着直接作用于基因的选择过程不太会产生这样的倾向。既然如此，为什么它演化出来了呢？我们认为文化演化过程建构了一个社会环境，其中个体层面的自然选择会偏好于同情心和利他主义。当然我们的这种解释可能是错的，一蹴而就总是不多见的。重要的是，文化演化对塑造我们这一物种有着根本性的重要作用，不仅在理论上如此，在实际中很可能也是如此。

双传承理论是否是文化演化的合适理论？

当然，承认演化理论这一工具在人类科学中的价值并不意味着我们提出的方法就一定是正确的。著名的科技哲学家 Karl Popper 曾说过，科学是未被证伪的猜测，不过当证据足够有说服力时，争议便不再继续，在我们所经历的一生中，诸如基因是 DNA 和海底扩张导致大陆漂移等命题从广受质疑到被写入教科书。在 21 世纪早期，文化演化的达尔文主义理论是否也会经历同样的过程？在本章中，我们整理了前文中提到的各种案例的线索，好让读者能够自己回答这个问题。当然，我们自己是这一理论坚定的支持者，但我们同时希望那些公允的怀疑者也能意识到这些证据是强有力的，且这一理论值得推进。

演化生物学家 E. O. Wilson 最近重提了 19 世纪博学的 William Whewell 引入的"一致性"概念。[1] 这一概念是达尔文的最爱，它认为表面上看起来不同的现象之间是存在联系的。比如说，核物理学和社会科学看起来相距甚远，但太阳中的核反应是地球最重要的能量来源；地球内部的核衰变则推动了海底扩张，这又反过来塑造了陆地生态；而核武器则深远地影响了国际政治形态。线虫学家会告诉你，如果生物圈中的其他生物突然消失，那么现在的生物圈中恐怕到处都将充斥着线虫。所以原则上来说没有什么是和对人类物种的研究完全不相干的。正因为此，科学理论可以被其所有应用范围内的现象证伪。

演化理论则应用于高度一致的现象，你会注意到我们的例子来自很多不同领域。演化理论研究的类型可以被分为以下五种：逻辑一致性、近因机制研究、微观演化研究、宏观演化研究，以及适应性和适应不良的模式。这只是一种方便的分类，不过绝大多数的演化研究都能被归入其中的某类。这是一种描述演化现象的广泛一致性的有用工具，任何既有的演化假说都能被归入这些领域中的几类或全部。

---

[1]　Wilson 1998.

逻辑一致性

　　我们花了许多心血建立了描述文化过程的数学模型，尽管本书并未涉及太多细节部分，但是这些模型在我们的故事中仍然举足轻重，因为它们保证了我们的论证在逻辑上是自洽的。[1]数学模型的批评者往往认为它们过于简化，但简单的模型恰好能弥补不擅长理解错综复杂的定量因果关系的头脑，这是一种帮助我们更好地理解复杂问题的工具。如果没有这些模型，我们将不得不完全依靠于口头争论和直觉，而它们的逻辑一致性很难得到保证。

　　数学模型是我们所有关于文化演化和基因—文化共同演化的解释的后盾。在第三章中，我们讨论了一种借鉴自人口生物学的建模方法，在经过适当的调整后，它能够反映文化和基因之间的真实差异，并能够用于检验文化演化假说的逻辑说服力。在第四章中，我们描述了好几个用于研究文化传递基本适应性特征的模型，最后得出了文化一开始是应对多变环境的适应性的假说。在第五章中，我们概述了模型的结果以说明适应性文化机制是如何系统性地导致了适应不良的文化变异传播开来。最后，在第六章中，我们概述了文化群体选择的模型，它或许能解释我们独特而有效的社会系统。这些模型可能是错误，但它们（很可能）在逻辑上是自洽的。

近因机制研究

　　在第四章中，我们比较了人类和其他动物在社会学习方面的不同。尽管许多动物都有初步的社会学习能力，但是人类的能力远超它们。人类在婴儿晚期所表现出的一系列行为使得我们在模仿方面的能力要远甚于其他物种。尽管大多数语言学家认为语言学习是一

[1]　基础性的演化模型见Richerson and Boyd 1992。高级的模型见Cavalli-Sforza and Feldman 1981 和 Boyd and Richerson 1985。

240

种具有特定功用的能力，但是这些模仿能力仍然可能是语言的基础。除去这些富有争议的细节，人类无疑能够通过模仿、教导和口头交流传递海量信息。人类能够构建复杂的文化内容，且第二章中所提到的证据表明我们多种多样的行为源自于不同文化传统之间的差异。人类的一个特征是拥有持久的传统，这导致他们在同样的环境中会有不同的行为。

另外两种可能解释人类群体间行为差异的机制分别是基因差异和个体对不同环境的适应。关于前一个机制，跨文化收养的结果提供了最直接的数据，证明了基因差异并不是很重要。证据表明由不同文化的父母抚养长大的儿童，其行为举止在各个方面都与收养他们的文化相一致，而不是他们的血亲文化。直到几千年前，所有人类都生活在相当简单的社会中。在那之后，大多数人类或早或晚地开始生活于更复杂的社会中。在不断演化着的文化传统的作用下，人类行为能够发生显著的变化，即使在基因上没有任何显著的变化。无论人类种群之间的先天差异有多大，相比于人类之间的文化差异都是微不足道的。[1]

至于个体行为和文化对当地环境的适应性哪个更重要，这是一个更加复杂的问题。人类毫无疑问具有适应能力和创新能力，但是，如果个体行为对当地环境的适应是造成群体间行为差异的主要原因，那么居住在相同环境中的人们的行为应该差不多，然而就我们所知并非如此。信奉德国路德宗、德国再洗礼派的农民和扬基农民在美国中西部比邻而居，但他们的行为大相径庭，这说明文化传统往往对行为有着巨大的影响。

---

[1] 人类遗传学家还告诉我们人类的基因差异在总体上并不大，且大多数差异都存在于群体内部，而不是群体之间。非洲人比其他人类种群差异更大（Harpending and Alan Rogers 2000）。

微观演化研究

在第三章中，我们表明文化是一种演化现象，且可以用达尔文主义工具对其进行分析。达尔文主义的核心在于在几代人的时间维度上研究演化过程，并进行细致的观察和运用控制性实验。这种微观演化研究与宏观演化研究相反，后者的时间维度为数十代人甚至更久。宏观演化学家往往无法运用直接观察和实验的方法，而只能依赖于杂乱的化石记录和对现存模式的比较研究。大多数文化变迁都是相当缓慢的，且来自于其他地方的创新扩散会显著影响到这一过程，19世纪的人类学家详尽地记录了这种模式。到了20世纪，"传播论"变得声名狼藉，因为它缺乏理论，只具有描述性。

达尔文主义理论为严格地分析发明和扩散的过程提供了工具。文化演化是种群层面的现象，个体进行发明，然后其他人再观察他们的行为，精明的旁观者会有选择地进行模仿，从而使某些创新得以留存和扩散，这些创新不断积聚，最终产生了复杂的技术和社会组织。达尔文将这种变迁模式称为"经过改变的继承"。**只要经过恰当的修改，**这些由演化生物学家设计用来研究基因的理论和实证工具将非常适用于文化演化的研究。我们用来说明关于文化演化过程的大多数观点时所举的例子都是属于微观演化的。例如在第五章中，我们综述了几个与主流趋势——即相对于来自父母的文化传递，父母之外的文化传递的影响力逐渐增强——相反的例子，在这些例子中，某几种过程成功地影响了人们对于家庭规模和计划生育技术的态度。

242

宏观演化研究

宏观演化研究的主要任务之一是理解不同时期和地点具有不同演化速度的原因，但是在这一点上并没有很好的进展，即使在生物学中也是如此。大量的比较性证据表明文化演化在理解人类演化的关键节点上发挥了重要作用。在第四章中，我们回顾了文化这一信息传递系统的基本适应性特征。理论模型告诉我们，社会学习系统在最开始很可能是作为对多变环境的适应性而受到偏好。古气候学家告诉我们在过去的几百万年间环境十分多变，在我们的模型中，这种变化速率正对应着对拥有文化的动物的强烈偏好。我们甚至可以试着猜测为什么只有人类才会具有这种适应性。在第六章中，我们基于文化群体选择模型提出了一个假说，用来解释人类独一无二的社会组织模式。我们解释了基因和文化的共同演化是如何创造出了人类的先天心理倾向，而这种倾向仅依靠基因是无法演化出来的。

宏观演化记录对解释性假说而言是一种严苛的检验，因为假说必须要符合时间尺度。例如，考虑到在过去的 5000 年中复杂社会的产生速度是如此之快，因此它们不可能是基因变迁的产物。另一方面，如果只用纯粹的个体适应性——通过理性选择或其他个体层面的心理过程——来进行解释，那么它们产生的速度实在是太慢了。要解释社会复杂度在过去 5000 年中的增长速度，需要找到一些恰到好处的因素，文化传统正好符合这样的时间尺度，从而增加了理论的可信度。下一个问题是，我们能不能找到是什么样的传统限制了演化的速度？许多学者认为是社会制度的演化速度形成了限制，因为人们难以观察其他社会的制度，且难以评估制度创新的效果。[1]

适应性和适应不良的模式

利用技术，人类能够迅速而高效地适应多变的环境，并演化出了各种各样复杂的社会制度，从而产生了大量的合作、协调和劳动分工。人类行为在时间和空间维度上的多样性大多来源于适应性的微观演化过程，这些过程塑造了复杂的技术和社会组织，使得我们能够在地球上绝大多数的陆地和沿海环境中生存。其他有机体要进化成新的物种才能适应新环境，而人类主要依靠文化来适应。正是

---

[1]　North and Thomas 1973; Bettinger and Baumhoff 1982.

基于这种创造出几乎适用于地球上任何地方的复杂文化适应性的能力，现代人类才能在过去的 10 万年中走出非洲，占领世界。[1]

文化上的适应不良现象对我们的理论来说是一个更好的检验，这对达尔文主义理论来说也是一个检验。尽管神创论对**适应性**进行了解释，但达尔文理论的优势在于它还能解释痕迹器官和其他的适应不良。适应不良很可能是杂乱多变的自然选择过程的副产品，但却不会是全能的造物主的失误。当代人口遗传学家已经发现了许多由基因遗传系统所导致的有趣的有机体适应不良。

关于文化演化的达尔文主义模型对常见的各种适应不良做了清晰的预言。在第五章中，我们举例说明了自私的文化变异应该相当常见。由于存在着众多的适应性文化特质，且评估不同观念的效果需要付出成本，这使得社会学习者进退维谷。易受影响的观察者可能会学到具有较低适应性的文化变异，而保守的观察者可能会错失有价值的新技术和新社会制度。人类的文化心理机制似乎能够在这些成本和机会之间寻找均衡点。我们有许多各种各样的"快速节约"的传递偏倚，这使得我们有机会取其精华，去其糟粕。所观察的榜样越多，这样的偏倚就越容易找出优秀的变异。不过，自然选择对自私文化变异的偏好倾向也随着父母之外的榜样数量的增加而增加。作为一种拥有文化的先进生物，我们无可避免地要面对自然设计上的权衡，从而导致了一定数量的适应不良。

在第五章中，我们的证据表明一些常见的人类社会特征都是由自私文化变异造成的，如生育率的普遍降低。现代社会大大增强了父母之外文化传递的影响力，这导致选择适应不良觅母的可能性大大增加。一方面，现代技术和社会组织产生了丰富的适应性；另一方面，我们被灌输了大量的创新物，这使得现代社会的生育率直线下降，从而扭转了经济繁荣和繁殖成功之间的正向关系。再洗礼派

244

----

[1]　Klein 1999，第 7 章。当然，我们并不否认像肤色、形体、抗病性等位基因这样的生物适应性对人类适应新环境很重要。

社会告诉我们，一种文化要保持最优生育率和传统文化价值观，需要对现代创新进行多么严格的挑选。

在第六章中，我们讨论了文化群体选择，这是产生适应不良的另一种重要动力。人类社会天然就是超机体。人类的一个主要的社会**适应性**就是在远比其他灵长类亲缘群体更大的范围内组织合作、协调和劳动分工的能力。不过，文化群体选择仍然会和作用于基因的选择相冲突，因为后者仅仅偏好于小规模的家庭导向合作以及互惠合作。合作的困境同时存在于演化层面和个体层面。即使每个人都能从合作中获利，作用于基因的选择也不会偏好于大规模合作。哪怕考虑到共同演化的选择压力会偏好于更加温顺的基因，基因选择仍会倾向于偏好那些更为自己和自己的家人朋友着想的人。以过去 5000 年所产生的大规模社会为代表的人类社会制度发明了一系列手段，试图缓解这一根植于我们社会心理机制中的冲突。

关于文化到底是具有适应性的，还是适应不良的，或是中立的，这个争论已经持续了超过一个世纪。我们在本书中所说的理论和实证证据相符，即文化有时是具有适应性的，有时是适应不良的，有时则是中性的。理论表明，某些从基因的角度来看是适应不良的特征正是作用于文化变异的选择的产物。随后，基因再适应于文化上演化出来的制度，这使得基因成为文化适应性的支持者。总的来说，即使作用于基因的自然选择从未偏好于大规模合作，文化适应性对人类基因来说还是利大于弊的！人类生活中有如肥皂剧般的混乱就好像是多层选择在我们的本能和制度之间种下了各种冲突的种子。

关于文化演化和基因—文化共同演化的达尔文主义理论在以上这五个方面所向披靡，相比之下，只考虑基因和个体决策的理论在任何一个方面都存在问题。文化的轨迹在人类行为中处处可见。

我们需要关于人类行为的综合理论

回想一下我们是如何给本科生教生物学的：尽管学生们知道生

物学包括许多分支学科——如生态学、分子生物学、遗传学等等，但在大学的第一堂课中它还是作为一个整体的学科被教授。好的导师很注意向学生展示生物学各个分支的共同主题，如基因、基本代谢法则和演化过程。这可不是因为他们重视通识教育本身的价值，而是因为所有这些组织层次都有着相互的因果关系。生物学有很多分支学科，但无论是这些分支学科之间，还是生物学和其他科学之间，都不是泾渭分明的。许多最具创新价值的科学成果都是运用某一领域的方法或研究成果来研究另一领域的问题。最经典的例子就是将化学引入生物学，从而产生了一连串的新学科，如生理学、生物化学、分子生物学等等。此外，很多早期的分子生物学家甚至毕业于物理系。[1] 后来，Richard Lewontin 首次将生物化学方法运用于在基因层面研究分子变异，[2] 这使他发现大量的基因位点都是多态的。这一发现吸引了整整一代学生将精力投入到基因层面的演化研究中，并开创了方兴未艾的分子演化领域。

　　当我们最初开始研究社会科学时，我们震惊于这些学科之间以及社会科学与自然科学之间的隔阂。这一问题源自教育传统，心理学、社会学、经济学、语言学、历史学和政治科学都有自己的一年级导论课程，这鼓励学生认为对人类的研究应该由这些代代相传的学科划分割裂开来。为什么在"生物学 I"之后不能学习"智人 I"呢？这可以引导学生一窥人类行为的全貌。即使是在具有学习生物学、社会文化、考古学和语言学入门课程传统的人类学中，也很少有人会想打破分支学科的边界（近年来这种想法更不流行了）。[3]

　　一个可能的原因是社会科学尚未形成关键性的综合领域。如果真是这样，那么一个合适的文化演化理论可能会为社会科学的统一做出重要贡献。它不仅将人类科学和生物学的其他内容有机地结合

246

---

　　[1]　Weiner 1999.

　　[2]　Lewontin and Hubby 1966.

　　[3]　Donald Campbell 1969, 1979, 1986a，在一代人以前引领了跨学科研究的潮流，这表明人们对这个问题的意识又走了回头路。

在了一起，而且也为人类科学之间的整合提供了框架。人类心理机制的很大一部分都是关于如何获取和运用文化上获得的信息，且不同群体的心理机制差异主要是一种文化现象。经济学和博弈论中的理性选择概念需要关于约束与偏好的理论支撑，而这些约束与偏好有很多来自于文化。人类学、社会学、政治科学、语言学和历史学长期以来通过文化来解释人类行为的变迁和多样性。在本书中，我们通过所有这些学科中的实证研究来理解文化演化的本质。我们对文化演化假说进行了推进，使之能够解释社会科学家记录的一些有趣现象，例如财富水平和生育率之间的关系逆转在过去的两百年间侵染了一个又一个的社会。我们并不奢望所有这些假说都能经受住时间的考验——可能没有一个能经受住。我们希望通过运用这么多有价值的数据来揭示社会科学和演化问题之间的关系。

我们也希望我们用文化演化方法对人类科学内部不同学科和学派的数据的整合和分析能够令你满意。在演化框架中，一些激起了社会科学内部大量争议的问题似乎不证自明。

个体主义的方法论 VS. 集体主义的方法论

社会科学长期以来饱受"微观—宏观问题"的困扰。[1]如果你像经济学家那样从基于个体行为的理论出发，如何能够合理地解释像社会制度这样的社会层面问题？而如果你像社会学家和人类学家那样从集体制度出发，那么又如何解释有关个体的问题？令我们震惊的是，一位杰出的社会学家甚至宣称这两种方法已经被证明永远不可能统一：你只能二选一。

247　　　事实上，达尔文主义理论已经为个人和集体现象之间的关系提供了一种简洁的解释。达尔文主义工具被设计出来就是为了整合不同层次的现象。基本的生物学理论包括基因、个体和种群三个层

---

[1]　Alexander 1987.

次。在这些模型中，个体层面的过程（如自然选择）会影响种群特征（如基因频率），个体甚至只能被看作是他们所属的基因池的奴隶。个体与他们所在种群之间的其他联系也可能存在，且文化创造了更多新的联系。我们已经提及像遵奉传递这样的例子，它说明一种文化变异的频率（这是一种种群特征）会影响人们模仿这种变异的可能性。达尔文主义工具能够帮助我们在不同层次的现象之间建立联系。个体看起来就像是制度中的倒霉囚徒，因为在较短的时间里，个人决策对制度不会有什么大的影响，但长期来看，大量的个人决策将对制度造成深远的影响。演化理论成功地刻画了我们社会的个体和集体特征之间的关系。

历史 VS. 科学

历史学家和有着历史学思维的社会科学家们有时会提出社会制度等真正的演化过程是由特定时间地点的一系列具体事件所产生的，而像经济学或心理学中的通用模型以及由它们所推出的概括或假说则与历史上的这些特殊事件无关。由于这些模型将注意力过于集中在先验的关注点上，常常会产生误导，这无助于理解历史中的真实事件。

无论是对我们人类还是对其他有机体来说，历史偶然性都是同等重要的。毕竟，每一种物种都是独特的，也是它们物种演化史中一系列高度偶然的事件的产物。处于相互独立但相似的环境中的动植物在进化中的趋同现象令人惊讶，但它们之间的差别也同样令人惊讶。达尔文主义理论工具箱为这些现象提供了现成的逻辑分析工具，我们的实证研究方法在分析具体历史路径和驱动它们的因果过程时也同样适用。学生们应该根据他们所面临的实际问题审慎地挑选理论工具。一些模型已经被证明适用于许多情况，且实证归纳有时非常有效。Hamilton 的内含适应性理论的应用范围非常广泛，动物社会中的合作大多以血缘为组织单位，尽管仍然具有高度的多样性。内含适应性理论本身能解释大部分，但不是全部的多样性。[1] 人类算是 Hamilton 理论的一个例外，我们展示了文化群体选择理论是如何解释我们超乎寻常的合作规模的。文化群体选择模型和 Hamilton 理论本质上是一样的，但为了适用于我们人类这个特殊案例而进行了大量修改。我们认为，我们的模型和所列举的实证研究符合人类这个案例的各个细节。基于文化在我们物种中的巨大重要性，演化生物学中的所有东西都必须得到重新考虑，这意味着我们需要一套针对人类演化而特别设计的工具。

具有合理适用范围的模型和实证归纳是很有价值的，这主要出于两个原因。首先，相比于我们企图解决的复杂问题而言，个体并不聪明。经过充分研究的模型和充分检验的实证归纳是科学家集体智慧的结晶。一个与世隔绝的思想家无法解决任何复杂的问题，比如，作为老师，我们知道哪怕是像指数增长这样最简单的群体过程，也足以让未经训练的大脑狼狈不堪。其次，大多数具体案例是如此复杂，以至于单个研究者无论如何也不可能弄清其中每个维度的细节。在实际的历史调查中，很多重要的过程和事件并未被历史所记载，且很多问题都被简化了，有时甚至是极度的简化。实证归纳和理论进一步加强了这种不可避免的简化。明智的演化学家知道他们遗漏了许多细节，这使得他们的结论相当脆弱。人们所能期望的最好情况就是将简化对理解所造成的负面影响降至最低。

讽刺的是，演化工具箱有助于解释为什么历史偶然性有着巨大的作用。例如，演化博弈论显示了哪怕在十分简单的博弈中，也能够产生多个演化稳定策略。又例如，在标准互惠模型——重复囚徒困境——中，从完全不合作到完全合作之间的任何行为只要变得足

---

[1] 例如，Keller 1995 和 Keller and Ross 1993 描述了蚂蚁的一些令人惊异的社会系统。我们在加利福尼亚州的厨房中发现的蚂蚁都是阿根廷蚂蚁，这是一种新近的入侵物种，它缺乏有关群落气味的基因多样性，并且甚至比人类还要违背内涵适应性理论。这一物种形成的超级群落比它的竞争者要大两倍，因为群落之间无法分辨出异己，因此并不会有冲突。（亚群落内部的遗传关联度实际上为 0。）这一物种已经将许多竞争性蚂蚁物种赶出了它们原本的栖息地（Holway，Suarez and Case 1998）。

够普遍，就会得到选择的青睐。合理地使用演化工具对历史学家们的工作有利无弊。

文化的功能性要素 VS. 文化的符号性要素

249

　　文化的功能性要素和符号性要素之间的关系有些复杂，但并不棘手。对文化的符号性要素感兴趣的人类科学家有时会宣称符号性排除了文化的功能性解释，[1] 一些演化功能主义者则宣称符号性和功能性要素之间泾渭分明。以锅为例，前者就像是锅上的装饰，是随机演化而来的，后者则像是锅的大小和形状，是经由选择演化而来。[2] 演化分析证实 [3] 了一些社会科学家长期的观点 [4]：哪怕具体的形式本身并没有什么功能，它们之间的差别也是有功能意义的。还是以锅为例，锅上的装饰可能是为了宣扬制造者所属的群体身份或其在群体内的社会地位。[5] 一方面，演化理论和一些良好的数据表明标识被用来区分群体成员身份，显示群体内的角色，以及炫耀个人社会地位。这些形式特征常常为潜在的模仿者提供了有用的信息。[6] 另一方面，演化可能会失控以至于过度夸大一些标识，乃至造成适应不良。我们已经讨论了由地位驱动的消费竞赛可能对人口变化产生了重要的影响。

功能和功能失调

　　演化是人类幸福和痛苦的源泉。以社会制度为例，一些简单社会缺少解决纠纷的有效体系，而其他社会则在这方面效率斐然。[7] 信

---

[1]　Sahlins 1976a.

[2]　Dunnell 1978.

[3]　Bettinger, Boyd and Richerson 1996.。

[4]　Cohen 1974.

[5]　Bettinger, Boyd and Richerson 1996.

[6]　Henrich and Gil-White 2001.

[7]　Edgerton 1992; Knauft 1985a.

任感、幸福感和对生活的满意程度在不同的西欧国家之间差别甚大，且这些差别与人均财富水平无关。[1] 人们明显会发现一些社会制度与他们更投缘。由于个体决策和集体决策制度是文化演化的动力，因此可以认为我们能够影响我们自己的演化。但是，我们同时也是我们所继承的文化和基因的囚徒。

无论在理论上还是实践中，将个体决策综合为集体决策都是十分棘手的问题。[2] 在我们关于复杂社会所运用的各种解决方法的讨论中，我们不得不指出每一种有效的解决方法都是一把双刃剑，以牺牲其他方面为代价获得某一方面的收益会导致错误。一方面，乌托邦呼吁人们逃离他们的枷锁，却一次次失败；革命常常因为不切实际的梦想和基于自私、恶毒和夺权的阴谋而失败。另一方面，腐败的政权很可能会对那些要求革命的为利他主义所驱动的道德家们采取镇压手段。随着革命的失败，那些不愿或不能改变的社会迫使其人民沾染上相同的恶习。由独裁政治体制所控制的低信任度社会之间非常相似，无论它们的起源有何不同。现代技术的演化表明如果像产权之类的制度能够得到落实，那么社会向更好的方向演化的速度将大大增加。[3] 尽管社会制度的演化是个难题，但开放性政治体系能够建立人与人之间的信任度，从而为社会制度的创新提供基础这一点还是相当明确的。毫无疑问，如果我们能够更好地理解社会演化的本质，我们将能改进这一过程。

如果我们的理论是正确的，那么这些导致棘手争议而非科学进步的经典问题将变得很简单，因为达尔文主义概念和方法不仅适用于有机体演化，也适用于文化演化。没有这些工具，你将难以轻易解决涉及文化演化的问题，而有关文化演化的问题恰恰是理解人类行为的基础。

---

[1]　Inglehart and Rabier 1986.

[2]　Arrow 1963.

[3]　North and Thomas 1973.

理论是产生新问题的引擎

在科学家们看来，生产性是科学理论最重要的功能。它能否为研究指引正确的方向？它能否在解决现有问题的同时提出更多新颖而有趣的问题？一位社会学家曾经告诉我们，文化演化的达尔文主义理论对他而言就像是另一种传统社会科学。我们已经通过很多传统社会科学来为我们的理论进行了辩护，从而支持了这一想法。但文化演化学家不满足于因循守旧，而致力于提出新的演化工具。

我们认识的很多文化科学家看起来都被某种"无聊"的情绪感染了。他们似乎觉得近来的那些"伟人"们，如马克思、韦伯、涂尔干、帕森斯等人已经将人类的境况描述得差不多了。当代的学者们不得不面对伟人们所遗留的贫瘠土地，他们将以往的论点重构为看起来有趣，但恐怕并不是那么新颖的概念，或者完全抛弃科学，在人文主义的面纱下对人类行为进行个体化解释。我们相信社会科学家不应该如此气馁，我们对文化演化仍然知之甚少。有些人可能认为这是因为文化演化——或至少我们所说的"文化演化"——超出了科学的理解范畴。但我们相信用达尔文主义工具来研究文化能够为进一步的研究开创许多新的道路。

我们对文化变异的基本特征了解不多，而理解特征往往是理解过程的关键。我们已经指出人类行为中的许多变异特征难以用基因和环境来解释，而一旦考虑文化，这些问题都迎刃而解。尽管如此，高质量、系统化的相关研究仍然欠缺，很多关于文化变异的描述仍然是定性而非定量的。尽管民族志记录是一个丰富的知识宝藏，但要研究文化演化过程仍然需要更多精确的资料。一些基于定性数据的研究相当精妙，[1]但仍能做得更好。我们需要像描述基因变异那样定量地描述文化变异的细节。跨文化心理学的近期成果[2]和经济学

251

---

[1] E.G. Jorgensen 1980.

[2] Nisbett 2003；McElreath，出版中。

博弈论在跨文化公平规范研究中的应用[1]将为民族志开启定量研究的新时代，这将彻底更新我们对人类行为差异的理解。

文化变异难以被及时量化。考古学家和历史学家对长期内的文化变迁有着清晰的记录，不过，他们的目的常常在于重构过去的社会。一个更简单的方法是运用大部分可得记录来估计变迁的速率。对演化过程的推断常常会得到完全不同的演化速率，而考古学和历史学记录则是检验这些推断的最好方法。比如读写能力的产生使得记录的广度和精度相比于过去的人脑来说有了大大的提高，这就提高了演化的速率。[2]不难想象，随着读写能力的发展和扩散，演化速率在过去的 5000 年中不断提高。这样的假说能否经受住定量的检验？有没有其他过程或变量会产生相似的影响？

我们对文化层面的演化过程知之甚少。在本书中，我们对作用于我们上一本书中所提出的文化变异的演化动力进行了分类。[3]我们偏好于这种分类方法，但它肯定不是完美的。演化生物学的趋势是将一般性的演化过程细分为许多独立的子过程，这常常是因为种群的动态行为在这些子过程的影响下差别甚大。在第四章中，我们介绍了模仿成功者的概念，以及它的一个子过程：模仿有威望的人。但威望本身就是一种复杂的社会建构，一些威望来自于个人魅力，一些威望来自于制度安排，一些威望可能被社会中几乎所有人都认知到，而其他一些则可能具有高度的区域性。我们不知道基于威望的选择性模仿到底有多少种不同的类型。尽管我们目前只能模糊地猜想文化演化的复杂性，但我们毫不怀疑它的复杂性和多样性。

我们对具体演化案例中各种动力的作用缺乏定量的了解。在选择将哪些研究放入本书中以揭示文化演化过程时，我们常常难以找到那些只有单一过程——如自然选择或某种决策动力——占优的案

252

---

[1] Henrich et al. 2004.

[2] Donald 1991.

[3] Boyd and Richerson 1985.

例。一般说来，我们想要研究的任何一个文化维度，其演化都会同时受到几种动力的影响。例如，先天具有的、学习获得的以及由文化获得的倾向常常有着不同的方向，它们会同时影响某种宗教信仰或某种创新在种群中的频率。许多演化科学归根结底不外乎通过评估大量案例以归纳出各种力量对演化方向的影响。关于有机体演化研究的黄金准则是研究人员能够估计出某一演化种群中自然选择和其他力量的强度，[1] 然而在文化领域仍然缺乏类似的研究。[2]

结论：文化只有在演化视角下才有意义

1982 年，演化经济学先驱 Richard Nelson 和 Sidney Winter 指出，在这一学科众多有趣的智力挑战中，"毫无疑问，最值得关注的问题是理解在过去几个世纪中改变了人类处境的技术和经济组织方面复杂的累积性变迁"。[3] 历史学家和社会学家则会将 5000 年前复杂社会的兴起及其发展作为另一个核心问题。一方面，人类学家会提名 1.1 万年前农业的起源，而古人类学家则更关心大约 10 万年前现代人类的产生极其伴随的复杂文化系统；另一方面，政治科学家会关心新政治制度和公共政策的产生，以及这些规则系统如何在几个选举周期的时间跨度上影响政治和经济发展。现代人类**正是**由这些之前和现在发生的演化事件所塑造的。

因此，演化过程正处于与我们人类相关的这些最有趣问题的关键点上。我们如何在 21 世纪我们所身处的国家中认识自我？几个世纪以来的文化演化事件造成了所有这一切。我们为什么会有社会倾向？这与过去 100 万年或更长时间内的基因—文化共同演化息息相关。我们能否调整人类社会当前的演化方向，使其更合乎我们的

---

[1]　Endler 1986 在对自然选择强度的荟萃分析中用到了许多关于自然选择的研究。

[2]　实验研究见 Insko et al. 1983，观察性研究见 Cavalli-Sforza et al. 1982 和 McElreat，出版中。

[3]　Nelson and Winter 1982 (3).

心意？作为人类，我们在我们自己的演化中发挥了异乎寻常的积极作用，这是因为我们能够选择采用或是抛弃哪些文化变异。[1]更何况我们还能组织起一系列的制度以指引文化演化的方向，这些制度从简单的部落会议到像研究型大学和政治政党这样高度复杂的现代制度。[2]但是，绳子那一端的文化演化对我们来说仍然是一条体型巨大的狗。甚至连那些领导了伟大政治运动的文化领袖们，他们的影响也相当有限。甘地既不能阻止穆斯林离开印度，也不能说服印度教徒对种姓制度进行改革。只有关注于群体层面的过程，我们才能正确理解文化演化。而当我们正确理解文化演化之后，我们就能知道该如何驯服这一时常给人类带来痛苦和灾难的过程。

在这本书中，我们举例说明了如何利用达尔文主义方法来理解文化演化。因为文化活跃于种群中，所以要理解人类大脑和种群如何变化需要种群思维。达尔文主义方法既能对文化变异及其随时间的变化进行定量描述，也能对这些变化进行因果分析和系统归因。如果你打算认真学习文化演化，你就得学习达尔文主义分析方法。你既要能描述变化，也要能解释这些变化。社会科学中的许多研究方法都各自趋向了达尔文主义方法，社会语言学家对方言演化的微观演化研究就是一个很好的例子，还有其他的一些例子。[3]

254　　　　我们的个别分析可能显得很笨拙。向生物学借取工具并对其进行改造以适用于文化，这对解决演化生物学的复杂性来说很有吸引力，但同时也可能导致误解和扭曲，更何况我们刚刚还讨论过达尔文主义学说至今仍不算完美。不过，我们对此问心无愧。科学本就是一步一个脚印的试错过程，任何理论在相当长的一段时间内都是

---

[1] 其他有机体也通过"区域构造"在它们自己的演化中发挥了积极的作用，文化只是其中一个特别有效的机制。更一般性的理论见 Odling-Smee et al. 2003。

[2] Richerson and Boyd 2000.

[3] Labov 2001; Weingart et al. 1997 (292–297).

不完备的——如果这段时间不是永远的话。[1]我们只想说服你达尔文主义方法是**值得追寻的**，[2]那些致力于这一追求的人将能够弥补我们这一代人的错误与遗漏！

对于在人类研究中运用达尔文主义工具的反对大多出于对将我们刻画为"另一种独特物种"的本能厌恶。[3]在演化主义者看来，人类的例外是个大问题。只要人类处于达尔文主义体系之外，只要人类文化仍被称为是"超机体的"，那么达尔文主义方法将存在着潜在的致命缺陷。达尔文担心对《人类的由来》（*Descent of Man*）一书的攻击可能会成为推翻其整个理论的基石。他的担心并非没有道理。正如《每季评论》（*Quarterly Review's*）的评论人 St. George Mivart（这是一位虔诚的天主教徒，对进化论长期充满敌意）幸灾乐祸地说道，《人类的由来》"对评判（并拒绝）他的整个立场提供了绝佳的机会"。[4]现代世俗科学战争中的批评者从我们在第一章所批判过的超机体主义演变而来，他们对将科学应用于人类自身的反对已经扩展为了对所有科学的普遍敌意。当然，从宗教角度的批评在原教旨主义的圈子中仍然存在。Doc Watson 唱道："有人说人类起源于猴子，但圣经的说法却不一致。若你相信这种说辞，那我宁做那只猴子的兄弟，也不愿做你。"[5]如果人类不受科学束缚，那么其他东西无疑也是如此。科学**有义务**寻求人类演化的解释！

达尔文主义者在面对这些批评时通常会感到困惑而非感到受到了围攻。人文主义的兴趣爱好在科学家中相当普遍，他们画画、看

---

[1]　我们回想起 Vannevar Bush 在 1945 年将科学称作是永无止境的前沿，如果这一前沿确实是永无止境的，那么理论永远是不完备的。

[2]　正如科学哲学家 John Beatty 在 1987 年所说的，这是你对任何研究计划所能说的最好的东西。

[3]　这个短语来自 Robert Foley。

[4]　匿名"St. George Mivart"1871。讽刺的是，Mivart 后来和天主教正统派发生了冲突，并被驱逐出教会（http://www.newadvent.org/cathen /10407b.htm）。

[5]　这首歌是《到此为止》（*That's All*），选自 Elementary Doc Watson 在 1997 年的精品 CD 集。

小说、写历史。有如此多的老年科学家将兴趣转向了哲学，以至于这几乎能被看作是老去的标志；还有一些科学家活跃于政界。在宗教方面，绝大多数科学家承认信仰上帝——如果指的是广义的上帝的话。[1] 大多数科学家并不觉得在他们的科学、宗教和人文主义冲动之间存在什么矛盾，相反，这使得他们的科学事业充满了美和庄严。[2] 达尔文用如下这一段抒情作为《物种起源》的结尾：

255

> 凝视着树木交错的河岸，其上覆盖着各种各样的植物，鸟儿在灌木丛中鸣唱，形形色色的昆虫翩翩飞舞，虫儿在潮湿的泥土中穿行，这是多么的有趣。回想一下，这些精巧的构造如此复杂却又各不相同，而它们都源自于我们身边的法则。……这是多么庄严的视角，原本流淌于少数几种或一种生命中的力量，在地球依引力日复一日运转的同时，从如此的简单演化成了如此的美丽和奇妙，过去如此，而今依旧如此。

科学方法和坐禅非常相似，努力和严格的练习使践行者能够面对面接触那些伟大的奥秘，赢得一些令人向往的，但往往是脆弱和易错的真理。科学家们抓耳挠腮、苦思冥想，而自然神秘主义者也要经历疼痛和出血。这就是我们对于所从事的学科的感受。人类及其文化是如此多种多样、令人惊叹。一方面，对人类多样性的研究显示了我们与和我们最不一样的异国人士之间在人性方面也是如此相似。达尔文相信，任何不执迷于那些徒有其表的意识形态的人都会对他人所受的苦难产生同情心。在目睹了巴西奴隶的遭遇后，他写下了他一生中最富有激情的文字，用以形容他对奴隶制的感受。[3]

---

[1] Easterbrook 1997.

[2] 就这一点而言，Kiester 在 1996 和 1997 年关于生物多样性之美的文章值得一读。

[3] Darwin 1902（561-563）. 他反对奴隶制的诗歌开头为："在19世纪的八月，我们终于离开了巴西海岸。感谢上帝，我应该再也不用去这奴隶之国。直到现在，如果我听到遥远的尖叫，我还会回想起那些活生生的痛楚。我曾经经过伯（转下页）

另一方面，文化差异是如此广泛而有趣。我们不赞同极端形式的文化相对主义（纳粹主义怎么说也不是德国传统民俗）。但是，人类学家抵制民族中心主义的工作有很多可取之处，他们声称至少在你充分理解其他社会之前，不应当草率而傲慢地评价它们。像再洗礼派教徒和努尔人这样的顽固守旧派使人敬仰甚至崇拜。尽管我们中几乎没有人愿意成为他们社会的一员，我们仍能理解为什么在这些社会中长大的人是如此自豪且成功。

正如我们所说，数学模型故意省略了许多令人感兴趣的丰富细节，那些混淆了抽象和事实的数学建模者着实愚蠢。但如果数学能被合理地应用，它将比任何其他技术更能有效地引导我们的直觉。这是一种对自然的独自探索。我们时常会因为自己天真的直觉而陷入困惑，然后在模型结果的指引下回到正确的道路。模型是一种将复杂系统的逻辑一点一点化繁为简的有效工具。建立优秀模型的艰难困苦和它们相对于真实现象的明显简化之间的鲜明对比令人感到谦卑、甚至有些神圣的意味。在第四章中，我们提到了在简单的演化模型中将社会学习与个体学习相结合这一进展。可以看到 Alan Alan Rogers 的简单模型表明社会学习虽然得以演化出来，却并不具有适应性，这为探究适应性文化所需要的特质提供了许多启示。好的模型能够为演化过程的逻辑提供清晰的启示，不幸的是，这些模型的批评者们从来没有好好体会过它们的美。建模者会对那些经过良好设计和分析的表述爱不释手，这些模型正如那些以优雅的极简主义功能为美的工艺制品一般。当我们教授那些人们花了很长时间才创造出来的古老而美妙的模型时，会感受到一股美好的暖流。就

256

（接上页）南布哥州的一所房子，那里传来了我听过的最可怜的呻吟，我只有猜测是一些可怜的奴隶在受折磨，而我却像一个孩子般无能为力，甚至连谴责也做不到。"结尾为："一想到英国人和我们的美国后裔夸耀着自由，却一直以来行使着如此罪孽，我的血液就会沸腾，心脏就会颤抖。不过令人欣慰的是，我们比以往任何一个国家都作出了更大的牺牲来为我们赎罪。（英国于 1838 年解放了殖民地中的所有奴隶。）"

演化这个具体的领域而言，你不能不借助模型的帮助而任由思想天马行空，正如你不能不穿一双好靴子就去跋山涉水一样。你并不需要**会**建模才能欣赏模型之美，正如其他艺术领域一样，训练有素的鉴赏家能从作品中获益良多。

好的数据也是很美的。那些认为最好的数据应当体现出现象的所有复杂性的经验主义者是愚蠢的，尤其是那些认为自己的个案数据能够被广泛应用于像文化这样的多样系统的人。[1] 但是，数据仍然是判断对错的终极标准。数据常常促使我们开始思考，而不仅仅是检验假说。伟大的数学人口遗传学先驱 J. B. S. Haldane 说："世界不仅比我们想象的要古怪，它比我们所能想象的还要古怪。" [2] 在第二章中，我们回顾了对文化差异的研究记载。很多学者对文化解释大加嘲讽，认为它们不够成熟，并提出先天信息、理性计算和生态差异都是文化解释强有力的竞争者。这些竞争性解释在某些情况下可能是正确的，但在一般情况下，实证数据已经足以驳斥这种看法了。文化科学家已经搜集了相当规模的具有说服力的数据，尽管其中很多数据是定性的。人类物种中文化差异的重要性和天体运动中万有引力的重要性一样确凿无疑。在模型的指引下，实证数据一点点构建起文化的全景，将来会有更好的数据来检验并约束这些解释。

257　　有些数据是如此的重要，以至于它们以一种令人惊讶的方式完全改变了我们对整个世界的想象。近 10 年来从冰核和海洋中采集到的数据记录了上一个冰川期极端剧烈的气候变化，这为我们描绘了一幅令人惊讶的世界图景，而这正是我们文化系统产生时所处的世界境况。我们几乎不敢想象这样的数据会为人所知，尽管我们的模型表明这种多变性可能是驱使我们演化出文化能力的动力。有关过

---

[1]　Peter J. Richerson 曾经是一位湖泊学家。湖泊学家有一个非常真实的说法："每个人都是站在自己的湖岸边看世界。"

[2]　Haldane 1927 (286).

去和未来的气候肯定会有更多的新发现。[1]世界是如此复杂，以至于理论家在缺少良好的实证数据时几乎是盲目的。那些声称要研究无法量化的复杂性的人是不切实际的，因为定量法正是我们解决复杂性的方法。

怀着这样的想法，我们的书到此为止。

---

[1] 最近，美国国家科学院委员会将他们的报告命名为《气候陡变：必然的奇迹》（*Abrupt Climate Change: Inevitable Surprises*，国家研究委员会 2002 ）。

参考文献

Aiello, L. C., and P. Wheeler. 1995. The expensive-tissue hypothesis: The brain and the digestive system in human and primate evolution. *Current Anthropology* 36:199–221. [270n69]

Alcock, John. 1998. Unpunctuated equilibrium in the Natural History essays of Stephen Jay Gould. *Evolution and Human Behavior* 19:321–36. [272n6]

———. 2001. *The triumph of sociobiology.* Oxford: Oxford Univ. Press. [272n6]

Alexander, J. C., B. Giesen, R. Münch, and N. J. Smelser. 1987. *The micro-macro link.* Berkeley and Los Angeles: Univ. of California Press.

Alexander, Richard D. 1974. The evolution of social behavior. *Annual Review of Ecology and Systematics* 5:325–83. [18, 72, 260n9, 272n15]

———. 1979. *Darwinism and human affairs; The Jessie and John Danz lectures.* Seattle: Univ. of Washington Press. [260n9, 260n14, 260n16, 261n2, 265n27, 272n15, 280n70]

———. 1987. *The biology of moral systems.* Hawthorne, NY: A. de Gruyter. [280n70, 282n10]

Alland, Alexander. 1985. *Human nature, Darwin's view.* New York: Columbia Univ. Press. [261n21]

Allen, J. R. M., W. A. Watts, and B. Huntley. 2000. Weichselian palynostratigraphy, palaeovegetation and palaeoenvironment: The record from Lago Grande de Monticchio, southern Italy. *Quaternary International* 73/74:91–110. [270n63]

Alley, Richard B. 2000. *The two-mile time machine: Ice cores, abrupt climate change, and our future.* Princeton, NJ: Princeton Univ. Press. [270n60]

Alter, G. 1992. Theories of fertility decline: A nonspecialist's guide to the current debate.

In *The European experience of declining fertility, 1850–1970: The quiet revolution*, ed. J. R. Gillis, L. A. Tilly, and D. Levine, 13–27. Cambridge, MA: Blackwell. [275n54]

Altstein, H., and R. J. Simon. 1991. *Intercountry adoption: A multinational perspective*. New York: Praeger. [262n36]

Anderson, Benedict R. O'G. 1991. *Imagined communities: Reflections on the origin and spread of nationalism*. Rev. and extended ed. London: Verso. [281n92]

Andujo, E. 1988. Ethnic identity of transethnically adopted hispanic adolescents. *Social Work* 33:531–35. [262n36]

Anklin, M., J. M. Barnola, J. Beer, T. Blunier, J. Chappellaz, H. B. Clausen, D. Dahljensen, et al. 1993. Climate instability during the last interglacial period recorded in the GRIP ice core. *Nature* 364: 203–7. [270n62]

Anon. [St. George Mivart, The Wellesly Index]. 1871. Review of the *Descent of Man and Selection in Relation to Sex* by Charles Darwin. *The Quarterly Review* 131:47–90.

Aoki, K. 1982. A condition for group selection to prevail over counteracting individual selection. *Evolution* 36:832–42. [278n29]

Arima, Eugene Y. 1975. *A contextual study of the Caribou Eskimo kayak*. Ottawa: National Museums of Canada. [273n25]

———. 1987. *Inuit kayaks in Canada: A review of historical records and construction, based mainly on the Canadian Museum of Civilization's collection*. Ottawa: Canadian Museum of Civilization. [273n25]

Arnold, J. E. 1996. The archaeology of complex hunter-gatherers. *Journal of Archaeological Method and Theory* 3:77–126. [280n81]

Aronson, Elliot, Timothy D. Wilson, and Robin M. Akert. 2002. *Social psychology*. 4th ed. Upper Saddle River, NJ: Prentice-Hall. [269n44]

Arrow, Kenneth J. 1963. *Social choice and individual values*. 2nd ed. New Haven, CT: Yale Univ. Press. [282n20]

Asch, Solomon E. 1956. Studies of independence and conformity: I. A minority of one against a unanimous majority. *Psychological Monographs* 70:1–70. [122, 269n44]

Atran, Scott. 1990. *Cognitive foundations of natural history: Towards an anthropology of science*. Cambridge: Cambridge Univ. Press. [262n46]

———. 2001. The trouble with memes—Inference versus imitation in cultural creation. *Human Nature—An Interdisciplinary Biosocial Perspective* 12:351–81. [45, 261n23, 264n17, 266n45, 271n98]

Atran, Scott, D. Medin, N. Ross, E. Lynch, J. Coley, E. U. Ek, and V. Vapnarsky. 1999. Folkecology and commons management in the Maya lowlands. *Proceedings of the National Academy of Sciences of the United States of America* 96:7598–603. [83, 262n46]

Atran, Scott, D. Medin, N. Ross, E. Lynch, V. Vapnarsky, E. U. Ek, J. Coley, C. Timura, and M. Baran. 2002. Folkecology, cultural epidemiology, and the spirit of the commons—A common garden experiment in the Maya lowlands, 1991–2001. *Current Anthropology* 43:421–50.

Aunger, Robert. 1994. Are food avoidances maladaptive in the Ituri Forest of Zaire? *Journal of Anthropological Research* 50:277–310. [261n23]

———. 2002. *The electric meme: A new theory of how we think*. New York: Free Press. [266n39]

Axelrod, R., and D. Dion. 1988. The further evolution of cooperation. *Science* 242:1385–90. [278n20]

Baker, M. C., and M. A. Cunningham. 1985. The biology of bird-song dialects. *Behavior and Brain Science* 8:85–133. [268n16]

Bandura, Albert. 1977. *Social learning theory.* Englewood Cliffs, NJ: Prentice-Hall.

———. 1986. *Social foundations of thought and action: A social cognitive theory.* Prentice-Hall Series in Social Learning Theory. Englewood Cliffs, NJ: Prentice-Hall.

Baptista, L. F., and P. W. Trail. 1992. The role of song in the evolution of passerine birds. *Systematic Biology* 41:242–47. [268n16]

Barash, D. P. 1977. *Sociobiology and behavior: The biology of altruism.* New York: Elsevier. [260n9]

Barth, Fredrik. 1956. Ecologic relationships of ethnic groups in Swat, North Pakistan. *American Anthropologist* 58:1079–89.

———, ed. 1969. *Ethnic groups and boundaries. the social organization of culture difference.* Boston: Little, Brown and Co. [279n42]

———. 1981. *Features of person and society in Swat: Collected essays on Pathans.* London: Routledge & Kegan Paul. [279n42, 279n44]

———. 1990. Guru and the conjurer: Transactions in knowledge and the shaping of culture in Southeast Asia and Melanesia. *Man* 25:640–53.

Basalla, G. 1988. *The evolution of technology.* Cambridge: Cambridge Univ. Press. [263n56, 269n37]

Batson, C. Daniel. 1991. *The altruism question: Toward a social psychological answer.* Hillsdale, NJ: Lawrence Erlbaum Associates. [217, 218, 280n58]

Baum, William B. 1994. *Understanding behaviorism: Science, behavior, and culture.* New York: HarperCollins. [264n12]

Beatty, John. 1987. Natural selection and the null hypothesis. In *The latest on the best: Essays on evolution and optimality,* ed. J. Dupre. Cambridge, MA: MIT Press. [282n34]

Becker, Gary. 1983. Family economics and macro behavior. *American Economic Review* 78:1–13. [175, 275n58]

Benedict, Ruth. 1934. *Patterns of culture.* Boston: Houghton Mifflin Co. [262n30]

Berger, T. D., and E. Trinkhaus. 1995. Patterns of trauma among Neanderthals. *Journal of Archaeological Science* 22:841–52. [277n5]

Bettinger, R. L. 1991. *Hunter-gatherers: Archaeological and evolutionary theory.* New York: Plenum Press. [280n64]

Bettinger, R. L., and M. A. Baumhoff. 1982. The numic spread: Great Basin cultures in competition. *American Antiquity* 47:485–503. [282n5]

Bettinger, R. L., R. Boyd, and P. J. Richerson. 1996. Style, function, and cultural evolutionary processes. In *Darwinian Archaeologies,* ed. H. D. G. Maschner, 133–64. New York: Plenum Press. [282n14, 282n16]

Betzig, Laura L. 1997. *Human nature: A critical reader.* New York: Oxford Univ. Press. [19, 261n4]

Bickerton, Derek. 1990. *Language and species.* Chicago: Univ. of Chicago Press. [262n47]

Binmore, Kenneth G. 1994. *Game theory and the social contract.* Cambridge, MA: MIT Press. [278n21]

Birdsell, J. B. 1953. Some environmental and cultural factors influencing the structuring of Australian aboriginal populations. *The American Naturalist* 87:171–207. [277n13]

Blackmore, Susan. 1999. *The meme machine.* Oxford: Oxford Univ. Press. [81, 266n38]

Blake, Judith. 1989. *Family size and achievement.* Berkeley and Los Angeles: Univ. of California Press. [178, 275n64]

Bloom, Paul. 2001. *How children learn the meanings of words.* Cambridge, MA: MIT Press. [87, 266n47]

Blurton-Jones, Nicholas, and M. Konner. 1976. !Kung knowledge of animal behavior. In *Kalahari hunter-gatherers: Studies of the !Kung San and their neighbors,* ed. R. B. Lee and I. DeVore, 325–48. Cambridge: Cambridge Univ. Press. [263n9]

Boehm, Christopher. 1983. *Montenegrin social organization and values: Political ethnography of a refuge area tribal adaptation.* New York: AMS Press. [262n26]

————. 1984. *Blood revenge: The anthropology of feuding in Montenegro and other tribal societies.* Lawrence: Univ. Press of Kansas. [281n84]

————. 1992. Segmentary "warfare" and the management of conflict: Comparison of East African chimpanzees and patrilineal-patrilocal humans. In *Coalitions and alliances in humans and other animals,* ed. A. H. Harcourt and F. B. M. DeWaal, 137–73. New York: Oxford Univ. Press. [278n14]

————. 1993. Egalitarian behavior and reverse dominance hierarchy. *Current Anthropology* 34 (3): 227–54. [228, 280n60, 281n86]

Bongaarts, John, and Susan C. Watkins. 1996. Social interactions and contemporary fertility transitions. *Population and Development Review* 22:639–82. [179, 272n3, 275n54, 275n70, 276n74]

Bonner, John Tyler. 1980. *The evolution of culture in animals.* Princeton, NJ: Princeton Univ. Press. [261n6]

Borgerhoff Mulder, Monique. 1988a. Behavioural ecology in traditional societies. *Trends in Ecology & Evolution* 3:260–64. [272n4, 276n82]

————. 1988b. Kipsigis bridewealth payments. In *Human reproductive behaviour: A Darwinian perspective,* ed. L. L. Betzig, M. Borgerhoff Mulder, and P. W. Turke, 65–82. Cambridge: Cambridge Univ. Press. [272n4, 276n82]

————. 1998. The demographic transition: Are we any closer to an evolutionary explanation? *Trends in Ecology & Evolution* 44:266–72. [275n54]

Bowles, Samuel. 2004. *Microeconomics: Behavior, institutions, and evolution.* New York: Russell Sage Foundation; Princeton, NJ: Princeton Univ. Press. [261n1]

Bowles, S., and H. Gintis. 1998. The moral economy of communities: Structured populations and the evolution of pro-social norms. *Evolution and Human Behavior* 19:3–25. [261n23]

Boyd, Robert, Herbert Gintis, Samuel Bowles, and Peter J. Richerson. 2003. The evolution of altruistic punishment. *Proceedings of the National Academy of Sciences USA* 100: 3531–35. [278n23]

Boyd, Robert, and Peter J. Richerson. 1982. Cultural transmission and the evolution of cooperative behavior. *Human Ecology* 10:325–51. [273n28]

————. 1985. *Culture and the evolutionary process.* Chicago: Univ. of Chicago Press.

[265n20, 267n66, 268n1, 268n72, 269n45, 270n51, 272n13, 272n14, 273n18, 273n28, 273n34, 273n36, 281n3, 282n26]

————. 1987. The evolution of ethnic markers. *Cultural Anthropology* 2:65–79. [268n73, 269n42, 273n35, 279n46]

————. 1988a. The evolution of reciprocity in sizable groups. *Journal of Theoretical Biology* 132:337–56. [278n20]

————. 1988b. An evolutionary model of social learning: The effects of spatial and temporal variation. In *Social learning: Psychological and biological perspectives,* ed. T. Zentall and B. G. Galef, 29–48. Hillsdale, NJ.: Lawrence Erlbaum Associates. [269n40]

————. 1989a. The evolution of indirect reciprocity. *Social Networks* 11:213–36. [273n35, 278n20]

————. 1989b. Social learning as an adaptation. *Lectures on Mathematics in the Life Sciences* 20:1–26. [269n40]

————. 1990. Culture and cooperation. In *Beyond self-interest,* ed. J. J. Mansbridge, 111–32. Chicago: Univ. of Chicago Press. [278n30]

————. 1992a. How microevolutionary processes give rise to history. In *History and evolution,* ed. M. H. Nitecki and D. V. Nitecki, 178–209. Albany: State Univ. of New York Press. [266n63, 271n77]

————. 1992b. Punishment allows the evolution of cooperation (or anything else) in sizable groups. *Ethology and Sociobiology* 13:171–95. [278n23]

————. 1995. Why does culture increase human adaptability? *Ethology and Sociobiology* 16:125–43. [269n34]

————. 1996. Why culture is common but cultural evolution is rare. *Proceedings of the British Academy* 88:73–93. [263n52, 270n73]

————. 2002. Group beneficial norms can spread rapidly in a structured population. *Journal of Theoretical Biology* 215:287–96. [279n37]

Boyer, Pascal. 1994. *The naturalness of religious ideas: A cognitive theory of religion.* Berkeley and Los Angeles: Univ. of California Press. [45, 167, 262n45, 274n38, 274n43]

————. 1998. Cognitive tracks of cultural inheritance: How evolved intuitive ontology governs cultural transmission. *American Anthropologist* 100:876–89. [83, 261n23, 264n17, 266n45, 279n51]

Bradley, R. S. 1999. *Paleoclimatology: Reconstructing climates of the Quaternary.* 2nd ed. San Diego: Academic Press. [270n60]

Brandon, Robert N. 1990. *Adaptation and environment.* Princeton, NJ: Princeton Univ. Press. [127, 270n55]

Brandon, Robert N., and N. Hornstein. 1986. From icons to symbols: Some speculations on the origins of language. *Biology and Philosophy* 1:169–89. [268n1]

Brewer, Marilyn B., and Donald T. Campbell. 1976. *Ethnocentrism and intergroup attitudes: East African evidence.* Beverly Hills: Sage Publications. [280n69]

Broecker, W. 1996. Glacial climate in the tropics. *Science* 272:1902–3. [270n65]

Brooke, John L. 1994. *The refiner's fire: The making of Mormon cosmology, 1644–1844.* Cambridge: Cambridge Univ. Press. [53, 262n27, 263n63]

Brooks, A. S., J. Yellen, E. Corneliesen, M. Mehlman, and K. Stewart. 1995. A Middle Stone

Age worked bone industry from Katanda Upper Semliki Valley, Zaire. *Science* 268: 553–56. [271n87]

Brown, Donald E. 1988. *Hierarchy, history, and human nature: The social origins of historical consciousness.* Tucson: Univ. of Arizona Press. [266n62]

Brown, M. J. 1995. "We savages didn't bind feet." The implications of cultural contact and change in southwestern Taiwan for an evolutionary anthropology. Ph.D. diss., Anthropology, Univ. of Washington, Seattle.

Burke, Mary A., and Peyton Young. 2001. Competition and custom in economic contracts: A case study of Illinois agriculture. *American Economic Review* 91:559–73. [266n46]

Burrow, J. W. 1966. *Evolution and society: A study in Victorian social theory.* Cambridge: Cambridge Univ. Press. [263n2]

Bush, Vannevar. 1945. *Science, the endless frontier. A report to the President.* Washington, DC: U.S. Government Printing Office. [282n33]

Buss, David M. 1999. *Evolutionary psychology: The new science of the mind.* Boston: Allyn and Bacon. [18, 261n3]

Bynon, Theodora. 1977. *Historical linguistics.* Cambridge: Cambridge Univ. Press. [266n41, 266n43, 266n52]

Byrne, Richard W. 1999. Cognition in great ape foraging ecology: Skill learning ability opens up foraging opportunities. In *Mammalian social learning: Comparative and ecological perspectives,* ed. H. O. Box and K. R. Gibson, 333–50. Cambridge: Cambridge Univ. Press. [270n57]

Camerer, Colin. 2003. *Behavioral game theory: Experiments on social interaction.* Princeton, NJ: Princeton Univ. Press. [280n59]

Campbell, Donald T. 1960. Blind variation and selective retention in creative thought as in other knowledge processes. *Psychological Review* 67:380–400. [17, 263n55]

———. 1965. Variation and selective retention in socio-cultural evolution. In *Social change in developing areas: A reinterpretation of evolutionary theory,* ed. H. R. Barringer, G. I. Blanksten, and R. W. Mack, 19–49. Cambridge, MA: Schenkman Publishing Company. [17, 260n15, 263n55]

———. 1969. Ethnocentrism of disciplines and the fish-scale model of omniscience. In *Interdisciplinary relationships in the social sciences,* ed. M. Sherif and C. W. Sherif, 328–48. Chicago: Aldine Publishing Company. [17, 282n9]

———. 1974. Evolutionary epistemology. In *The philosophy of Karl Popper,* ed. P. A. Schilpp, 413–63. LaSalle, IL: Open Court Publishing Co. [274n42]

———. 1975. On the conflicts between biological and social evolution and between psychology and moral tradition. *American Psychologist* 30:1103–26. [263n55]

———. 1979. A tribal model of the social system vehicle carrying scientific knowledge. *Knowledge: Creation, Diffusion, Utilization* 1:181–201. [282n9]

———. 1986a. Science policy from a naturalistic sociological epistemology. In *PSA* 2:14–29. [282n9]

———. 1986b. Science's social system of validity-enhancing collective belief change and the problems of the social sciences. In *Metatheory in the social sciences: Pluralisms and subjectivities,* ed. D. W. Fiske and R. A. Shweder, 108–35. Chicago: Univ. of Chicago Press.

Carneiro, Robert. 2003. *Evolutionism in cultural anthropology.* Boulder, CO: Westview Press. [263n5]

Carpenter, Stephen R. 1989. Replication and treatment strength in whole-lake experiments. *Ecology* 70:1142–52.

Carroll, Robert L. 1997. *Patterns and processes of vertebrate evolution.* New York: Cambridge Univ. Press. [260n15, 272n6]

Caspi, Avshalom, Terrie E. Moffitt, Phil A. Silva, Magda Stouthamer-Loeber, Robert F. Krueger, and Pamela S. Schmutte. 1994. Are some people crime-prone? Replications of the personality-crime relationship across countries, genders, races, and methods. *Criminology* 32:163–195. [279n53]

Castro, Laureano, and Miguel A. Toro. 1998. The long and winding road to the ethical capacity. *History and Philosophy of the Life Sciences* 20:77–92. [265n30, 271n98]

Cavalli-Sforza, Luigi L., and Marcus.W. Feldman, 1976. Evolution of continuous variation: Direct approach through joint distribution of genotypes and phenotypes. *Proc. Natl. Acad. Sci. U.S.A.* 73:1689–92. [266n53]

———. 1981. *Cultural transmission and evolution: A quantitative approach.* Monographs in Population Biology, vol. 16. Princeton, NJ: Princeton Univ. Press. [79, 261n23, 265n36, 266n53, 267n66, 268n72, 271n83, 279n34, 281n3]

Cavalli-Sforza, L. L., M. W. Feldman, K. H. Chen, and S. M. Dornbusch. 1982. Theory and observation in cultural transmission. *Science* 218:19–27. [282n28]

Cavalli-Sforza, L. L., Paolo Menozzi, and Alberto Piazza. 1994. *The history and geography of human genes.* Princeton, NJ: Princeton Univ. Press. [276n2]

Centers for Disease Control. 1993. Surveillance for and comparison of birth defect prevalences in two geographic areas—United States, 1983–88. *CDC Weekly Mortality and Morbidity Report,* vol. 42 (March). [260n11]

Chagnon, Napoleon A., and William Irons. 1979. *Evolutionary biology and human social behavior: An anthropological perspective.* North Scituate, MA: Duxbury Press. [260n9]

Cheney, Dorothy L., and Robert M. Seyfarth. 1990. *How monkeys see the world: Inside the mind of another species.* Chicago: Univ. of Chicago Press. [271n74]

Chomsky, Noam, and Morris Halle. 1968. *The sound pattern of English.* New York: Harper & Row. [266n41]

Chou, L. S., and P. J. Richerson. 1992. Multiple models in social transmission of food selection by Norway rats, *Rattus norvegicus. Animal Behaviour* 44:337–43. [268n21]

Chrislock, C. H. 1971. *The Progressive Era in Minnesota 1988–1918.* St. Paul: Minnesota Historical Society.

Churchland, Patricia Smith. 1989. *Neurophilosophy: Toward a unified science of the mind-brain, computational models of cognition and perception.* Cambridge, MA: MIT Press. [264n13]

Coale, Ansley J., and Susan Cotts Watkins. 1986. *The decline of fertility in Europe.* Princeton, NJ: Princeton Univ. Press. [170, 172, 275n51, 275n52, 275n55]

Cohen, Abner. 1974. *Two-dimensional man: An essay on the anthropology of power and symbolism in complex society.* Berkeley and Los Angeles: Univ. of California Press. [279n42, 282n15]

Cohen, Mark N. 1977. *The food crisis in prehistory: Overpopulation and the origins of agriculture.* New Haven, CT: Yale Univ. Press. [263n7]

Connor, R. C., J. Mann, P. L. Tyack, and H. Whitehead. 1998. Social evolution in toothed whales. *Trends in Ecology and Evolution* 13:228–32. [269n32]

Corning, Peter A. 1983. *The Synergism hypothesis: A theory of progressive evolution.* New York: McGraw-Hill. [271n103, 277n8]

———. 2000. The synergism hypothesis: On the concept of synergy and its role in the evolution of complex systems. *Journal of Social and Evolutionary Systems* 21:133–72. [277n8]

Cosmides, Leda, and John Tooby. 1989. Evolutionary psychology and the generation of culture. 2. Case study: A computational theory of social exchange. *Ethology and Sociobiology* 10:51–97. [146, 189, 280n70]

Coyne, Jerry A., Nicholas H. Barton, and Michael Turelli. 2000. Is Wright's shifting balance process important in evolution? *Evolution* 54:306–17. [279n34]

Cronin, Helena. 1991. *The ant and the peacock: Altruism and sexual selection from Darwin to today.* Cambridge: Cambridge Univ. Press. [272n7]

Crosby, Alfred W. 1972. *The Columbian exchange: Biological and cultural consequences of 1492.* Westport, CT: Greenwood. [265n23]

———. 1986. *Ecological imperialism: The biological expansion of Europe, 900–1900.* Studies in Environment and History. Cambridge: Cambridge Univ. Press. [265n23]

Curtin, Philip D. 1984. *Cross-cultural trade in world history.* Studies in Comparative World History. Cambridge: Cambridge Univ. Press. [281n94]

Custance, D., A. Whiten, and T. Fredman. 1999. Social learning of an artificial fruit task in Capuchin monkeys (*Cebus apella*). *Journal of Comparative Psychology* 113:13–23. [109, 269n28]

Cziko, Gary. 1995. *Without miracles: Universal selection theory and the second Darwinian revolution.* Cambridge, MA: MIT Press. [260n15]

Darwin, Charles. 1874. *The descent of man and selection in relation to sex.* 2nd ed. 2 vols. New York: American Home Library. [254, 260n19, 273n31, 279n32]

———. 1902. *Journal of researches by Charles Darwin.* [2nd] ed. New York: P. F. Collier. [266–67n64, 283n40]

Dawkins, Richard. 1976. *The selfish gene.* Oxford: Oxford Univ. Press. [79, 152, 260n16, 265n36, 272n10]

———. 1982. *The extended phenotype: The gene as the unit of selection.* San Francisco: Freeman. [82, 152, 265n35, 272n10]

———. 1989. *The selfish gene.* New ed. Oxford: Oxford Univ. Press. [260n15]

Dawson, B. V., and B. M. Foss. 1965. Observational learning in budgerigars. *Animal Behaviour* 13:470–74. [269n32]

Dean, C., M. G. Leakey, D. Reid, F. Schrenk, G. T. Schwartz, C. Stringer, and A. Walker. 2001. Growth processes in teeth distinguish modern humans from *Homo erectus* and earlier hominins. *Nature* 414:628–31. [141, 271n82]

deMenocal, P. B. 1995. Plio-Pleistocene African climate. *Science* 270:53–59. [270n67]

Dennett, Daniel C. 1995. *Darwin's dangerous idea: Evolution and the meanings of life.* New York: Simon & Schuster. [260n15, 266n38]

Diamond, Jared. 1978. The Tasmanians: The longest isolation, the simplest technology. *Nature* 273:185–86. [54, 263n64, 271n75]

————. 1992. Diabetes running wild. *Nature* 357:362.

————. 1996. Empire of uniformity. *Discover*, March, 78–85.

————. 1997. *Guns, germs, and steel: The fates of human societies:* New York: W. W. Norton; London: Jonathan Cape/Random House. [54, 263n64]

Ditlevsen, P. D., H. Svensmark, and S. Johnsen. 1996. Contrasting atmospheric and climate dynamics of the last-glacial and Holocene periods. *Nature* 379:810–12. [270n62]

Dobzhansky, Theodosius. 1973. Nothing in biology makes sense except in the light of evolution. *American Biology Teacher* 35:125–29. [237, 238, 281n1]

Donald, Merlin. 1991. *Origins of the modern mind: Three stages in the evolution of culture and cognition.* Cambridge, MA: Harvard Univ. Press. [144, 263–64n10, 271n96, 282n25]

Dorale, J. A., R. L. Edwards, E. Ito, and L. A. Gonzales. 1998. Climate and vegetation history of the midcontinent from 75 to 25 ka: A speleothem record from Crevice Cave, Missouri, USA. *Science* 282:1871–74. [270n63]

Dudley, R. 2000. The evolutionary physiology of animal flight: Paleobiological and present perspectives. *Annual Review of Physiology* 62:135–55. [273n17]

Dumézil, G. G. 1958. *L'Ideologie Tripartie des Indo-Europeens.* Brussels: Colléction Latomus, vol. XXXI, *Latomus—Revue d'études latines.* [93, 266n61]

Dunbar, Robin I. M. 1992. Neocortex size as a constraint on group size in primates. *Journal of Human Evolution* 22:469–93. [271n76, 280n70]

————. 1996. *Grooming, gossip and the evolution of language.* London: Faber. [271n97]

————. 1998. The social brain hypothesis. *Evolutionary Anthropology* 6:178–90. [271n76]

Dunnell, R. C. 1978. Style and function: A fundamental dichotomy. *American Antiquity* 43:192–202. [282n13]

Durham, William H. 1976. The adaptive significance of cultural behavior. *Human Ecology* 4:89–121. [272n15]

————. 1991. *Coevolution: Genes, culture, and human diversity.* Stanford, CA: Stanford Univ. Press. [71, 79, 261n23, 265n25, 265n36, 272n15, 276n1]

Durham, William H., and Peter Weingart. 1997. Units of culture. In *Human by nature: Between biology and the social sciences,* ed. P. Weingart, S. D. Mitchell, P. J. Richerson, and S. Maasen, 300–13. Mahwah, NJ: Lawrence Erlbaum Associates. [266n38]

Easterbrook, G. 1997. Science and God: A warming trend? *Science* 277:890–93. [283n38]

Easterlin, R. A. , C. M. Schaeffer, and D. J. Macunovich. 1993. Will the baby boomers be less well off than their parents? Income, wealth, and family circumstances over the life cycle in the United States. *Population and Development Review* 19:497–522. [275n62]

Eaves, L. J., N. G. Martin, and H. J. Eysenck. 1989. *Genes, culture, and personality: An empirical approach.* San Diego: Academic Press. [262n31, 265n33]

Eberhard, William G. 1990. Animal genitalia and female choice. *American Scientist* 78:134–41. [273n33]

Edgerton, Robert B. 1971. *The individual in cultural adaptation: A study of four East African peoples.* Berkeley and Los Angeles: Univ. of California Press. [26, 55, 261n12, 261n14]

————. 1992. *Sick societies: Challenging the myth of primitive harmony.* New York: Free Press. [282n18]

Ehrlich, Paul R., and Peter H. Raven. 1964. Butterflies and plants: A study in coevolution. *Evolution* 18:586–608. [276n3]

Eibl-Eibesfeldt, Irenäus. 1989. *Human ethology.* New York: Aldine De Gruyter. [280n60, 281n90]

Eisenberg, John Frederick. 1981. *The mammalian radiations: An analysis of trends in evolution, adaptation, and behavior.* Chicago: Univ. of Chicago Press. [270n68]

Endler, John A. 1986. *Natural selection in the wild.* Monographs in Population Biology 21. Princeton, NJ: Princeton Univ. Press. [267n68, 282n27]

Epstein, T. S. 1968. *Capitalism, primitive and modern: Some aspects of Tolai economic growth.* Manchester: Manchester Univ. Press. [262n22]

Eshel, I. 1972. On the neighborhood effect and the evolution of altruistic traits. *Theoretical Population Biology* 3:258–77. [278n29]

Evans-Pritchard, E. E. 1940. *The Nuer: A description of the modes of livelihood and political institutions of a nilotic people.* Oxford: Clarendon Press. [281n87]

Ewers, John C. 1958. *The Blackfeet: Raiders on the northwestern Plains.* The Civilization of the American Indian. Norman: Univ. of Okalahoma Press.

Fagan, Brian M. 2002. *The little Ice Age: How climate made history, 1300–1850.* 1st pbk. ed. New York: Basic Books. [270n64]

Falk, D. 1983. Cerebral cortices of East-African early hominids. *Science* 221:1072–74. [271n93]

Fehr, E., and S. Gächter. 2002. Altruistic punishment in humans. *Nature* 415:137–40. [219, 220, 280n61]

Feldman, Marcus W., and Richard C. Lewontin. 1975. The heritability hangup. *Science* 190:1163–68. [262n33]

Feldman, M. W., and S. P. Otto. 1997. Twin studies, heritability, and intelligence. *Science* 278:1383–84. [262n33, 273n19]

Finke, R., and R. Stark. 1992. *The churching of America, 1776–1990: Winners and losers in our religious economy.* New Brunswick, NJ: Rutgers Univ. Press. [263n62]

Finney, Ben R. 1972. Big men, half-men, and trader chiefs: Entrepreneurial styles in New Guinea and Polynesia. In *Opportunity and response: Case studies in economic development,* ed. T. S. Epstein and D. H. Penny, 114–261. London: Hurst. [262n22]

Fisher, Ronald A. 1958. *The genetical theory of natural selection.* Rev. ed. New York: Dover. [88, 164, 273n32]

Foster, George M. 1960. *Culture and conquest: America's spanish heritage.* Viking Fund Publications in Anthropology, no. 27. New York: Wenner-Gren Foundation for Anthropological Research.

Fox, Richard Gabriel, and Barbara J. King. 2002. *Anthropology beyond culture.* Oxford: Berg.

Frank, Steven A. 2002. *Immunology and evolution of infectious disease.* Princeton, NJ: Princeton Univ. Press. [278n27]

Frogley, M. R., P. C. Tzedakis, and T. H. E. Heaton. 1999. Climate variability in northwest Greece during the last interglacial. *Science* 285:1886–89. [270n63]

Fukuyama, Francis. 1995. *Trust: Social virtues and the creation of prosperity.* New York: Free Press. [281n94]

Gadgil, Madhav, and K. C. Malhotra. 1983. Adaptive significance of the Indian caste system: An ecological perspective. *Annals of Human Biology* 10:465–78. [281n94]

Galef, B. G. Jr. 1988. Imitation in animals: History, definition, and interpretation of data from the psychological laboratory. In *Social learning: Psychological and biological perspectives,* ed. T. R. Zentall and B. G. Galef Jr., 3–28. Hillsdale, NJ: Lawrence Erlbaum Associates. [264n15, 268n22, 269n25, 269n27, 269n33]

———. 1996. Social enhancement of food preferences in Norway rats: A brief review. In *Social learning in animals: The roots of culture,* ed. C. M. Heyes and B. G. Galef Jr., 49–64. San Diego: Academic Press. [106, 261n20, 268n17]

Gallardo, Helio. 1993. *500 Año: Fenomenología del Mestizo: Violencia y Resistencia.* 1st ed. San José, Costa Rica: Editorial Departamento Ecuménico de Investigaciones.

Gallistel, C. R. 1990. *The organization of learning: Learning, development, and conceptual change.* Cambridge, MA: MIT Press. [262n43, 264n13]

Garthwaite, Gene R. 1993. Reimagined internal frontiers: Tribes and nationalism—Bakhtiyari and Kurds. In *Russia's Muslim frontiers: New directions in cross-cultural analysis,* ed. D. F. Eickelman, 130–48. Bloomington: Indiana Univ. Press. [281n94]

Ghiselin, Michael T. 1974. *The economy of nature and the evolution of sex.* Berkeley and Los Angeles: Univ. of California Press. [216, 280n57]

Gibbs, H. R., and P. L. Grant. 1987. Oscillating selection on Darwin's finches. *Nature* 327: 511–14. [42, 262n39]

Gigerenzer, G., and D. G. Goldstein. 1996. Reasoning the fast and frugal way: Models of bounded rationality. *Psychological Review* 103:650–69. [263n54]

Gil-White, Francisco J. 2001. Are ethnic groups biological "species" to the human brain? Essentialism in our cognition of some social categories. *Current Anthropology* 42:515–54. [222, 223, 261n23, 262n29, 280n67]

Glance, Natalie S., and Bernardo A. Huberman. 1994. Dynamics of social dilemmas. *Scientific American* 270:58–63. [278n20]

Glazer, Nathan, Daniel P. Moynihan, and Corinne Schelling, eds. 1975. *Ethnicity: Theory and experience.* Cambridge, MA: Harvard Univ. Press. [280n62]

Glickman, Maurice. 1972. The Nuer and the Dinka, a further note. *Man,* n.s. 7:587–94. [25, 261n11]

Gould, Stephen Jay. 1977. The return of the hopeful monster. *Natural History* 86:22–30. [49, 263n51]

———. 2002. *The structure of evolutionary theory.* Cambridge, MA: Harvard Univ. Press. [150, 272n6]

Gould, S. J., and R. C. Lewontin. 1979. The spandrels of San Marco and the panglossian paradigm: A critique of the adaptationist programme. *Proceedings of the Royal Society of London,* ser. B 205:581–98. [102, 103, 260n15, 268n4]

Grafen, Alan. 1984. A geometric view of relatedness. *Oxford Surveys of Evolutionary Biology* 2:28–89. [278n27]

———. 1990a. Biological signals as handicaps. *Journal of Theoretical Biology* 144:517–46. [274n37]

———. 1990b. Sexual selection unhandicapped by the Fisher process. *Journal of Theoretical Biology* 144:473–516. [274n37]

Graham, J. B., R. Dudley, N. M. Aguilar, and C. Gans. 1995. Implications of the Late Palaeozoic oxygen pulse for physiology and evolution. *Nature* 375:117–20.

Greeley, A. M., and W. C. McCready. 1975. The transmission of cultural heritages: The case of the Irish and Italians. In *Ethnicity: Theory and experience,* ed. N. A. Glazer and D. P. Moynihan, 209–35. Cambridge, MA: Harvard Univ. Press. [27, 261n18]

Griffiths, Paul E. 1997. *What emotions really are: The problem of psychological categories, science, and its conceptual foundations.* Chicago: Univ. of Chicago Press. [264n11]

Grousset, René. 1970. *The empire of the steppes: A history of central Asia.* New Brunswick, NJ: Rutgers Univ. Press.

Grove, Jean M. 1988. *The Little Ice Age.* London: Methuen. [270n64]

Gruter, Margaret, and Roger D. Masters. 1986. Ostracism as a social and biological phenomenon: An introduction. *Ethology and Sociobiology* 7:149–58. [279n50]

Haldane, J. B. S. 1927. Possible worlds. In *Possible worlds and other essays.* London: Chatto & Windus. [256, 283n42]

Hallowell, A. I. 1963. American Indians, white and black: The phenomenon of transculturalization. *Current Anthropology* 4:519–31. [262n37]

Hallpike, C. R. 1986. *The principles of social evolution.* New York: Oxford Univ. Press. [90, 266n54, 266n61, 272n1]

Hamilton, William D. 1964. Genetic evolution of social behavior I, II. *Journal of Theoretical Biology* 7:1–52. [198, 278n15]

———. 1967. Extraordinary sex ratios. *Science* 156:477–88. [265n35, 272n11]

Handelman, Stephen. 1995. *Comrade criminal: Russia's new Mafiya.* New Haven, CT: Yale Univ. Press. [262n25]

Harpending, H. C., and A. Rogers. 2000. Genetic perspectives on human origins and differentiation. *Annual Review of Genomics and Human Genetics* 1:361–85. [281–82n4]

Harpending, H. C., and J. Sobus. 1987. Sociopathy as an adaptation. *Ethology and Sociobiology* 8 (suppl.): 63–72. [279n49]

Harris, Judith R. 1998. *The nurture assumption: Why children turn out the way they do.* New York: Free Press. [273n18]

Harris, Marvin. 1972. *Cows, pigs, wars, and witches: The riddles of culture.* New York: Random House. [272n2]

———. 1977. *Cannibals and kings: The origins of cultures.* New York: Random House. [263n7, 272n2]

———. 1979. *Cultural materialism: The struggle for a science of culture.* New York: Random House. [29, 262n23, 263n4, 263n7, 272n2]

Heard, J. Norman. 1973. *White into red: A study of the assimilation of white persons captured by Indians.* Lanham, MD: The Scarecrow Press, Inc. [41, 42, 262n37]

Hendy, I. L., and J. P. Kennett. 2000. Dansgaard-Oeschger cycles and the California Current system: Planktonic foraminiferal response to rapid climate change in Santa Barbara Basin, Ocean Drilling Program Hole 893A. *Paleooceanography* 15:30–42. [270n63]

Henrich, Joseph. 2001. Cultural transmission and the diffusion of innovations: Adoption dynamics indicate that biased cultural transmission is the predominate force in behavioral change. *American Anthropologist* 103:992–1013. [124, 261n23, 265n22]

———. 2004. Demography and cultural evolution, why adaptive cultural processes produced maladaptive losses in Tasmania. *American Antiquity* 69:197–214. [145, 278n27]

———. 2004. Cultural group selection, coevolutionary processes and large-scale cooperation. *Journal of Economic Behavior and Organization* 53:3–35. [263n64, 271n99]

Henrich, Joseph, and Robert Boyd. 1998. The evolution of conformist transmission and the emergence of between-group differences. *Evolution and Human Behavior* 19:215–41. [261n23, 269n42]

———. 2001. Why people punish defectors—Weak conformist transmission can stabilize costly enforcement of norms in cooperative dilemmas. *Journal of Theoretical Biology* 208:79–89. [278–79n31]

———. 2002. On modeling cognition and culture: Why replicators are not necessary for cultural evolution. *Culture and Cognition* 2:67–112. [278n27]

Henrich, J., R. Boyd, S. Bowles, C. Camerer, E. Fehr, H. Gintis, and R. McElreath. 2001. In search of Homo economicus: Behavioral experiments in 15 small-scale societies. *American Economic Review* 91:73–78.

Henrich, J., R. Boyd, S. Bowles, C. Camerer, E. Fehr, H. Gintis. 2004. *Foundations of human sociality: Economic experiments and ethnographic evidence from fifteen small-scale societies.* New York: Oxford Univ. Press. [280n59, 282n24]

Henrich, Joseph, and Francisco J. Gil-White. 2001. The evolution of prestige—Freely conferred deference as a mechanism for enhancing the benefits of cultural transmission. *Evolution and Human Behavior* 22:165–96. [270n50, 282n17]

Henshilwood, Christopher S., Francesco d'Errico, Curtis W. Marean, Richard G. Milo, and Royden Yates. 2001. An early bone tool industry from the Middle Stone Age at Blombos Cave, South Africa: Implications for the origins of modern human behaviour, symbolism and language. *Journal of Human Evolution* 41:631–78. [271n89]

Henshilwood, Christopher S., F. d'Errico, R. Yates, Z. Jacobs, C. Tribolo, G. A. T. Duller, N. Mercier, J. C. Sealey, H. Valladas, I. Watts, and A. G. Wintle. 2002. Emergence of modern human behavior: Middle Stone Age engravings from South Africa. *Science* 295:1278–80. [271n89]

Herman, Louis M. 2001. Vocal, social, and self-imitation by bottlenosed dolphins. In *Imitation in animals and artifacts,* ed. K. D. and C. L. Nehaniv, 63–108. Cambridge, MA: MIT. [269n31]

Hewlett, Barry S., and Luigi L. Cavalli-Sforza. 1986. Cultural transmission among Aka Pygmies. *American Anthropologist* 88:922–34. [157, 273n21]

Heyes, Cecilia M. 1993. Imitation, culture, and cognition. *Animal Behavior* 46:999–1010. [269n32]

———. 1996. Genuine imitation? In *Social learning in animals: The roots of culture,* ed. C. M. Heyes and B. G. Galef Jr., 371–89. San Diego: Academic Press. [269n27]

Heyes, Cecilia M., and G. R. Dawson. 1990. A demonstration of observational learning using a bidirectional control. *Quarterly Journal of Experimental Psychology* 42B:59–71. [269n30]

Hildebrandt, William R., and Kelly R. McGuire. 2002. The ascendance of hunting during the California Middle Archaic: An evolutionary perspective. *American Antiquity* 67:231–56.

Hill, R. C., and F. P. Stafford. 1974. The allocation of time to preschool children and educational opportunity. *Journal of Human Resources* 9:323–41. [275n66]

Hirschfeld, Lawrence A., and Susan A. Gelman. 1994. *Mapping the mind: Domain specificity in cognition and culture.* Cambridge: Cambridge Univ. Press. [262n44]

Hodder, Ian. 1978. *The spatial organisation of culture, new approaches in archaeology*. Pittsburgh: Univ. of Pittsburgh Press. [260n60]

Hodgson, Geoffrey M. 2004. *Reconstructing institutional economics: Evolution, agency and structure in American institutionalism*. London: Routledge. [261n22]

Hofreiter, M., D. Serre, H. N. Poinar, M. Kuch, and S. Pääbo. 2001. Ancient DNA. *Nature Reviews Genetics* 2:353–60. [271n91]

Hofstede, Geert H. 1980. *Culture's consequences: International differences in work-related values*. Beverly Hills, CA: Sage Publications. [28, 261n20]

Holden, C., and R. Mace. 1997. Phylogenetic analysis of the evolution of lactose digestion in adults. *Human Biology* 69:605–28. [276n2]

Holloway, Ralph. 1983. Human paleontological evidence relevant to language behavior. *Human Neurobiology* 2:105–14. [271n93]

Holway, D. A., A. V. Suarez, and T. J. Case. 1998. Loss of intraspecific aggression in the success of a widespread invasive social insect. *Science* 282:949–52. [282n11]

Hostetler, John Andrew. 1993. *Amish society*. 4th ed. Baltimore: Johns Hopkins Univ. Press. [276n75]

Humphrey, Nicolas. 1976. The social function of the intellect. In *Growing points in ethology*, ed. P. P. G. Bateson and R. A. Hinde, 303–17. Cambridge: Cambridge Univ. Press. [271n76]

Hunt, G. R. 1996. Manufacture and use of hook-tools by New Caledonian crows. *Nature* 379:1249–51. [270n57]

Iannaccone, L. R. 1994. Why strict churches are strong. *American Journal of Sociology* 99: 1180–1211. [263n62]

Inglehart, R., and J.-R. Rabier. 1986. Aspirations adapt to situations—but why are the Belgians so much happier the French? A cross-cultural analysis of the subjective quality of life. In *Research on the quality of life*, ed. F. M. Andrews, 1–56. Survey Research Center, Institute for Social Research, Univ. of Michigan. [281n96, 282n19]

Ingman, M., H. Kaessmann, S. Pääbo, and U. Gyllensten. 2000. Mitochondrial genome variation and the origin of modern humans. *Nature* 408:708–13. [271n90]

Ingold, Tim. 1986. *Evolution and social life*. Cambridge: Cambridge Univ. Press. [259–60n7]

Inkeles, A., and D. H. Smith. 1974. *Becoming modern: Individual change in six developing countries*. Cambridge, MA: Harvard Univ. Press. [275n68]

Insko, C. A., R. Gilmore, S. Drenan, A. Lipsitz, D. Moehle, and J. Thibaut. 1983. Trade versus expropriation in open groups: A comparison of two type of social power. *Journal of Personality and Social Psychology* 44:977–99. [280n60, 281n89, 282n28]

Irons, William. 1979. Cultural and biological success. In *Evolutionary biology and human social behavior*, ed. N. A. Chagnon and W. Irons, 257–72. North Scituate, MA: Duxbury Press. [272n4, 272n15]

Iwasa, Y., and A. Pomiankowski. 1995. Continual change in mate preferences. *Nature* 377: 420–22. [273n32]

Jablonka, Eva, and Marion J. Lamb. 1995. *Epigenetic inheritance and evolution: The Lamarckian dimension*. Oxford: Oxford Univ. Press. [261n20, 265n35, 269n38]

Jackendoff, Ray. 1990. What would a theory of language evolution have to look like? *Behavioral and Brain Sciences* 13:737–38. [62–63, 264n14]

Jacobs, R. C., and D. T. Campbell. 1961. The perpetuation of an arbitrary tradition through several generations of laboratory microculture. *Journal of Abnormal and Social Psychology* 62:649–68. [123, 269n46]

Jain, A. K. 1981. The effect of female education on fertility: A simple explanation. *Demography* 18:577–95. [275n68]

Janssen, S. G., and R. M. Hauser. 1981. Religion, socialization, and fertility. *Demography* 18:511–28. [76, 77, 265n31]

Jerison, H. J. 1973. *Evolution of the brain and intelligence.* New York: Academic Press. [270n66]

Johnson, Allen W., and Timothy K. Earle. 2000. *The evolution of human societies: From foraging group to agrarian state.* 2nd ed. Stanford, CA: Stanford Univ. Press. [263n5, 263n6, 263n7]

Johnson, Paul. 1976. *A history of Christianity.* London: Weidenfeld & Nicolson. [279n39]

Jones, Archer. 1987. *The art of war in the Western world.* Urbana: Univ. of Illinois Press.

Jorgensen, Joseph G. 1980. *Western Indians: Comparative environments, languages, and cultures of 172 western American Indian tribes.* San Francisco: W. H. Freeman. [266n60, 267n68, 277–78n13, 279n35, 280n73, 280–81n82, 282n22]

Joshi, N. V. 1987. Evolution of cooperation by reciprocation within structured demes. *Journal of Genetics* 66:69–84. [278n20]

Juergensmeyer, Mark. 2000. *Terror in the mind of God: The global rise of religious violence.* Updated ed. Berkeley and Los Angeles: Univ. of California Press. [281n95]

Kaessmann, H., and S. Pääbo. 2002. The genetical history of humans and the great apes. *Journal of Internal Medicine* 251:1–18. [271n90]

Kameda, Tatsuya, and Diasuke Nakanishi. 2002. Cost-benefit analysis of social/cultural learning in a nonstationary uncertain environment: An evolutionary simulation and an experiment with human subjects. *Evolution and Human Behavior* 23:373–93. [269n35, 269n36, 269n42]

Kaplan, Hillard S., K. Hill, J. Lancaster, and A. M. Hurtado. 2000. A theory of human life history evolution: Diet, intelligence, and longevity. *Evolutionary Anthropology* 9:156–85. [128, 129, 270n56, 270n58, 277n11]

Kaplan, Hillard S., and Jane B. Lancaster. 1999. The evolutionary economics and psychology of the demographic transition to low fertility. In *Adaptation and human behavior: An anthropological perspective,* ed. L. Cronk, N. Chagnon, and W. Irons, 283–322. New York: Aldine de Gruyter. [149, 272n5]

Kaplan, Hillard, Jane B. Lancaster, J. Bock, and S. Johnson. 1995. Does observed fertility maximize fitness among New Mexico men? A test of an optimality model and a new theory of parental investment in the embodied capital of offspring. *Human Nature* 6:325–60. [173, 275n57]

Kaplan, Hillard S., and A. J. Robson. 2002. The emergence of humans: The coevolution of intelligence and longevity with intergenerational transfers. *Proceedings of the National Academy of Sciences USA* 99:10221–26. [135, 270n71, 270n72]

Karlin, Samuel. 1979. Models of multifactorial inheritance. 1. Multivariate formulations and basic convergence results. *Theoretical Population Biology* 15:308–55. [266n53]

Kasarda, J. D., J. O. G. Billy, and K. West. 1986. *Status enhancement and fertility: Reproductive responses to social mobility and educational opportunity.* New York: Academic Press, Inc. [275n63]

Keeley, Lawrence H. 1996. *War before civilization.* New York: Oxford Univ. Press. [279n35, 280n80]

Keller, A. G. 1931. *Societal evolution: A study of the evolutionary basis of the science of society.* New York: The Macmillan Company. [263n57]

Keller, Laurent. 1995. Social life: The paradox of multiple-queen colonies. *Trends in Ecology & Evolution* 10:355–60. [282n11]

Keller, Laurent, and Michel Chapuisat. 1999. Cooperation among selfish individuals in insect societies. *Bioscience* 49:899–909. [278n17]

Keller, L., and K. G. Ross. 1993. Phenotypic plasticity and "cultural transmission" of alternative social organizations in the fire ant *Solenopsis invicta*. *Behavioral Ecology and Sociobiology* 33:121–29. [282n11]

Kellett, Anthony. 1982. *Combat motivation: The behavior of soldiers in battle.* Boston: Kluwer. [281n93]

Kelly, Raymond C. 1985. *The Nuer conquest: The structure and development of an expansionist system.* Ann Arbor: Univ. of Michigan Press. [23, 24, 261n10, 281n87]

Kelly, Robert L. 1995. *The Foraging spectrum: Diversity in hunter-gatherer lifeways.* Washington, DC: Smithsonian Institution Press. [279n52, 280n55]

Kennedy, Paul M. 1987. *The rise and fall of the great powers: Economic change and military conflict from 1500 to 2000.* 1st ed. New York: Random House. [281n89]

Khazanov, Anatoly M. 1994. *Nomads and the outside world.* 2nd ed. Madison: Univ. of Wisconsin Press.

Kiester, A. Ross. 1996/1997. Aesthetics of biodiversity. *Human Ecology Review* 3:151–57. [283n39]

Kirk, D. 1996. Demographic transition theory. *Population Studies* 50:361–87. [275n54]

Klein, R. G. 1999. *The Human career: Human biological and cultural origins.* 2nd ed. Chicago: Univ. of Chicago Press. [270n67, 277n5, 282n6]

Knauft, Bruce M. 1985a. *Good company and violence: Sorcery and social action in a lowland New Guinea society.* Studies in Melanesian Anthropology. Berkeley: Univ. of California Press. [168, 274n47, 280n79, 282n18]

———. 1985b. Ritual form and permutation in New Guinea: Implications of symbolic process for socio-political evolution. *American Ethnologist* 12:321–40. [280–81n82]

———. 1986. Divergence between cultural success and reproductive fitness in preindustrial cities. *Cultural Anthropology* 2:94–114. [275n51]

———. 1987. Reconsidering violence in simple human societies. *Current Anthropology* 28:457–500. [280n78]

———. 1993. *South coast New Guinea cultures: History, comparison, dialectic.* Cambridge Studies in Social and Cultural Anthropology 89. Cambridge: Cambridge Univ. Press. [261n17, 280–81n82]

Kohn, Melvin L., and Carmi Schooler. 1983. *Work and personality: An inquiry into the impact of social stratification.* Norwood, NJ: Ablex Pub. Corp. [178, 275n69]

Kraybill, Donald B., and Carl F. Bowman. 2001. *On the backroad to heaven. Old Order Hutterites, Mennonites, Amish, and Brethren.* Edited by G. F. Thompson, Center for American Places, Books in Anabaptist Studies. Baltimore: Johns Hopkins Univ. Press. [276n75]

Kraybill, D. B., and M. A. Olshan. 1994. *The Amish struggle with modernity.* Hanover, NH: Univ. Press of New England. [276n75]

Kroeber, Alfred L. 1948. *Anthropology: Race, language, culture, psychology, pre-history.* New ed. New York: Harcourt, Brace & World. [7, 208, 259n6]

Kroeber, Alfred L., and Clyde Kluckhohn. 1952. *Culture; A critical review of concepts and definitions.* Cambridge, MA: Peabody Museum of American Archæology and Ethnology Harvard University.

Kummer, Hans, Lorraine Daston, Gerd Gigerenzer, and Joan Silk. 1997. The social intelligence hypothesis. In *Human by nature,* ed. P. Weingart, S. D. Mitchell, P. J. Richerson, and S. Maasen, 157–79. Mahwah, NJ: Lawrence Erlbaum Associates. [271n76]

Labov, William. 1973. *Sociolinguistic patterns.* Philadelphia: Univ. of Pennsylvania Press. [262n34, 276n79]

———. 1994. *Principles of linguistic change: Internal factors.* Oxford: Blackwell. [263n53, 265n24, 265n28]

———. 2001. *Principles of linguistic change: Social factors.* Oxford: Blackwell. [266n42, 270n54, 273n20, 282n32]

Lachlan, R. F., L. Crooks, and K. N. Laland. 1998. Who follows whom? Shoaling preferences and social learning of foraging information in guppies. *Animal Behaviour* 56: 181–90. [268n19]

Lack, David L. 1966. *Population studies of birds.* Oxford: Clarendon. [173, 202, 278n25]

Laitman, J. T., P. J. Gannon, and J. S. Reidenberg. 1989. Charting changes in the hominid vocal-tract-the fossil evidence. *American Journal of Physical Anthropology* 78: 257–58. [271n94]

Laland, Kevin N. 1994. Sexual selection with a culturally transmitted mating preference. *Theoretical Population Biology* 45: 1–15. [277n6]

———. 1999. Exploring the dynamics of social transmission with rats. In *Mammalian social learning: Comparative and ecological perspectives,* ed. H. O. Box and K. R. Gibson, 174–87. Cambridge: Cambridge Univ. Press.

Laland, Kevin N., J. Kumm, and Marcus W. Feldman. 1995. Gene-culture coevolutionary theory: A test case. *Current Anthropology* 36: 131–56. [276n83, 277n6]

Laland, K. N., F. J. Odling-Smee, and M. W. Feldman. 1996. The evolutionary consequences of niche construction: A theoretical investigation using two-locus theory. *Journal of Evolutionary Biology* 9: 293–316.

Laland, K. R., and G. R. Brown. 2002. *Sense and Nonsense: Evolutionary Perspectives on Human Behaviour.* Oxford: Oxford University Press. [260n10]

Lamb, H. H. 1977. *Climatic history and the future.* Princeton, NJ: Princeton Univ. Press. [270n60, 270n64]

Lanchester, F. W. 1916. *Aircraft in warfare; The dawn of the fourth arm.* London: Constable and Company Limited.

Land, Michael F., and Dan-Eric Nilsson. 2002. *Animal eyes.* Oxford: Oxford Univ. Press. [272n8]

Lande, Russell. 1976. The maintenance of genetic variability by mutation in a polygenic character with linked loci. *Genetic Research* 26: 221–35. [266n53]

———. 1985. Expected time for random genetic drift of a population between stable phenotypic states. *Proceedings of the National Academy of Sciences USA* 82: 7641–45. [279n34]

Lefebvre, L., and L.-A. Giraldeau. 1994. Cultural transmission in pigeons is affected by the number of tutors and bystanders present. *Animal Behaviour* 47:331–37. [269n36]

Lefebvre, L., and B. Palameta. 1988. Mechanisms, ecology, and population diffusion of socially-learned, food-finding behavior in feral pigeons. In *Social learning, psychological and biological perspectives,* ed. T. Zentall and J. B. G. Galef, 141–65. Hillsdale, NJ: Lawrence Erlbaum Associates. [104, 268n8, 268n18]

Lehman, S. 1993. Ice sheets, wayward winds and sea change. *Nature* 365:108–9. [270n62]

Leigh, Egbert G. J. 1977. How does selection reconcile individual advantage with the good of the group? *Proceedings of the National Academy of Sciences USA* 74:4542–46.

Leimar, Olof, and Peter Hammerstein. 2001. Evolution of cooperation through indirect reciprocity. *Proceedings of the Royal Society of London,* ser. B 268:745–53. [280n72]

LeVine, Robert Alan. 1966. *Dreams and deeds: Achievement motivation in Nigeria.* Chicago: Univ. of Chicago Press. [262n21]

LeVine, Robert, and Donald T. Campbell. 1972. *Ethnocentrism: Theories of conflict, ethnic attitudes, and group behavior.* New York: Wiley. [280n62]

Levinton, Jeffrey S. 2001. *Genetics, paleontology, and macroevolution.* 2nd ed. Cambridge: Cambridge Univ. Press. [272n6]

Lewontin, Richard C., and J. L. Hubby. 1966. A molecular approach to the study of genetic heterozygosity in natural populations. II. Amount of variation and degree of heterozygosity in natural populations of *Drosophila pseudoobscura. Genetics* 54:595–609. [245, 282n8]

Lieberman, Philip. 1984. *The biology and evolution of language.* Cambridge, MA: Harvard Univ. Press. [271n94]

Light, Ivan H. 1972. *Ethnic enterprise in America; Business and welfare among Chinese, Japanese, and Blacks.* Berkeley and Los Angeles: Univ. of California Press. [281n94]

Light, Ivan H., and Steven J. Gold. 2000. *Ethnic economies.* San Diego: Academic Press. [281n94]

Lindblom, B. 1986. Phonetic universals in vowel systems. In *Experimental phonology,* ed. J. J. Ohala and J. J. Jaeger, 13–44. Orlando, FL: Academic Press. [265n26]

———. 1996. Systemic constraints and adaptive change in the formation of sound structure. In *Evolution of human language,* ed. J. Hurford, 242–64. Edinburgh: Edinburgh Univ. Press. [265n26]

Linder, Douglas. 2003. *Famous trials: The McMartin preschool abuse trials.* Available from http://www.law.umkc.edu/faculty/projects/ftrials/mcmartin/mcmartin.html. [274n49]

Lindert, Peter H. 1978. *Fertility and scarcity in America.* Princeton, NJ: Princeton Univ. Press. [275n66]

———. 1985. English population, prices, and wages, 1541–1913. *Journal of Interdisciplinary History* 15:609–34. [275n50]

Logan, M. H., and D. A. Schmittou. 1998. The uniqueness of Crow art: A glimpse into the history of an embattled people. *Montana: The Magazine of Western History* (Summer): 58–71. [279n47]

Lumsden, Charles J., and Edward O. Wilson. 1981. *Genes, mind, and culture: The coevolu-*

tionary process. Cambridge, MA: Harvard Univ. Press. [72, 194, 260n18, 261n23, 265n27, 277n7]

Lydens, Lois A. 1988. A longitudinal study of crosscultural adoption: Identity development among Asian adoptees at adolescence and early adulthood. Ph.D. diss., Northwestern Univ., Chicago. [39, 40, 42, 262n36]

Mallory, J. P. 1989. *In search of the Indo-Europeans: Language, archaeology, and myth.* New York: Thames and Hudson. [266n50, 266n61]

Mänchen-Helfen, Otto. 1973. *The world of the Huns: Studies in their history and culture.* Berkeley and Los Angeles: Univ. of California Press.

Mansbridge, Jane J., ed. 1990. *Beyond self-interest.* Chicago: Univ. of Chicago Press. [280n56]

Margulis, Lynn. 1970. *Origin of eukaryotic cells: Evidence and research implications for a theory of the origin and evolution of microbial, plant, and animal cells on the Precambrian earth.* New Haven, CT: Yale Univ. Press. [277n10]

Marks, J., and E. Staski. 1988. Individuals and the evolution of biological and cultural systems. *Human Evolution* 3:147–61. [267n65]

Marler, Peter, and S. Peters. 1977. Selective vocal learning in a sparrow. *Science* 189:514–21. [268n16]

Martin, R. D. 1981. Relative brain size and basal metabolic rate in terrestrial vertebrates. *Nature* 293:57–60. [270n69]

Martindale, Don. 1960. *The nature and types of sociological theory.* Boston: Houghton Mifflin. [272n9]

Marty, Martin E., and R. Scott Appleby. 1991. *Fundamentalisms observed. The fundamentalism project,* vol. 1. Chicago: Univ. of Chicago Press. [263n62, 281n95]

Maynard Smith, John. 1964. Group selection and kin selection. *Nature* 201:1145–46. [202, 278n25]

Maynard Smith, John, and Eörs Szathmáry. 1995. *The major transitions in evolution.* Oxford: W. H. Freeman Spektrum. [194, 271n103, 277n9]

Mayr, Ernst. 1961. Cause and effect in biology. *Science* 134:1501–6. [5, 260n13]

———. 1982. *The growth of biological thought: Diversity, evolution, and inheritance.* Cambridge, MA: Harvard Univ. Press.

McBrearty, S., and A. S. Brooks. 2000. The revolution that wasn't: A new interpretation of the origin of modern human behavior. *Journal of Human Evolution* 39:453–563. [271n86]

McComb, K., C. Moss, S. M. Durant, L. Baker, and S. Sayialel. 2001. Matriarchs as repositories of social knowledge in African elephants. *Science* 292:491–94. [268n15]

McElreath, Richard. In press. Social learning and the maintenance of cultural variation: An evolutionary model and data from East Africa. *American Anthropologist.* [27, 261n15, 261n23, 282n23, 282n28]

McElreath, Richard, Robert Boyd, and Peter J. Richerson. 2003. Shared norms and the evolution of ethnic markers. *Current Anthropology* 44:122–29. [261n23, 279n45]

McEvoy, L., and G. Land. 1981. Life-Style and death patterns of Missouri RLDS church members. *American Journal of Public Health* 71:1350–57. [76, 265n32]

McGrew, W. C. 1992. *Chimpanzee material culture: Implications for human evolution.* Cambridge: Cambridge Univ. Press. [105, 268n7, 268n9, 268n10]

McNeill, William Hardy. 1963. *The rise of the West: A history of the human community.* New York: New American Library.

———. 1986. *Mythistory and other essays.* Chicago: Univ. of Chicago Press.

Mead, Margaret. 1935. *Sex and temperament in three primitive societies.* New York: W. Morrow & Company. [262n30]

Miller, Geoffrey F. 2000. *The mating mind: How sexual choice shaped the evolution of human nature.* 1st ed. New York: Doubleday. [274n37]

Mithen, Steven. 1999. Imitation and cultural change: A view from the Stone Age, with specific reference to the manufacture of handaxes. In *Mammalian social learning: Comparative and ecological perspectives,* ed. H. O. Box and K. R. Gibson, 389–99. Cambridge: Cambridge Univ. Press. [271n84]

Moore, Bruce R. 1996. The evolution of imitative learning. In *Social learning in animals: The roots of culture,* ed. C. M. Heyes and B. G. Galef Jr., 245–65. San Diego: Academic Press. [268n8, 268n14, 269n32]

Murdock, George Peter. 1949. *Social structure.* New York: Macmillan Co. [267n68]

———. 1983. *Outline of world cultures.* 6th rev. ed. HRAF manuals. New Haven, CT: Human Relations Area Files. [267n68]

Murphy, Robert F., and Yolanda Murphy. 1986. Northern Shoshone and Bannock. In *Handbook of North American Indians: Great Basin,* ed. W. L. d'Azevedo, 284–307. Washington, DC: Smithsonian Institution Press. [277n13]

Mussen, Paul Henry, John Janeway Conger, and Jerome Kagan. 1969. *Child development and personality.* 3rd ed. New York: Harper & Row.

Myers, D. G. 1993. *Social psychology.* 4th ed. New York: McGraw-Hill, Inc. [269n43, 269n47]

National Research Council, Committee on Abrupt Climate Change. 2002. *Abrupt climate change: Inevitable surprises.* Washington, DC: National Academy Press. [270n60, 283n43]

Needham, Joseph. 1979. *Science in traditional China: A comparative perspective.* Hong Kong: The Chinese Univ. Press. [263n60, 263n61]

———. 1987. *Science and civilization in China.* Vol. 5, pt. 7, *The gunpowder epic.* Cambridge: Cambridge Univ. Press.

Nelson, Richard R., and Sidney G. Winter. 1982. *An evolutionary theory of economic change.* Cambridge, MA: Harvard Univ. Press, Belknap Press. [252, 263–64n10, 282n29]

Nettle, D., and R. I. M. Dunbar. 1997. Social markers and the evolution of reciprocal exchange. *Current Anthropology* 38:93–99. [279n48]

Newson, Lesley. 2003. Kin, culture, and reproductive decisions. Ph.D. diss., Psychology, Univ. of Exeter. [276n77]

Nilsson, D. E. 1989. Vision optics and evolution—Nature's engineering has produced astonishing diversity in eye design. *Bioscience* 39:289–307. [268n5]

Nisbett, Richard E. 2003. *The geography of thought: How Asians and Westerners think differently—And why.* New York: Free Press. [264n11, 282n23]

Nisbett, Richard E., and Dov Cohen. 1996. *Culture of honor: The psychology of violence in the South.* New Directions in Social Psychology. Boulder, CO: Westview Press. [1, 2, 3, 259n1, 259n2]

Nisbett, R. E., K. P. Peng, I. Choi, and A. Norenzayan. 2001. Culture and systems of thought: Holistic versus analytic cognition. *Psychological Review* 108:291–310.

Nisbett, Richard E., and Lee Ross. 1980. *Human inference: Strategies and shortcomings of social judgment*. Englewood Cliffs, NJ: Prentice-Hall. [263n54]

Nonaka, K., T. Miura, and K. Peter. 1994. Recent fertility decline in Dariusleut Hutterites: An extension of Eaton and Mayer's Hutterite fertility study. *Human Biology* 66:411–20. [276n76]

North, Douglass C., and Robert P. Thomas. 1973. *The rise of the Western world: A new economic history*. Cambridge: Cambridge Univ. Press. [282n5, 282n21]

Nowak, Martin A., and Karl Sigmund. 1993. A strategy of win stay, lose shift that outperforms tit-for-tat in the prisoners dilemma game. *Nature* 364:56–58. [278n20]

———. 1998a. The dynamics of indirect reciprocity. *Journal of Theoretical Biology* 194:561–74. [278n20, 280n72]

———. 1998b. Evolution of indirect reciprocity by image scoring. *Nature* 393:573–77. [278n20, 280n72]

Odling-Smee, F. John. 1995. Niche construction, genetic evolution and cultural change. *Behavioural Processes* 35:195–202. [271n102]

Odling-Smee, F. John, Kevin N. Laland, and Marcus W. Feldman. 2003. *Niche construction: The neglected process in evolution*. Ed. S. A. Levin and H. S. Horn. Monographs in Population Biology, vol. 37. Princeton, NJ: Princeton Univ. Press. [261n5, 276–77n4, 282n30]

Oliver, Chad. 1962. *Ecology and cultural continuity as contributing factors in the social organization of the Plains Indians*. Univ. of California Publications in American Archaeology and Ethnology, vol. 48, no. 1. Berkeley and Los Angeles: Univ. of California Press. [262n41]

Opdyke, Neil D. 1995. Mammalian migration and climate over the last seven million years. In *Paleoclimate and evolution, with emphasis on human origins*, ed. E. S. Vrba, G. H. Denton, T. C. Partridge, and L. H. Burckle, 109–14. New Haven, CT: Yale Univ. Press. [270n61, 270n67]

Ostergren, R. C. 1988. *A community transplanted: The trans-Atlantic experience of a Swedish immigrant settlement in the upper Middle West, 1835–1915*. Madison: Univ. of Wisconsin Press.

Ostrom, Elinor. 1990. *Governing the commons: The evolution of institutions for collective action, the political economy of institutions and decisions*. Cambridge: Cambridge Univ. Press. [279n50]

Otterbein, Keith F. 1968. Internal war: A cross-cultural study. *American Anthropologist* 80:277–89. [280n79, 281n84]

———. 1985. *The evolution of war: A cross-cultural study*. New Haven, CT: Human Relations Area Files Press. [279n35]

Paciotti, Brian. 2002. Cultural evolutionary theory and informal social control institutions: The Sungusungu of Tanzania and honor in the American South. Ph.D. diss., Ecology Graduate Group, Univ. of California–Davis. [261n16, 279n50]

Paldiel, Mordecai. 1993. *The path of the righteous: Gentile rescuers of Jews during the Holocaust*. Hoboken, NJ: Ktav. [280n68]

Palmer, C. T., B. E. Fredrickson, and C. F. Tilley. 1997. Categories and gatherings: Group selection and the mythology of cultural anthropology. *Evolution and Human Behavior* 18:291–308. [279n33]

Panchanathan, Karthik, and Robert Boyd. 2003. A tale of two defectors: The importance of standing for evolution of indirect reciprocity. *Journal of Theoretical Biology* 224:115–26. [280n72]

Parker, George A., and John Maynard Smith. 1990. Optimality theory in evolutionary biology. *Nature* 348:27–33. [273n16]

Partridge, T. C., G. C. Bond, C. J. H. Hartnady, P. B. deMenocal, and W. F. Ruddiman. 1995. Climatic effects of Late Neogene tectonism and vulcanism. In *Paleoclimate and evolution with emphasis on human origins*, ed. E. S. Vrba, G. H. Denton, T. C. Partridge, and L. H. Burckle, 8–23. New Haven, CT: Yale Univ. Press. [270n60]

Pascal, Blaise. 1660. *Pensees*. Trans. W. F. Trotter. 1910 ed. available from CyberLibrary (http://www.leaderu.com/cyber/books/pensees/pensees.htm). [165, 274n39]

Pepperberg, I. M. 1999. *The Alex studies: Cognitive and communicative abilities of grey parrots*. Cambridge, MA: Harvard Univ. Press. [269n32]

Peter, K. A. 1987. *The dynamics of Hutterite society: An analytical approach*. Edmonton, Canada: Univ. of Alberta Press. [276n75]

Peters, F. E. 1994. *The Hajj: The Muslim pilgrimage to Mecca and the holy places*. Princeton, NJ: Princeton Univ. Press. [281n92]

Petroski, Henry. 1992. *The evolution of useful things*. New York: Vintage Books. [263n58, 269n37]

Pinker, Steven. 1994. *The language instinct*. 1st ed. New York: W. Morrow and Co. [280n54]

———. 1997. *How the mind works*. New York: Norton. [48, 263n49]

Pinker, S., and P. Bloom. 1990. Natural language and natural selection. *Behavioral and Brain Sciences* 13:707–84. [264n14, 268n1]

Pollack, R. A., and S. C. Watkins. 1993. Cultural and economic approaches to fertility—Proper marriage or misalliance? *Population and Development Review* 19:467–96. [275n54]

Pomiankowski, A., Y. Iwasa, and S. Nee. 1991. The evolution of costly mate preferences. 1. Fisher and biased mutation. *Evolution* 45:1422–30. [273n32]

Pospisil, Leopold J. 1978. *The Kapauku Papuans of West New Guinea*. 2nd ed. *Case studies in cultural anthropology*. New York: Holt Rinehart and Winston. [262n22]

Povinelli, D. J. 2000. *Folk physics for apes: The chimpanzee's theory of how the world works*. Oxford: Oxford Univ. Press. [271n81]

Price, George R. 1970. Selection and covariance. *Nature* 277:520–21. [202, 278n26]

———. 1972. Extensions of covariance selection mathematics. *Annals of Human Genetics* 35:485–90. [202, 278n26]

Price, T. Douglas, and James A. Brown. 1985. *Prehistoric hunter-gatherers: The emergence of cultural complexity*. Orlando, FL: Academic Press. [280n74, 280n81]

Pulliam, H. Ronald, and Christopher Dunford. 1980. *Programmed to learn: An essay on the evolution of culture*. New York: Columbia Univ. Press. [261n23]

Putnam, Robert D., Robert Leonardi, and Raffaella Nanetti. 1993. *Making democracy work:*

Civic traditions in modern Italy. Princeton, NJ: Princeton Univ. Press. [27, 261n19, 281n94]

Queller, David C. 1989. Inclusive fitness in a nutshell. *Oxford Surveys in Evolutionary Biology* 6:73–109. [278n17]

Queller, David C., and Joan E. Strassmann. 1998. Kin selection and social insects: Social insects provide the most surprising predictions and satisfying tests of kin selection. *Bioscience* 48:165–75. [278n17]

Rabinowitz, Dorothy. 2003. *No crueler tyrannies: Accusation, false witness, and other terrors of our times.* New York: Simon and Schuster. [169, 274n49]

Raine, Adrian. 1993. *The psychopathology of crime.* San Diego: Academic Press. [279n53]

Rappaport, Roy A. 1979. *Ecology, meaning, and religion.* Richmond, CA: North Atlantic Books. [279n43]

Reader, S. M. , and K. N. Laland. 2002. Social intelligence, innovation, and enhanced brain size in primates. *Proceedings of the National Academy of Sciences USA* 99:4436–41. [135, 270n70]

Rendell, Luke, and Hal Whitehead. 2001. Culture in whales and dolphins. *Behavioral & Brain Sciences* 24:309–82. [105, 268n13, 268n20]

Renfrew, C. Camerer. 1988. *Archaeology and language: The puzzle of Indo-European origins.* London: Jonathan Cape.

Rice, W. R. 1996. Sexually antagonistic male adaptation triggered by experimental arrest of female evolution. *Nature* 381:232–34. [265n35]

Richards, Robert J. 1987. *Darwin and the emergence of evolutionary theories of mind and behavior.* Chicago: Univ. of Chicago Press. [261n22, 279n32]

Richerson, Peter J. 1988. Review of "Human Nature: Darwin's View" by Alexander Alland Jr. *BioScience* 38:115–16. [261n21]

Richerson, Peter J., and Robert Boyd. 1976. A simple dual inheritance model of the conflict between social and biological evolution. *Zygon* 11:254–62. [272n10]

———. 1978. A dual inheritance model of the human evolutionary process I: Basic postulates and a simple model. *Journal of Social Biological Structures* 1:127–54. [272n10]

———. 1987. Simple models of complex phenomena: The case of cultural evolution. In *The latest on the best: Essays on evolution and optimality,* ed. J. Dupré, 27–52. Cambridge: MIT Press. [264–65n19]

———. 1989a. A Darwinian theory for the evolution of symbolic cultural traits. In *The relevance of culture,* ed. M. Freilich, 120–42. Boston: Bergin and Garvey.

———. 1989b. The role of evolved predispositions in cultural evolution: Or sociobiology meets Pascal's Wager. *Ethology and Sociobiology* 10:195–219. [274n38, 277n6]

———. 1992. Cultural inheritance and evolutionary ecology. In *Evolutionary ecology and human behavior,* ed. E. A. Smith and B. Winterhalder, 61–92. New York: Aldine De Gruyter. [281n3]

———. 1998. The evolution of human ultrasociality. In *Indoctrinability, ideology, and warfare; Evolutionary perspectives,* ed. I. Eibl-Eibesfeldt and F. K. Salter, 71–95. New York: Berghahn Books. [279n52]

———. 1999. Complex societies—The evolutionary origins of a crude superorganism. *Human Nature—An Interdisciplinary Biosocial Perspective* 10:253–89. [281n97]

―――. 2000. Evolution: The Darwinian theory of social change. In *Paradigms of social change: Modernization, development, transformation, evolution*, ed. W. Schelkle, W.-H. Krauth, M. Kohli, and G. Elwert, 257–82. Frankfurt: Campus Verlag. [282n31]

―――. 2001a. Built for speed, not for comfort: Darwinian theory and human culture. *History and Philosophy of the Life Sciences* 23:423–63. [261n22, 263n2, 263n8, 269n33, 279n32]

―――. 2001b. The evolution of subjective commitment to groups: A tribal instincts hypothesis. In *Evolution and the capacity for commitment*, ed. R. M. Nesse, 186–220. New York: Russell Sage Foundation. [279n52]

―――. 2001c. Institutional evolution in the Holocene: The rise of complex societies. In *The origin of human social institutions*, ed. W. G. Runciman, 197–234. Oxford: Oxford Univ. Press. [281n88]

Richerson, Peter J., Robert Boyd, and Robert L. Bettinger. 2001. Was agriculture impossible during the Pleistocene but mandatory during the Holocene? A climate change hypothesis. *American Antiquity* 66:387–411. [263n8, 263n48, 267n67, 281n88]

Richerson, Peter J., Robert Boyd, and Joseph Henrich. 2003. The cultural evolution and cooperation. In *Genetic and cultural evolution of cooperation*, ed. P. Hammerstein, 357–88. Berlin: MIT Press. [279n52]

Richerson, Peter J., Robert Boyd, and Brian Paciotti. 2002. An evolutionary theory of commons management. In *The drama of the commons*, ed. E. Ostrom, T. Dietz, N. Dolsak, P. C. Stern, S. Stonich, and E. U. Weber, 403–42. Washington, DC: National Academy Press. [281n97]

Ridley, Mark. 1993. *Evolution*. Cambridge, MA: Blackwell Scientific Publications.

Riolo, R. L., M. D. Cohen, and R. Axelrod. 2001. Evolution of cooperation without reciprocity. *Nature* 414:441–43. [279n48]

Robinson, J. P. , and G. Godbey. 1997. *Time for life: The surprising ways Americans use their time*. University Park, PA: Pennsylvania State Univ. Press. [275n59]

Robinson, W. P., and Henri Tajfel. 1996. *Social groups and identities: Developing the legacy of Henri Tajfel*. International Series in Social Psychology. Oxford: Butterworth-Heinemann. [280n65]

Rodseth, Lars, Richard W. Wrangham, A. M. Harrigan, and Barbara B. Smuts. 1991. The human community as a primate society. *Current Anthropology* 32:221–54. [278n14]

Roe, Frank Gilbert. 1955. *The Indian and the horse*. 1st ed. Norman: Univ. of Oklahoma Press. [262n41]

Rogers, Alan R. 1988. Does biology constrain culture? *American Anthropologist* 90:819–31. [111, 112, 113, 256, 269n34]

―――. 1990a. Evolutionary economics of human reproduction. *Ethology and Sociobiology* 11:479–95. [275n56]

―――. 1990b. Group selection by selective emigration: The effects of migration and kin structure. *American Naturalist* 135:398–413. [278n29]

Rogers, Everett M. 1983. *Diffusion of innovations*. 3rd ed.. New York: Free Press. [262n24, 265n21, 270n53, 273n22, 273n27, 275n71]

―――. 1995. *Diffusion of innovations*. 4th ed. New York: Free Press. [279n41]

Rogers, Everett M., and F. Floyd Shoemaker. 1971. *Communication of innovations: A cross-cultural approach.* 2nd ed. New York: Free Press. [265n22]

Roof, Wade Clark, and William McKinney. 1987. *American mainline religion: Its changing shape and future.* New Brunswick, NJ: Rutgers Univ. Press. [180, 275n73, 281n95]

Rosenberg, Alexander. 1988. *Philosophy of social science.* Boulder, CO: Westview Press. [265n34]

Rosenthal, Ted L., and Barry J. Zimmerman. 1978. *Social learning and cognition.* New York: Academic Press. [268n1]

Ruhlen, Merritt. 1994. *The origin of language: Tracing the evolution of the mother tongue.* New York: Wiley.

Russon, A. E., and B. M. F. Galdikas. 1995. Imitation and tool use in rehabilitant orangutans. In *The neglected ape,* ed. R. Nadler. New York: Plenum Press. [269n32]

Ryan, Bryce, and Neal C. Gross. 1943. The diffusion of hybrid seed corn in two Iowa communities. *Rural Sociology* 8:15–24. [69, 265n21]

Ryan, M. J. 1998. Sexual selection, receiver biases, and the evolution of sex differences. *Science* 281:1999–2003. [274n37]

Ryckman, R. M., W. C. Rodda, and W. F. Sherman. 1972. The competence of the model and the learning of imitation and nonimitation. *Journal of Experimental Psychology* 88:107–14. [270n52]

Sahlins, Marshall. 1976a. *Culture and practical reason.* Chicago: Univ. of Chicago Press. [148, 272n1, 282n12]

———. 1976b. *The use and abuse of biology.* Ann Arbor: Univ. of Michigan Press. [272n1]

Sahlins, Marshall David, Thomas G. Harding, and Elman Rogers Service. 1960. *Evolution and culture.* Ann Arbor: Univ. of Michigan Press. [263n3, 263n4, 263n6]

Salamon, Sonya. 1980. Ethnic-Differences in farm family land transfers. *Rural Sociology* 45:290–308. [23, 261n9]

———. 1984. Ethnic origin as explanation for local land ownership patterns. In *Focus on agriculture: Research in rural sociology and development,* ed. H. K. Schwarzweller. Greenwich, CT: JAI Press. [22, 23, 34, 261n8, 261n9, 262n28]

———. 1985. Ethnic-Communities and the structure of agriculture. *Rural Sociology* 50:323–40. [21, 261n7]

———. 1992. *Prairie patrimony: Family, farming, and community in the Midwest.* Studies in Rural Culture. Chapel Hill: Univ. of North Carolina Press. [66, 67, 68, 264n18]

Salamon, S., K. M. Gegenbacher, and D. J. Penas. 1986. Family factors affecting the intergenerational succession to farming. *Human Organization* 45:24–33. [23, 261n9]

Salamon, S., and S. M. O'Reilly. 1979. Family land and development cycles among Illinois farmers. *Rural Sociology* 44:525–42. [23, 261n9]

Salter, Frank K. 1995. *Emotions in command: A naturalistic study of institutional dominance.* Oxford: Oxford Univ. Press. [280n60, 281n91]

Scarr, S. 1981. *Race, social class, and individual differences in IQ.* Hillsdale, NJ: Lawrence Erlbaum Associates. [262n35]

Schor, J. B. 1991. *The overworked American: The unexpected decline of leisure.* New York: Basic Books. [275n60]

Schotter, Andrew, and Barry Sopher. 2003. Social learning and coordination conventions in inter-generational games: An experimental study. *Journal of Political Economy* 111: 498–529. [261n1]

Schulz, H., U. von Rad, and H. Erlenkeuser. 1998. Correlation between Arabian Sea and Greenland climate oscillations of the past 110,000 years. *Nature* 393:54–57. [270n63]

Schwartz, Scott W. 1999. *Faith, serpents, and fire: Images of Kentucky Holiness believers.* Jackson: Univ. Press of Mississippi. [274n46]

Segerstråle, Ullica. 2000. *Defenders of the truth: The sociobiology debate.* Oxford: Oxford Univ. Press. [260n9]

Service, Elman R. 1962. *Primitive social organization: An evolutionary perspective.* New York: Random House. [277n13]

———. 1966. *The hunters.* Englewood Cliffs, NJ: Prentice-Hall. [281n85]

Shennan, Stephen J., and James Steele. 1999. Cultural learning in hominids: A behavioural ecological approach. In *Mammalian social learning: Comparative and ecological perspectives,* ed. H. O. Box and K. R. Gibson, 367–88. Cambridge: Cambridge Univ. Press. [144, 271n95]

Shennan, S. J., and J. R. Wilkinson. 2001. Ceramic style change and neutral evolution: A case study from Neolithic Europe. *American Antiquity* 66:577–93. [271n83]

Sherif, Muzafer, and Gardner Murphy. 1936. *The psychology of social norms.* New York: Harper & Brothers. [122, 269n43]

Silk, Joan B. 2002. Kin selection in primate groups. *International Journal of Primatology* 23: 849–75. [278n17]

Simon, Herbert A. 1979. *Models of thought.* New Haven, CT: Yale Univ. Press. [263n54]

Simoons, Fredrick J. 1969. Primary adult lactose intolerance and the milking habit: A problem in biologic and cultural interrelations: I. Review of the medical research. *The American Journal of Digestive Diseases* 14:819–36. [191, 192, 276n1]

———. 1970. Primary adult lactose intolerance and the milking habit: A problem in biologic and cultural interrelations: II. A culture historical hypothesis. *The American Journal of Digestive Diseases* 15:695–710. [191, 192, 276n1]

Skinner, G. William. 1997. Family systems and demographic processes. In *Anthropological demography: Toward a new synthesis,* ed. D. I. Kertzer and T. Fricke, 53–114. Chicago: Univ. of Chicago Press. [171, 275n53]

Skinner, G. W., and Y. Jianhua. Unpublished manuscript. *Reproduction in a patrilineal joint family system: Chinese in the lower Yangzi macroregion.* [276n83]

Slater, P. J. B., and S. A. Ince. 1979. Cultural evolution of chaffinch song. *Behaviour* 71: 146–66. [268n23]

Slater, P. J. B., S. A. Ince, and P. W. Colgan. 1980. Chaffinch song types: Their frequencies in the population and distribution between the repertoires of different individuals. *Behaviour* 75:207–18. [268n23]

Sloan, R. P., E. Bagiella, and T. Powell. 1999. Religion, spirituality and health. *Lancet* 353: 664–67. [274n45]

Smith, Eric A., and Rebecca L. Bliege Bird. 2000. Turtle hunting and tombstone opening: Public generosity as costly signaling. *Evolution and Human Behavior* 21:245–61. [274n37]

Smith, E. A., M. Borgerhoff Mulder, and K. Hill. 2001. Controversies in the evolutionary social sciences: A guide for the perplexed. *Trends in Ecology & Evolution* 16:128–35. [260n14]

Sobel, Dava. 1995. *Longitude: The true story of a lone genius who solved the greatest scientific problem of his time.* New York: Walker. [263n59]

Sober, Elliot. 1991. Models of cultural evolution. In *Trees of life: Essays in philosophy of biology,* ed. P. Griffiths, 17–38. Dordrecht: Kluwer. [96, 267n65, 268n70, 268n71]

Sober, Elliot, and David Sloan Wilson. 1998. *Unto others: The evolution and psychology of unselfish behavior.* Cambridge, MA: Harvard Univ. Press. [260n15, 273n28, 278n28]

Soltis, Joseph, Robert Boyd, and Peter J. Richerson. 1995. Can group-functional behaviors evolve by cultural group election? An empirical test. *Current Anthropology* 36:473–94. [208, 209t, 273n28]

Spelke, Elizabeth. 1994. Initial knowledge: Six suggestions. *Cognition* 50:431–45. [266n48]

Spence, A. Michael. 1974. *Market signaling: Informational transfer in hiring and related processes.* Cambridge, MA: Harvard Univ. Press. [274n37]

Sperber, Dan. 1996. *Explaining culture: A naturalistic approach.* Oxford: Blackwell. [82, 83, 84, 261n23, 263n55, 264n17, 266n40, 266n44, 266n45, 266n51, 271n98]

Srinivas, Mysore N. 1962. *Caste in modern India, and other essays.* Bombay: Asia Publishing House. [281n94]

Stark, Rodney. 1997. *The rise of Christianity: How the obscure, marginal Jesus movement became the dominant religious force in the Western world in a few centuries.* San Francisco: HarperCollins. [210, 273n29, 279n38, 279n39, 279n40]

———. 2003. *For the glory of God: How monotheism led to reformations, science, witch-hunts, and the end of slavery.* Princeton, NJ: Princeton Univ. Press. [168, 273n30, 274n41, 274n45, 274n48]

Stephens, D. W., and J. R. Krebs. 1987. *Foraging theory.* Princeton, NJ: Princeton Univ. Press. [268n3]

Steward, Julian H. 1955. *Theory of culture change: The methodology of multilinear evolution.* Urbana: Univ. of Illinois Press. [260n8, 261n13, 263n4, 263n6, 277n13, 280n55]

Sulloway, Frank J. 1996. *Born to rebel: Birth order, family dynamics, and creative lives.* 1st ed. New York: Pantheon Books.

Susman, R. L. 1994. Fossil evidence for early hominid tool use. *Science* 265:1570–73. [271n80]

Symons, Donald. 1979. *The evolution of human sexuality.* Oxford: Oxford Univ. Press. [260n9]

Tajfel, Henri. 1978. *Differentiation between social groups: Studies in the social psychology of intergroup relations.* European Monographs in Social Psychology 14. London: Academic Press. [221, 222, 280n65]

———. 1981. *Human groups and social categories: Studies in social psychology.* Cambridge: Cambridge Univ. Press. [221, 222, 280n65]

———. 1982. *Social identity and intergroup relations.* Cambridge: Cambridge Univ. Press. [221, 222, 280n65]

Tarde, Gabriel. 1903. *The laws of imitation.* New York: Holt. [265n29]

Templeton, A. R. 2002. Out of Africa again and again. *Nature* 416:45–51. [271n92]

Terkel, Joseph. 1995. Cultural transmission in the black rat—pine-cone feeding. *Advances in the Study of Behavior* 24:195–210. [107, 268n21]

Thieme, H. 1997. Lower Palaeolithic hunting spears from Germany. *Nature* 385:807–10. [271n88]

Thomas, David H., Lorann S. A. Pendleton, and Stephen C. Cappannari. 1986. Western Shoshone. In *Handbook of North American Indians: Great Basin*, ed. W. L. d'Azevedo, 262–83. Washington, DC: Smithsonian Institution Press. [277n13]

Thomason, Sarah Grey. 2001. *Language contact: An introduction.* Washington, DC: Georgetown Univ. Press. [266n55]

Thomason, Sarah Grey, and Terrence Kaufman. 1988. *Language contact, creolization, and genetic linguistics.* Berkeley and Los Angeles: Univ. of California Press. [91, 262n47, 266n55, 266n56, 266n57, 266n58]

Thompson, Nicolas S. 1995. Does language arise from a calculus of dominance? *Behavior and Brain Sciences* 18:387. [271n97]

Todd, Peter M., and Gerd Gigerenzer. 2000. Simple heuristics that make us smart. *Behavioral and Brain Sciences* 23:727–80. [119, 120, 269n41]

Tomasello, Michael. 1996. Do apes ape? In *Social learning in animals: The roots of culture*, ed. C. M. Heyes and B. G. Galef Jr., 319–46. New York: Academic Press. [110, 269n28]

———. 1999. *The cultural origins of human cognition.* Cambridge, MA: Harvard Univ. Press. [266n49]

———. 2000. Two hypotheses about primate cognition. In *The evolution of cognition*, ed. C. Heyes and L. Huber, 165–83. Cambridge, MA: MIT Press. [271n74]

Tomasello, M., A. C. Kruger, and H. H. Ratner. 1993. Cultural learning. *Behavioral and Brain Sciences* 16:495–552. [268n6, 269n26, 269n27]

Tooby, John, and Leda Cosmides. 1989. Evolutionary psychology and the generation of culture. 1. Theoretical considerations. *Ethology and Sociobiology* 10:29–49. [271n101, 276n81]

———. 1992. The psychological foundations of culture. In *The adapted mind: Evolutionary psychology and the generation of culture*, ed. J. Barkow, L. Cosmides, and J. Tooby, 19–136. New York: Oxford Univ. Press. [44, 45, 158, 160, 260n14, 262n42, 263n50, 263n54, 273n23, 273n26]

Tooby, J., and I. DeVore. 1987. The reconstruction of hominid behavioral evolution through strategic modeling. In *Primate models of hominid behavior*, ed. W. Kinzey, 183–237. New York: SUNY Press. [268n1]

Toth, N., K. D. Schick, E. S. Savage-Rumbaugh, R. A. Sevcik, and D. M. Rumbaugh. 1993. Pan the tool-maker—Investigations into the stone tool-making and tool-using capabilities of a bonobo (*Pan paniscus*). *Journal of Archaeological Science* 20:81–91. [271n79]

Trivers, Robert L. 1971. The evolution of reciprocal altruism. *Quarterly Review of Biology* 46:35–57. [200, 278n22]

Turner, J. 1984. Social identification and psychological group formation. In *The Social dimension: European developments in social psychology*, ed. H. Tajfel, C. Fraser, and J. M. F. Jaspars, 518–36. Cambridge: Cambridge Univ. Press. [222, 280n66]

Turner, J. C., I. Sachdev, and M. A. Hogg. 1983. Social categorization, interpersonal attraction and group formation. *British Journal of Social Psychology* 22:227–39. [222, 280n66]

Tversky, Amos, and Daniel Kahneman. 1974. Judgment under uncertainty: Heuristics and biases. *Science* 185:1124–31. [263n54]

Twain, Mark. 1962. *Mark Twain on the damned human race.* Ed. and with an introduction by Janet Smith. 1st ed. New York: Hill and Wang. [80, 266n37]

Underhill, P. A., P. D. Shen, et al. 2000. Y chromosome sequence variation and the history of human populations. *Nature Genetics* 26:358–61. [271n90]

United Nations Population Division. 2002a [cited October 29, 2002]. *Analytical Report,* vol. 3. Available from http://www.un.org/esa/population/publications/wpp2000/wpp2000_volume3.htm. [272n3]

———. 2002b. *World population prospects: The 2000 revision.* New York: United Nations.

van den Berghe, Pierre L. 1981. *The ethnic phenomenon.* New York: Elsevier. [279n48, 280n71]

Van Schaik, Carel P., and Cheryl D. Knott. 2001. Geographic variation in tool use on *Neesia* fruits in orangutans. *American Journal of Physical Anthropology* 114:331–42. [268n12, 269n32]

Vayda, A. P. 1995. Failures of explanation in Darwinian ecological anthropology: Part I. *Philosophy of the Social Sciences* 25:219–49. [266n62]

Visalberghi, Elisabetta. 1993. Ape ethnography. *Science* 261:1754. [269n27]

Visalberghi, E., and D. Fragaszy. 1991. Do monkeys ape? In *"Language" and intelligence in monkeys and apes,* ed. S. T. Parker and K. R. Gibson, 247–73. Cambridge: Cambridge Univ. Press. [269n25, 269n27]

Voelkl, Bernard, and Ludwig Huber. 2000. True imitation in marmosets. *Animal Behaviour* 60:195–202. [269n30]

Wardhaugh, Ronald. 1992. *An introduction to sociolinguistics.* 2nd ed. Oxford: Blackwell. [266n42]

Weber, Max. 1951. *The religion of China: Confucianism and Taoism.* Glencoe, IL: Free Press. [274n41]

Weiner, Jonathan. 1994. *The beak of the finch: A story of evolution in our time.* 1st ed. New York: Knopf. Distributed by Random House. [266–67n64]

———. 1999. *Time, love, memory: A great biologist and his quest for the origins of behavior.* 1st ed. New York: Knopf. [282n7]

Weingart, Peter, Sandra D. Mitchell, Peter J. Richerson, and Sabine Maasen. 1997. *Human by nature: Between biology and the social sciences.* Mahwah, NJ: Lawrence Erlbaum Associates. [282n32]

Weir, A. A. S., J. Chappell, and A. Kacelnik. 2002. Shaping of hooks in New Caledonian crows. *Science* 297:981. [270n57]

Welsch, R. L., J. Terrell, and J. A. Nadolski. 1992. Language and culture on the North Coast of New Guinea. *American Anthropologist* 94:568–600. [266n59]

Werner, Emmy E. 1979. *Cross cultural child development: A view from the planet Earth.* Monterey, CA: Brooks/Cole. [275n67]

Werren, J. H. 2000. Evolution and consequences of Wolbachia symbioses in invertebrates. *American Zoologist* 40:1255. [272n12]

Westoff, C. F., and R. H. Potvin. 1967. *College women and fertility values.* Princeton, NJ: Princeton Univ. Press. [275n72]

White, Leslie A. 1949. *The science of culture, a study of man and civilization.* New York: Farrar Straus. [263n3]

Whiten, Andrew. 2000. Primate culture and social learning. *Cognitive Science* 24:477–508. [109, 110, 269n29]

Whiten, Andrew, and Richard W. Byrne. 1988. *Machiavellian intelligence: Social expertise and the evolution of intellect in monkeys, apes, and humans.* Oxford: Oxford Univ. Press. [271n76]

———. 1997. *Machiavellian intelligence II: Extensions and evaluations.* Cambridge: Cambridge Univ. Press. [271n76]

Whiten, A., J. Goodall, W. C. McGrew, T. Nishida, V. Reynolds, Y. Sugiyama, C. E. G. Tutin, R. W. Wrangham, and C. Boesch. 1999. Cultures in chimpanzees. *Nature* 399:682–85. [268n9]

Whiten, A., and R. Ham. 1992. On the nature and evolution of imitation in the animal kingdom: Reappraisal of a century of research. *Advances in the Study of Behavior* 21: 239–83. [269n25, 269n27]

Wierzbicka, A. 1992. *Semantics, culture, and cognition: Human concepts in culture-specific configurations.* New York: Oxford Univ. Press. [264n11]

Wiessner, Polly W. 1983. Style and social information in Kalahari San projectile points. *American Antiquity* 48:253–76. [221, 280n63, 280n76]

———. 1984. Reconsidering the behavioral basis for style: A case study among the Kalahari San. *Journal of Anthropological Archaeology* 3:190–234. [221, 280n63, 280n76]

Wiessner, Polly, and Akii Tumu. 1998. *Historical vines: Enga networks of exchange, ritual, and warfare in Papua New Guinea.* Smithsonian Series in Ethnographic Inquiry. Washington, DC: Smithsonian Institution Press. [265n23, 279n36]

Williams, George C. 1966. *Adaptation and natural selection: A critique of some current evolutionary thought.* Princeton, NJ: Princeton Univ. Press. [202, 278n25]

Wilson, David Sloan. 2002. *Darwin's cathedral: Evolution, religion, and the nature of society.* Chicago: Univ. of Chicago Press. [273n29, 274n45]

Wilson, Edward Osborne. 1975. *Sociobiology: The new synthesis.* Cambridge, MA: Harvard Univ. Press, Belknap Press. [260n9, 277n12]

———. 1984. *Biophilia.* Cambridge, MA: Harvard Univ. Press. [266–67n64]

———. 1998. *Consilience: The unity of knowledge.* New York: Knopf. [194, 239, 260n18, 277n7, 281n2]

Wimsatt, William C. 1981. Robustness, reliability, and overdetermination. In *Scientific inquiry and the social sciences,* ed. D. T. Campbell, M. B. Brewer, and B. E. Collins, 124–63. San Francisco: Jossey-Bass. [267n69]

Witkin, Herman A., and John W. Berry. 1975. Psychological differentiation in cross-cultural perspective. *Journal of Cross-Cultural Psychology* 6:111–78. [275n67]

Witkin, Herman A., and Donald R. Goodenough. 1981. *Cognitive styles, essence and origins: Field dependence and field independence.* Psychological Issues Monograph 51. New York: International Universities Press. [275n67]

Wood, B., and M. Collard. 1999. The human genus. *Science* 284:65–71. [271n78]

Wrangham, Richard W. 1994. *Chimpanzee cultures.* Cambridge, MA: Harvard Univ. Press. [268n9]

Wynne-Edwards, Vero C. 1962. *Animal dispersion in relation to social behaviour.* Edinburgh: Oliver and Boyd. [201, 278n24]

Yen, D. E. 1974. *The sweet potato and Oceania: An essay in ethnobotany.* Honolulu: Bishop Museum Press. [265n23]

Yengoyan, Aram A. 1968. Demographic and ecological influences on aboriginal Australian marriage systems. In *Man the hunter,* ed. R. B. Lee and I. DeVore, 185–99. Chicago: Aldine. [226, 280n77]

Zahavi, Amotz. 1975. Mate selection—A selection for a handicap. *Journal of Theoretical Biology* 53:205–14. [274n37]

Zahavi, Amotz, and Avishag Zahavi. 1997. *The handicap principle: A missing piece of Darwin's puzzle.* New York: Oxford Univ. Press. [274n37]

Zohar, O., and J. Terkel. 1992. Acquisition of pine cone stripping behaviour in black rats (*Rattus rattus*). *International Journal of Comparative Psychology* 5:1–6 [107, 268n21]

索 引

（条目后的数字为原书页码，即本书边码）